Section 01 운전면허학과시험 컴퓨터수험요령

01 학과시험 개요

1. 시험방법

① 접수 후 빈자리가 있을 경우 즉시 응시가 가능하며, 컴퓨터에 익숙하지 않은 사람도 응시가 가능하다.

② PC를 이용한 학과시험은 컴퓨터의 모니터 화면을 통해 문제를 보고 마우스로 정답을 클릭(또는 손가락으로 터치)하는 방식으로 시험을 치른다.

③ 컴퓨터 수성 싸인펜이 필요없으며 기존 종이 시험과 달리 정답을 수정하는데 제한이 없다.

④ 시험문제의 유형은 응시자나 컴퓨터마다 각각 다를 수 있다.

⑤ 이 책(둘출판사)에 있는 1000문제(1,2종의 경우 930문제) 중 문장형 문제(4지1답형_2점, 4지2답형_3점), 안전표지형 문제(4지1답형_2점), 사진형 문제(5지2답형_3점), 일러스트형 문제(5지2답형_3점), 동영상형 문제(4지1답형_5점)로 총 40문제가 출제된다.

2. 시험내용

① 문장형 문제(21문제) : 운전면허의 취득, 자동차 점검 및 관리 등, 자동차를 운전하기 전의 마음가짐, 법규준수, 자동차의 안전한 운전, 특별한 상황에서의 운전, 고속도로에서의 운전, 교통사고 발생시 조치, 운전에 따른 법적 책임, 자전거, 친환경

② 안전표지 문제(4문제) : 교통신호, 안전표지

③ 사진형 문제(6문제) : 시내도로(업무 · 주택지역), 교외일반도로(일반지역), 자동차전용도로(진 · 출입구간), 날씨 · 기상(기상 및 야간), 인명보호(도로환경), 자전거

④ 일러스트형 문제(8문제) : 사진형 문제 항목과 동일

⑤ 동영상형 문제(1문제) : 사진형 문제 항목과 동일

3. 주의사항

① 학과시험은 40분간 실시하며 시험시간 경과시 자동 종료된다.

② 종료 버튼을 클릭하면 바로 합격, 불합격 판정이 되므로 종료 버튼을 신중하게 클릭한다.

4. 합격기준 및 결과발표

시험종료 버튼과 동시에 컴퓨터에서 자동 채점되어 점수를 확인할 수 있다. 확인 후 시험관에게 응시표를 제출하여 합격, 불합격을 확인받는다(1종 : 70점 이상, 2종 : 60점 이상일 때 합격)

※ 학과합격시 합격일로부터 1년 이내 기능시험에 합격해야 함(1년 이내 기능시험 불합격 시 신규 접수해야 함)

02 컴퓨터 수험방법

01 시험장에 입장하면 응시표와 신분증을 시험감독관에게 제출하고 좌석을 지정받은 후 해당 좌석에 앉습니다(소지한 휴대전화 및 각종 전자기기의 전원을 끈다). 모니터 화면에 '컴퓨터 학과시험 안내'의 [시작] 버튼을 누릅니다.

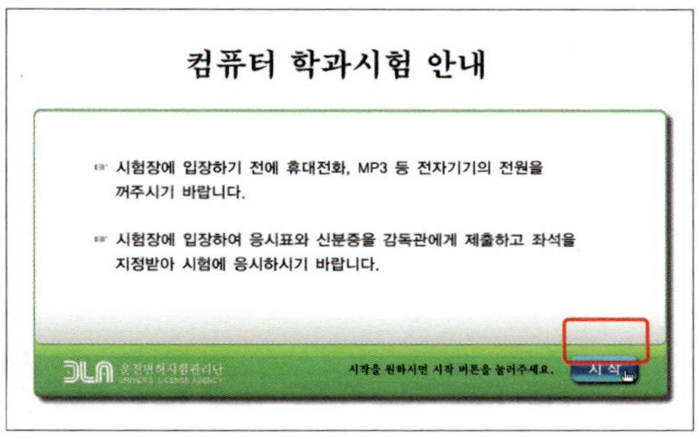

02 메인 화면에서 [수험번호입력] 버튼을 누릅니다.

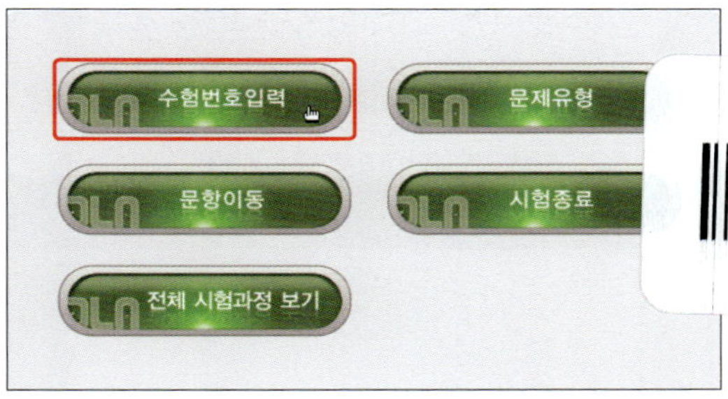

03 ❶ 수험번호를 입력할 공란을 클릭한 후 ❷ [번호] 버튼을 클릭하여 수험표의 수험번호를 입력합니다. ❸ 그리고 [시험시작] 버튼을 누릅니다.

화면상단에 본인의 수험 번호, 응시자 성명 및 응시 종목이 올바르게 입력되었는지 확인합니다. ▶

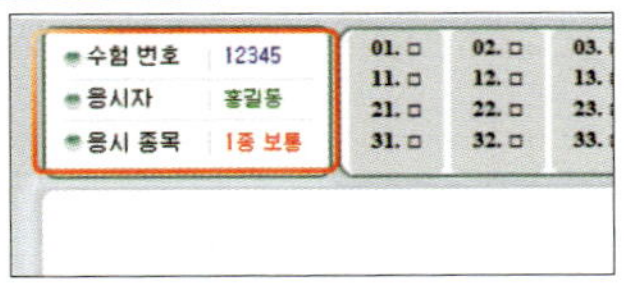

04 메인 화면에서 [문제유형] 버튼을 클릭하면 문제유형 화면에 나타납니다.

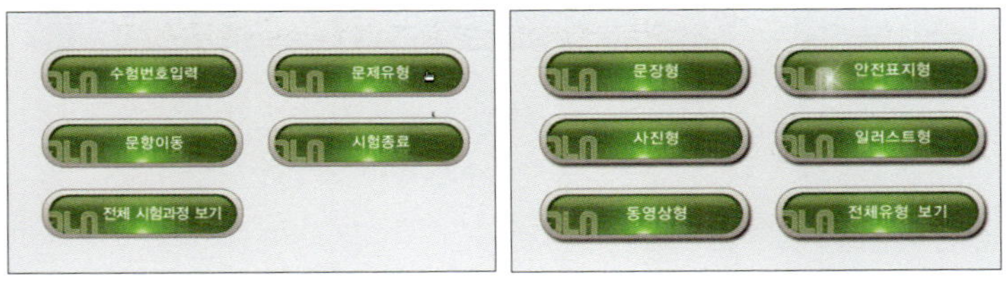

05 메인 화면에서 [문장형] 버튼을 클릭하면 아래 그림처럼 '문제유형-4지1답형' 문제로 시작됩니다. 각 문항에 대한 답을 선택하려면 다음과 같습니다.

❶ 화면상의 문제보기를 직접 클릭(또는 터치)하거나 ❷ 화면 하단에 원하는 보기번호 버튼을 클릭(또는 터치)합니다. 그러면 선택된 보기가 붉은색으로 변합니다.

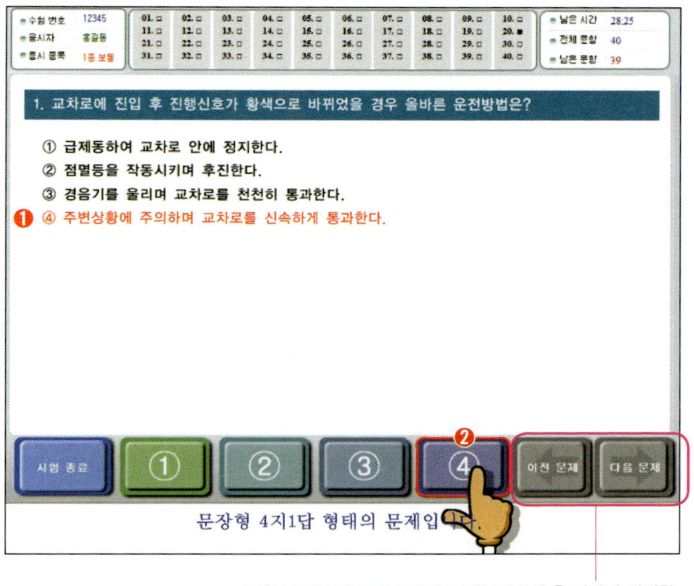

답을 표기한 후 다음 문제로 넘어가려면 우측 하단에 위치한 [다음 문제] 버튼을, 이전 문제로 넘어가려면 [이전 문제] 버튼을 클릭합니다.

참고 답을 선택한 후 다른 답으로 변경하고자 할 경우 다시 원하는 답으로 클릭(또는 터치)하면 변경됩니다.

참고 답을 선택한 후 [이전 문제] 또는 [다음 문제] 버튼을 클릭하면 선택된 답은 자동으로 저장된 후 다른 문제로 넘어갑니다.

06 '문장형-4지1답형' 문제에 답을 표기한 후 다음 '문장형-4지2답형', '안전표지형', '사진형-4지2답형', '일러스트형-5지2답형', '동영상형-4지1답형'의 각각의 문제에 답을 표기합니다.

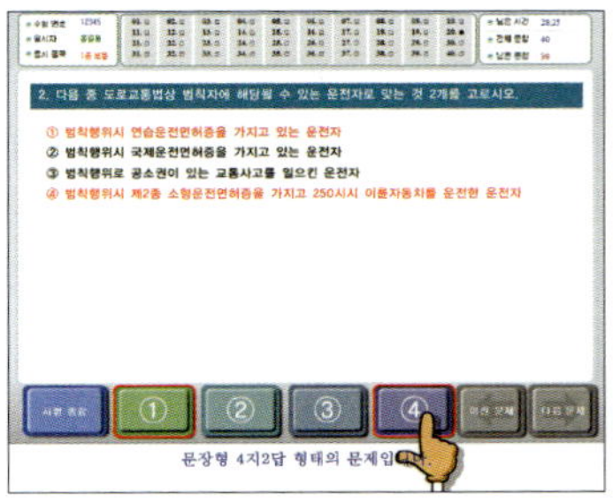

▲문장형 문제-4지2답형 : 4개 보기 중 2개의 답을 선택합니다.

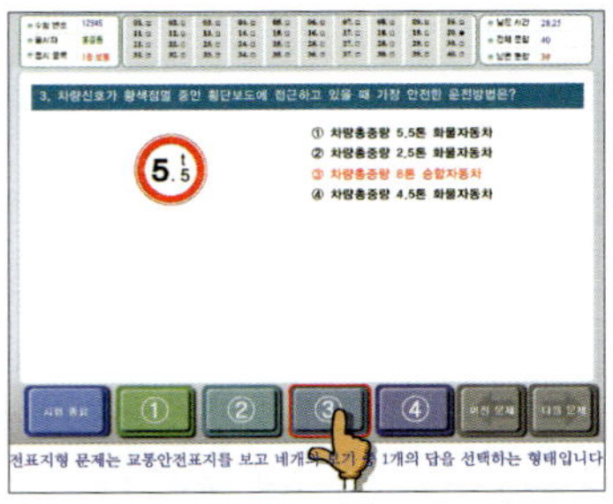

▲안전표지형 문제-4지1답형 : 4개 보기 중 1개의 답을 선택합니다.

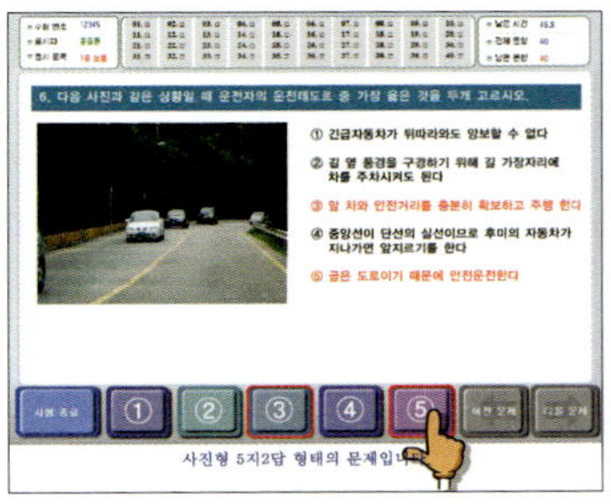

▲사진형 문제-5지2답형 : 5개 보기 중 2개의 답을 선택합니다.

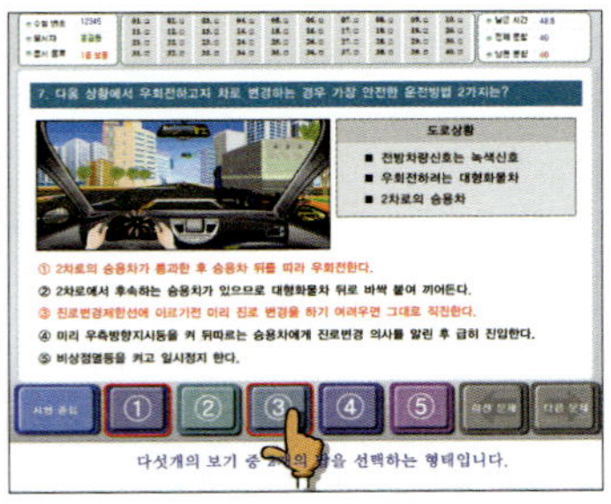

▲일러스트형 문제-5지2답형 : 5개 보기 중 2개의 답을 선택합니다.

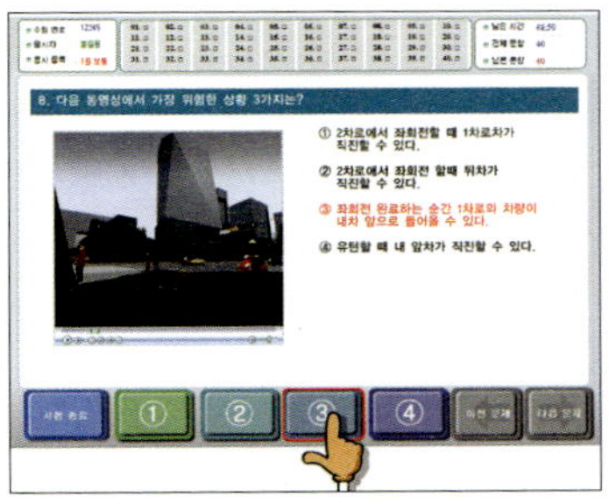

▲동영상형 문제-4지1답형 : 4개 보기 중 1개의 답을 선택한다.

07 각 문항에 해당되는 답을 표기하면 ❶ 상단 답안지의 각 답란이 □에서 ■으로 답이 표기된 것을 볼 수 있습니다. 만약 답을 표기하지 않은 문제가 있다면 그림과 같이 답안지를 클릭하면 답을 표기한 문항에는 ○가 나타나고 표기하지 않은 문항에는 ○표기가 나타나지 않습니다. ❷ ○이 표기되지 않은 문제번호를 클릭하면 ❸ 해당 문제로 이동됩니다.

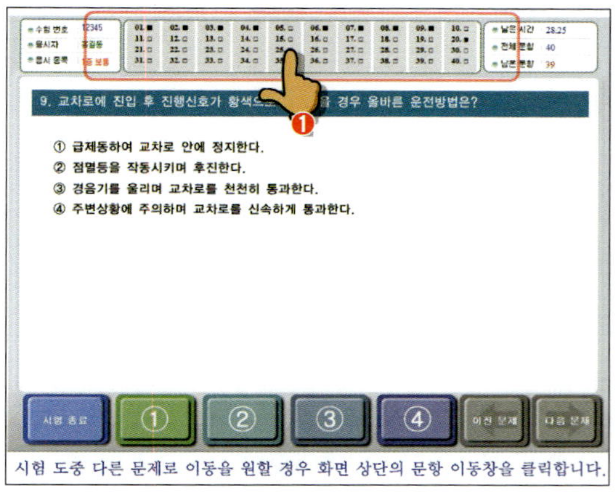

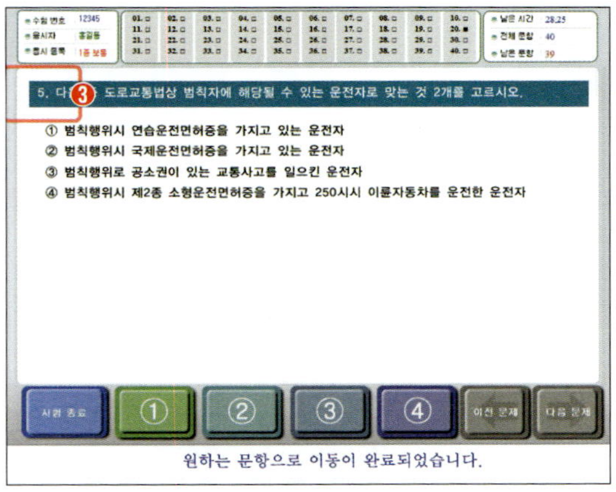

▲ 답안지의 5번 문제를 클릭하면 화면이 5번 문제로 이동한다.

참고 답을 선택하지 않은 문제가 있으면 그림과 같이 우측 상단에 '남은 문항'에 숫자가 표기되므로 종료 버튼을 누르기 전에 남은 문항수가 '0'으로 되어있는지 확인합니다. 또한 남은 시간을 수시로 확인하여 시간 배분을 잘 해야 합니다.

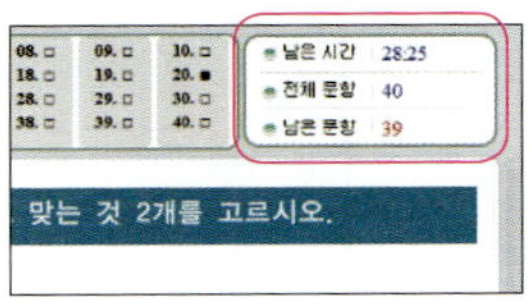

08 모든 문제에 답을 표기하고 시험을 종료하려면 ❶ 좌측 하단의 [시험 종료]을 클릭합니다. ❷ 우측 그림과 같이 나타난 경고창에서 [시험 종료] 버튼을 클릭합니다. ❸ 그러면 자동으로 합격, 불합격 여부를 확인할 수 있으며, 응시원서를 감독관에서 제출하여 합격 · 불합격 도장을 받습니다.

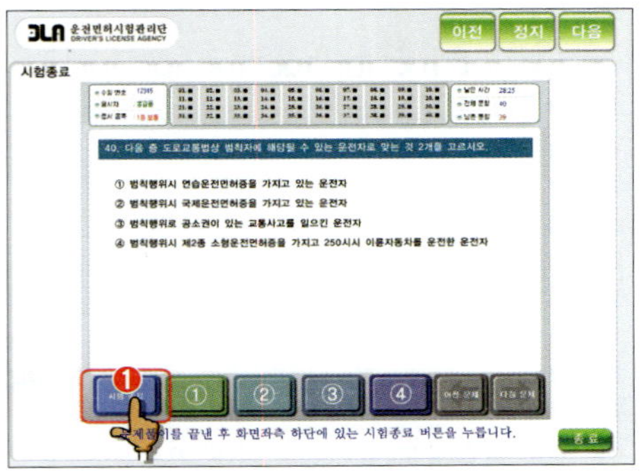

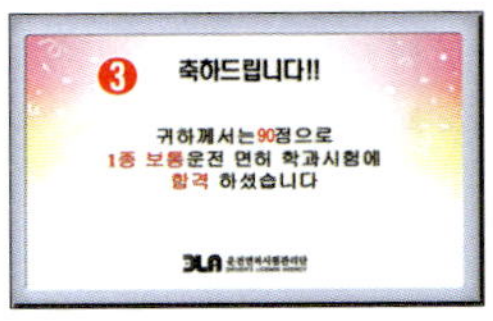

Section 02

자동차운전면허 시험안내

01 운전면허의 응시 자격

1. 운전면허 종류별 운전할 수 있는 차량

운전면허 종별	운전면허 구분		운전할 수 있는 차량
제1종	대형면허		① 승용자동차, 승합자동차, 화물자동차 ② 건설기계 – 덤프트럭, 아스팔트살포기, 노상안정기 – 콘크리트믹서트럭, 콘크리트믹서트레일러, 콘크리트 펌프 – 천공기(트럭적재식) – 도로를 운행하는 3톤 미만의 지게차 ③ 특수자동차(트레일러, 레커는 제외) ④ 원동기장치자전거
제1종	보통면허		① 승용자동차 ② 승차정원 15인까지의 승합자동차 ③ 적재중량 12톤 미만의 화물자동차 ④ 건설기계(도로를 운행하는 3톤 미만의 지게차에 한함) ⑤ 총중량 10톤 미만의 특수자동차(트레일러 및 레커 제외) ⑥ 원동기장치자전거(배기량 125cc 미만)
제1종	소형면허		① 3륜화물자동차, ② 3륜승용자동차, ③ 원동기장치자전거
제1종	특수면허	대형견인차	① 견인형 특수자동차 ② 제2종 보통면허로 운전할 수 있는 차량
제1종	특수면허	소형견인차	① 총중량 3.5톤 이하의 견인형 특수자동차 ※ 끌고가는(운전하는) 차량의 중량을 말함 ② 제2종 보통면허로 운전할 수 있는 차량
제1종	특수면허	구난차	① 구난형 특수자동차 ② 제2종보통면허로 운전할 수 있는 차량
제2종	보통면허		① 승용자동차(승차정원 10인 이하 승합자동차 포함) ② 적재중량 4톤까지의 화물자동차 ③ 총중량 3.5톤 미만의 특수자동차(트레일러 및 레커 제외) ④ 원동기장치자전거(배기량 125cc 미만)
제2종	소형면허		① 이륜자동차(125cc 초과) : 만 18세이상 ② 원동기장치자전거 : 만 16세 이상
제2종	원동기장치자전거면허		원동기장치자전거

참고 | 적재중량 3톤 이하 위험물 운반차량 또는 적재용량 3천리터 이하의 화물자동차는 제1종보통면허가 있어야 운전을 할 수 있고, 적재중량 3톤 초과 또는 적재용량 3천리터 초과의 화물자동차는 제1종대형면허가 있어야 운전할 수 있다.

참고 | 피견인자동차의 제1종대형면허, 제1종보통면허 또는 제2종보통면허를 가지고 있는 사람이 그 면허로 운전할 수 있는 자동차로 견인할 수 있다.(단, 총중량 750kg을 초과하는 피견인자동차를 견인하려면 견인 자동차를 운전할 수 있는 면허 외에 제1종특수(트레일러) 면허를 소지해야 함)

2. 운전면허 시험자격 · 결격 · 면제

(1) 운전면허 시험자격

면허종류	자격
1종대형, 1종특수면허	만 19세 이상으로 1 · 2종 보통면허 취득 후 1년 이상
1 · 2종보통, 2종소형면허	만 18세 이상
원동기장치 자전거면허	만 16세 이상
1 · 2종 장애인면허	장애인 운동능력측정시험 합격자,1종을 취득하기 위해서는 1종에 부합되는 합격자

(2) 운전면허 응시결격(응시 불가능) 사유 –1

① 만 18세 미만인 사람 (원동기장치자전거는 만 16세 미만)
② 정신병자, 정신미약자, 간질환자
③ 듣지 못하는 사람(제1종 대형 · 특수 운전면허에 한함), 앞을 보지 못하는 사람, 그밖에 대통령이 정하는 신체 장애인
④ 앞을 보지 못하는 사람(한쪽 눈만 보지 못하는 사람의 경우에는 제1종 운전면허 중 대형 · 특수 운전면허에 한함) 추가
⑤ 다리, 머리, 척추, 그 밖의 신체의 장애로 인하여 앉아 있을 수 없는 사람
⑥ 양쪽 팔의 팔꿈치 관절 이상을 잃은 사람
⑦ 양쪽 팔을 전혀 쓸 수 없는 사람 (다만, 신체장애 정도에 적합하게 제작 · 승인된 자동차를 사용하여 정상적인 운전을 할 수 있는 경우는 제외)
⑧ 마약, 대마, 향정신성의약품 또는 알콜중독자
⑨ 제1종 대형면허 또는 제1종 특수면허를 받고자 하는 사람이 19세 미만이거나 자동차 등 (2륜 자동차와 원동기장치자전거를 제외한다)의 운전경험이 1년 미만인 사람

(3) 운전면허 응시결격(응시 불가능) 사유 –2

다음에 해당하는 사람은 규정된 기간이 지나지 않으면 운전면허 응시자격이 없음(벌금 이상의 형을 선고 받은 자에 한함)

① 무면허 또는 운전연습허가 등의 규정에 위반하여 자동차등을 운전한 경우에는 그 위반한 날(운전면허의 효력정지기간 중 운전으로 취소된 경우에는 그 취소된 날)부터 1년(원동기장치자전거 면허 : 6월) 이내인 경우(다만, 사람을 사상한 후 사고발생 시의 조치를 위반한 경우 : 위반한 날로부터 5년 이내)
② 주취 중 운전금지 또는 과로한 때의 운전금지 규정에 위반하여 사람을 사상한 후 사고발생시의 조치 규정에 위반한 경우 : 운전면허가 취소된 날로부터 5년 이내인 경우
③ 무면허, 주취 중 운전금지, 과로한 때의 운전금지 외의 사유로 사람을 사상한 후 사고 발생시의 조치규정에 의한 필요한 조치 및 신고를 하지 않은 경우 : 운전면허가 취소된 날로부터 4년 이내인 경우
④ 주취 중 운전금지 규정에 위반하여 운전하다가 3회 이상 교통사고를 일으킨 경우에는 운전면허가 취소된 날로부터 3년 그리고 자동차를 이용하여 범죄행위를 하거나 다른 사람의 자동차를 훔치거나 빼앗은 사람이 무면허 등의 규정에 위반하여 그 자동차를 운전한 경우에는 그 위반한 날로부터 3년 이내인 경우
⑤ ①~④에 정한 경우 외의 사유로 운전면허가 취소된 경우에는 취소된 날부터 1년 이내인 경우(다만, 적성검사를 받지 않고 운전면허가 취소되거나 제1종 운전면허를 받은 사람이 적성검사에 불합격되어 다시 제2종 운전면허를 받으려는 경우는 예외)
⑥ 운전면허의 효력의 정지처분을 받고 있는 경우에는 그 정지처분 기간

(4) 운전면허 응시제한

운전면허 행정처분 시 또는 기타 도로교통법 위반 시 이의 경중에 따라 일정기간 응시하지 못하게 하는 제도이다.

제한기간	사유
바로 면허시험에 응시가능한 경우	• 적성검사 또는 면허갱신 미필자 • 2종에 응시하는 1종면허 적성검사 불합격자
6개월 제한	• 원동기장치자전거를 취득하고자 하는 경우 (단순음주, 단순무면허인 경우)
1년 제한	• 무면허운전 및 자동차 이용 범죄 • 공동위험행위로 운전면허가 취소된 자가 원동기면허를 취득하고자 하는 경우 • 2년 제한 이외의 사유로 면허가 취소된 경우
2년 제한	• 3회 이상 무면허 운전 • 공동위험행위로 2회 이상 운전면허 취소 시 • 부당한 방법으로 면허 취득 또는 이용한 자 • 다른 사람의 자동차 강·절취한 자 • 음주운전, 측정불응 3회 이상 자
3년 제한	• 음주운전을 하다가 3회 이상 교통사고를 낸 자 • 자동차 이용 범죄, 자동차 강·절취한 자가 무면허로 운전한 경우
4년 제한	• 5년 제한 이외의 사유로 사상사고 야기 후 도주
5년 제한	• 무면허, 음주운전, 약물복용, 과로 운전, 공동위험행위 중 사상사고 야기 후 필요한 구호조치를 하지 않고 도주

참고 | **결격기간이 없는 경우 :** 면허증 갱신기간을 경과하여 면허가 취소된 자

02 응시 절차

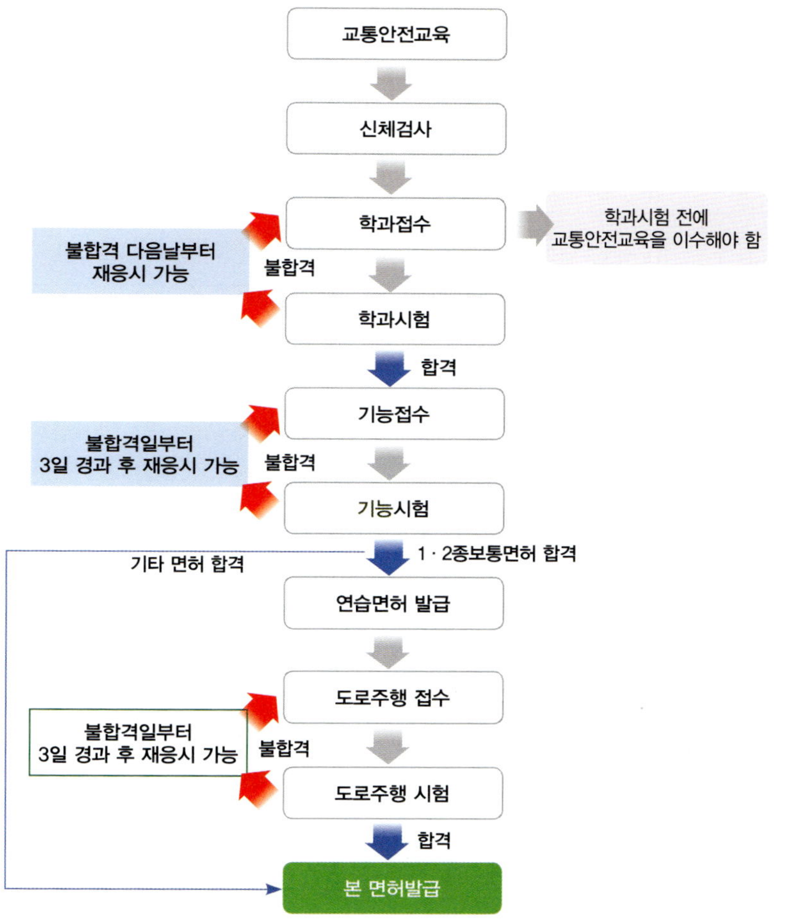

1. 응시원서 접수

① 원서작성 : 운전면허시험장에 응시원서를 교부받아 기재 (원동기장치자전거면허는 관할경찰서에 신청 가능)

② 구비사항 : 반명함판 컬러사진 3매, 신분증, 응시수수료(10,000원)

③ 전국 운전면허시험장에서 평일 09:00~17:00 응시접수 가능(비문해자, 청각장애인 학과시험은 16:30까지 접수), PC학과시험은 당일 접수하여 당일 응시하므로 별도로 예약할 필요가 없음

2. 적성검사(신체검사)

① 운전면허시험장의 신체검사장이나 지정된 적성검사 병원에서 신체검사를 받아 합격 판정된 '신체검사서'를 응시원서 접수시 제출(태백시험장, 강릉시험장, 문경시험장은 신체검사실이 없으므로 병원에서 검사를 받고 와야 함)

※ 단, 신체적 장애가 있는 사람은 운전면허시험장에 설치된 '운동능력평가기기'에 의한 측정에 합격해야 함

② 적성검사(신체검사) 기준

항 목	제1종 운전면허	제2종 운전면허
시력 또는 교정시력 (안경이나 렌즈 포함)	• 두 눈을 동시에 뜨고 잰 시력이 0.8이상이고 각각 0.5 이상 • 한쪽 눈을 보지 못하는 자는 다른 눈의 시력 0.8, 수직시야 20° 수평시야 120° 이상, 중심 시야 20° 이내, 암점과 반맹이 없어야 함	• 두 눈을 동시에 뜨고 잰 시력 0.5 이상 • 한쪽 눈을 보지 못하는 자는 다른 한쪽 눈이 0.6 이상
색맹	• 적색, 녹색, 황색의 색채 식별 기능	
청력	※1종 대형 · 특수 운전면허에 한하여 55데시벨의 소리를 들을 수 있을 것(보청기 사용자는 40데시벨)	
신체 상태	• 조향장치 그 밖의 장치를 조작할 수 있는 등 정상 운전이 가능한 자 • 보조수단 사용자는 운동능력 평가기기 측정 결과 정상 운전이 가능한 자	

3. 교통안전교육

학과시험 응시전에 반드시 교통안전교육을 이수하여야 한다. 학과시험 응시전 시 · 도경찰청장이 정하는 교육기관에서 시청각 교육(1시간)을 받아야 한다(다만, 자동차운전전문학원의 경우 학과교육수료로 면제된다).

항목	교통안전교육	취소자안전교육
교육대상	운전면허를 취득하고자 하는 사람	중대사고, 음주 등으로 면허취소 후 재취득하고자 하는 사람
교육시간	학과시험 전까지 1시간	학과시험 전까지 6시간
교육장소	시험장 내 교육장에서 교육 가능	도로교통공단 교육장소에서만 가능
교육내용	시청각 교육	취소사유별 법규반, 음주반
준비물	신분증(수수료 무료)	신분증, 수수료

4. 학과시험 및 합격기준

컴퓨터를 이용한 학과시험(CBT)을 전면적으로 실시한다. 자세한 시험 요령은 '운전면허학과시험 컴퓨터수험요령(1페이지)'을 참조한다.

5. 장내기능시험

항 목	내 용
채점항목	• 주행거리 300m 이상 • 운전장치 조작 • 차로준수 · 급정지 • 경사로 • 좌 · 우회전 • 직각주차 • 신호교차로 • 전진(가속구간)
채점방식	• 100점 만점 기준 감점방식으로 전자채점
합격기준	• 컴퓨터 채점기에 의하여 감점방식으로 채점 • 1종대형 및 1 · 2종 보통 : 80점 이상 • 1종특수, 2종소형, 원동기 : 90점 이상
실격기준	• 점검이 시작될 때부터 종료될 때까지 좌석 안전띠를 착용하지 아니한 때 • 시험 중 안전사고를 일으키거나 차의 바퀴 어느 하나라도 연석을 접촉한 때 • 시험관의 지시나 통제를 따르지 않거나 음주, 과로, 마약 · 대마 등 약물 등의 영향으로 정상적인 시험 진행이 어려운 때 • 특별한 사유 없이 출발지시 후 출발선에서 30초 이내 출발하지 못한 때 • 각 시험코스를 어느 하나라도 시도하지 않거나 제대로 이행하지 않을 때(예: 경사로에서 정지하지 않고 통과, 직각주차에서 차고에 진입해서 확인선을 접촉하지 않음, 가속코스에서 기어변속을 하지 않음) • 경사로 정지구간 이행 후 30초를 초과하여 통과하지 못한 때 또는 경사로 정지구간에서 후방으로 1미터 이상 밀린 때 • 신호 교차로에서 신호위반 때 또는 앞범퍼가 정지선을 넘어간 때
기타	• 필기시험 합격일로부터 1년이내에 기능시험에 합격하고 연습운전면허를 발급받아야 한다.(응시원서의 유효기간은 최초의 필기시험일부터 1년간으로 하되, 제1종 보통연습면허 또는 제2종 보통연습면허를 받은 때는 그 연습운전면허의 유효기간으로 한다) • 기능시험 응시 후 불합격자는(자동차전문학원에서의 불합격 이력도 포함) 불합격일부터 3일 경과 후에 재응시 가능 (예 : 불합격이 1일이면 4일부터 재응시 가능)

참고 | 최초 1종보통, 2종보통 기능시험 전에 기능의무교육 3시간을 이수해야 한다.

6. 도로주행연습

① 장내기능시험에 합격한 응시자에게는 연습운전면허증을 교부하여 주거나, 또한 운전면허시험장에서 응시표에 표기한다.

② 연습운전면허에 유효기간은 1년이고, 정식 운전면허를 취득한 후 그 효력이 상실된다.

③ 연습운전면허 소지자는 자율적으로 도로주행 연습을 한 후 도로 주행시험에 응시할 수 있다.

④ 도로주행연습을 하고자 할 때에는 운전면허를 받은 지 2년이 경과된 사람과 함께 승차하여 연습하되, 주행연습면허 표지를 부착해야 한다.

⑤ 운전가능 차량

항목	운전할 수 있는 차량
제1종 보통	① 승용자동차 ② 승차정원 15인까지의 승합자동차 ③ 적재중량 11톤까지의 화물자동차
제2종 보통	① 승용자동차(승차정원 10인 이하 승합자동차 포함) ② 적재중량 4톤 이하의 화물자동차

7. 도로주행시험

① 도로주행시험은 제1종 보통 또는 제2종 보통면허를 취득하고자 하는 사람에 대해서만 실시한다.
② 도로주행시험은 시험관이 동승하여 응시자의 실제 도로상의 운전능력을 측정한다.
③ 총 연장거리 5km 이상인 4개 코스 중 추첨을 통한 1개 코스 선택하며, 내비게이션 음성 길 안내로 시험코스 암기는 불필요하다.
④ 합격기준 : 총 배점 100점 중 제1 · 2종 모두 70점 이상 득점시 합격
⑤ 불합격한 사람은 불합격한 날부터 3일 이상 경과해야 재응시할 수 있다.
⑥ 도로주행 접수시 지정 받은 응시일자에 면허시험장 도로주행 시험장소에서 실시한다.(응시일자는 수험자가 선택 가능)
⑦ 도로주행시험 항목

항 목	내 용
시험항목	긴급자동차 양보, 어린이보호구역, 지정속도 위반 등 안전운전에 필요한 57개 항목을 평가
합격기준	• 70점 이상 • 시험관이 채점표에 의하여 감점방식으로 채점
실격기준	• 3회 이상 "출발 불능", "클러치 조작 불량으로 인한 엔진정지", "급브레이크 사용", "급조작 · 급출발" 또는 그 밖의 사유로 운전능력이 현저하게 부족한 것으로 인정되는 경우 • 안전거리 미확보와 경사로에서 뒤로 1미터 이상 밀리는 현상 등 운전능력 부족으로 교통사고를 일으킬 위험이 현저한 경우 또는 교통사고를 야기한 경우 • 음주, 과로, 마약, 대마 등 약물의 영향 및 휴대전화 사용 등으로 정상적으로 운전하지 못할 우려가 있거나 교통안전과 소통을 위한 시험관의 지시 및 통제에 불응한 경우 • 도로의 중앙으로부터 우측 부분을 통행하여야 할 의무를 위반한 경우 • 신호 또는 지시에 따를 의무를 위반한 경우 • 보행자 보호의무 등을 소홀히 한 경우 • 어린이통학버스의 특별보호의무를 위반한 경우 • 법령 또는 안전표지 등으로 지정되어 있는 최고속도를 10㎞/h 초과한 경우 • 어린이보호구역, 노인 및 장애인 보호구역에서 지정되어 있는 최고속도를 초과한 경우 • 출발 시(출발 지시)부터 종료 시(결과 판정)까지 좌석 안전띠를 착용하지 않은 경우 • 긴급자동차의 우선 통행 시 일시 정지하거나 진로를 양보하지 않은 경우 • 중간접수 합계가 합격 기준에 미달한 경우
기타	• 연습면허 유효기간 내에 도로주행시험 합격해야 한다.(유효기간이 지났을 경우 새로 학과, 기능시험 합격 후에 연습면허를 다시 발급 받아야 함) • 도로주행시험 응시 후 불합격자는(자동차전문학원에서 불합격한 이력도 포함) 불합격일부터 3일 경과 후에 재응시

03 운전면허증의 교부 · 갱신 · 반납

1. 운전면허증의 교부

① 발급 대상 : 연습면허 취득 후 도로주행시험, (운전전문학원 졸업자는 도로주행 검정)에 합격한 자
② 시 · 도경찰청장은 운전면허시험 합격자에 대하여 운전면허증을 교부
③ 운전면허의 효력은 운전면허증을 교부받은 때부터 발생(면허증을 교부받기 전에 운전 시 무면허운전 처벌).
④ 운전면허증 분실 또는 훼손 : 시 · 도경찰청장에게 신청하여 재교부

2. 적성검사 및 면허증 갱신

(1) 제1종 운전면허

① 2011. 12. 9 이후 면허취득자 적성검사자는 10년 주기 1년 기간
② 2011. 12. 8 이전 면허취득자 적성검사자는 7년 주기 6개월 기간
(면허증 상 표기된 기간)

(2) 2종 운전면허

① 2011. 12. 9 이후인 면허취득자 면허갱신자는 10년 주기 후 1년 기간
② 2011. 12. 8 이전 면허취득자 면허갱신자는 9년 주기 후 6개월 기간
(면허증 상 표기된 기간)

참고 | • 1년 기간 산정 : 시험합격 또는 갱신받은 날로부터 10년이 되는 날이 속하는 해의 1월 1일 ~ 12월 31일
• 수시적성검사 : 정신병, 간질병, 마약, 알코올 중독, 신체장애 등 상당한 이유가 있을 때 실시
• 정기적성검사의 연기 : 법 규정에 의한 사유로 정기적성검사의 연기를 받은 사람은 그 사유가 없어진 날부터 3월 이내에 정기적성검사를 받아야 한다.
• 2011. 12. 9. 이후 1종 · 2종 상관없이 65세 이상인 사람은 5년 주기
• 2011. 12. 9. 이후 70세 이상 2종 면허 소지자도 면허갱신 시 적성검사 의무
• 2019.01.01 이후 75세 이상 1종 · 2종 상관없이 3년 주기

3. 운전면허증의 반납

(1) 운전면허증의 반납 사유

① 운전면허 취소의 처분을 받은 때
② 운전면허 효력 정지의 처분을 받은 때
③ 운전면허증을 잃어버리고 다시 교부받은 후 그 잃어버린 운전면허증을 찾은 때
④ 연습운전면허증을 받은 사람이 제1종 보통면허증 또는 제2종 보통면허증을 받은 때

(2) 반납 기간 및 반납처 : 그 사유가 발생한 날부터 7일 이내에 주소지를 관할하는 시 · 도경찰청장

참고 | 시험장별 가능한 시험 종류

시험장	가능한 시험 종류							
	1 · 2종 보통	대형	소형	대형 견인	구난	소형 견인	원동기	다륜 원동기
강남	✓	✓	✓	✓	✓	✓	✓	✓
도봉	✓	✓	✓	×	×	✓	✓	✓
강서	✓	×	✓	×	×	×	✓	×
서부	✓	✓	✓	×	×	×	✓	×
부산남부	✓	✓	✓	✓	✓	✓	✓	✓
부산북부	✓	×	×	×	×	×	×	×
대구	✓	✓	✓	×	×	✓	✓	×
인천	✓	✓	✓	✓	✓	✓	✓	×
용인	✓	✓	✓	×	×	×	✓	×
안산	✓	✓	✓	✓	✓	×	✓	✓
의정부	✓	×	✓	×	×	×	✓	×
춘천	✓	✓	✓	×	✓	✓	✓	✓
강릉	✓	✓	✓	×	×	✓	✓	×
원주	✓	✓	✓	×	×	×	✓	✓
태백	✓	✓	×	×	×	×	×	×
청주	✓	✓	✓	×	✓	✓	✓	✓
충주	✓	✓	×	×	×	×	✓	✓
대전	✓	✓	✓	✓	✓	✓	✓	×
예산	✓	✓	✓	✓	×	×	✓	✓
전북	✓	✓	✓	✓	×	✓	✓	✓
전남	✓	✓	✓	✓	×	×	✓	✓
광양	✓	✓	✓	✓	✓	✓	✓	✓
문경	✓	✓	✓	✓	✓	✓	✓	✓
포항	✓	✓	✓	✓	✓	×	✓	×
마산	✓	✓	✓	×	×	×	✓	×
울산	✓	✓	✓	✓	✓	×	✓	×
제주	✓	✓	✓	✓	✓	✓	✓	✓

Section 03 운전관련 용어 정의

01 도로교통법의 목적

도로에서 일어나는 교통상의 모든 위험과 장해를 방지하고 제거하여 안전하고 원활한 교통을 확보하는 데에 목적이 있다.

참고 | 도로교통의 3대 요소 : 사람(보행자, 운전자), 도로환경, 자동차

02 용어의 정의

1. 도로

① '도로법'에 의한 도로 : 고속국도, 일반국도, 특별시도/광역시도, 지방도, 시도, 군도, 구도
② '유료도로법'에 의한 유료도로 : 통행료를 징수하는 도로
③ '농어촌도로 정비법'에 따른 농어촌도로
④ 그 밖에 현실적으로 불특정 다수의 사람 또는 차마(車馬)의 통행을 위하여 공개된 장소로서 안전하고 원활한 교통을 확보할 필요가 있는 장소 (공지, 해변, 광장, 공원, 유원지, 제방 등)

참고 | 출입이 제한된 아파트 단지의 주차장, 유료주차장, 학교 운동장 등은 도로교통법상의 도로에 해당되지 않는다.

2. 자동차전용도로

자동차만 통행 가능한 도로로 보행자는 물론 이륜차, 보행자, 손수레,우마차 등은 통행할 수 없다.

자동차전용도로 표지판

3. 고속도로

자동차의 고속교통에만 사용하기 위하여 지정된 도로이다. 그러므로 보행자, 이륜차, 보행자, 손수레, 우마차 등은 통행할 수 없다.

4. 차선과 차로

① 차선 : 차로와 차로를 구분하기 위하여 그 경계지점을 안전표지에 의하여 표시한 선을 말한다.

참고 | 차선은 백색선 표시가 원칙이나 교차로, 횡단보도, 철길건널목 등은 표시하지 않는다.

② 백색점선 : 차로 변경 가능, 백색실선 : 차로 변경 불가
③ 차로 : 차마가 도로의 정해진 부분을 한 줄로 통행하도록 차선에 의하여 구분되는 차도

5. 차도

연석선(緣石線, 차도와 인도를 구분하는 돌(시멘트) 등으로 이어진 선), 안전표지나 그와 비슷한 인공구조물을 이용하여 경계를 표시하여 모든 차의 교통에 사용하는 도로의 부분이다.

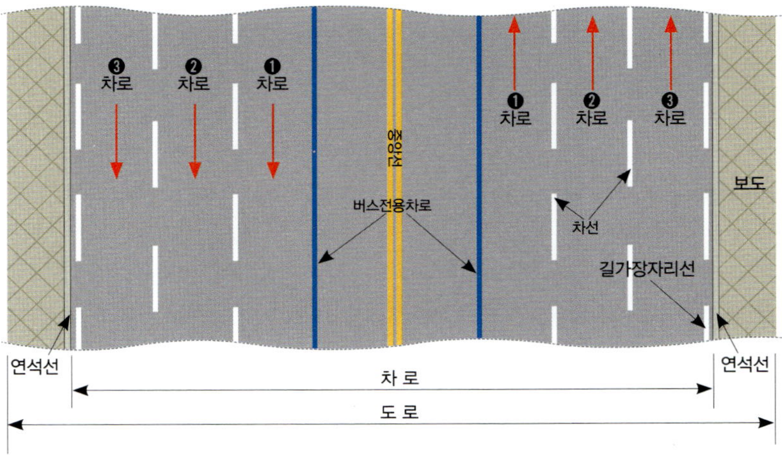

[시내 일반도로의 차로와 차선]

6. 중앙선

차마의 통행을 방향별로 명확하게 구분하기 위하여 도로에 황색실선, 황색점선 등의 안전표시로 표시한 선이나 중앙분리대 · 울타리 등으로 설치한 시설물을 중앙선이라 한다. 가변차로가 설치된 경우에는 신호기가 지시하는 진행방향의 가장 왼쪽의 황색점선을 말한다.

종류	내용
황색 점선	반대 방향의 교통에 주의하면서 일시적으로 반대편 차로로 넘어갈 수 있으나 진행 방향 차로로 다시 돌아와야 함을 표시한 선
황색 실선과 황색 점선의 복선	차마가 점선 측에서는 반대 방향의 교통에 주의하면서 넘어갔다가 다시 돌아올 수 있으나, 실선이 있는 쪽에서는 넘어갈 수 없음을 표시한 선

참고 | 중앙선 표시는 편도 1차로는 황색실선 또는 황색점선, 편도 2차로 이상은 황색복선으로 한다. 고속도로는 황색복선 또는 황색실선과 점선을 복선으로 표시한다.

7. 보도

연석선, 안전표지나 그와 비슷한 공작물로써 경계를 표시하여 보행자(유모차 및 보행보조용 의자차를 포함)의 통행에 사용하도록 된 도로이다.

참고 | '보행보조용 의자차'는 수동 휠체어, 전동 휠체어, 의료용 스쿠터를 말한다. 유모차, 신체장애인용 의자차를 밀고 가거나, 이륜차 · 자전거를 끌고 가는 사람은 보도로 통행해야 한다.

8. 길가장자리구역

보도와 차도가 구분되지 아니한 도로에서 보행자의 안전을 확보하기 위하여 안전표지 등으로 경계를 표시한 도로의 가장자리 부분이다.

9. 자전거도로

안전표지, 위험방지용 울타리나 그와 비슷한 인공구조물로 경계를 표시하여 자전거 교통에 사용하도록 된 '자전거이용활성화에관한법률' 제3조의 도로이다.

자전거전용도로 표지판

참고 | 자전거 도로의 구분

1. 자전거 전용도로 : 자전거만 통행할 수 있도록 분리대, 경계석, 그 밖에 이와 유사한 시설물에 의하여 차도 및 보도와 구분하여 설치
2. 자전거 · 보행자 겸용도로 : 자전거 외에 보행자도 통행할 수 있도록 분리대, 경계석, 그 밖에 이와 유사한 시설물에 의하여 차도와 구분하거나 별도로 설치
3. 자전거 전용차로 : 차도의 일정 부분을 자전거만 통행하도록 차선 및 안전표지나 노면표시로 다른 차가 통행하는 차로와 구분한 차로
4. 자전거 우선도로 : 자동차의 통행량이 대통령령으로 정하는 기준보다 적은 도로의 일부 구간 및 차로를 정하여 자전거와 다른 차가 상호 안전하게 통행할 수 있도록 도로에 노면표시로 설치

10. 횡단보도

보행자가 도로를 횡단할 수 있게 안전표시로 표시한 도로의 부분이다.

참고 | 횡단보도 설치 : 육교, 지하도, 다른 횡단보도에서 200m 이내에는 설치할 수 없다(특별히 필요한 경우는 예외).

횡단보도 표지판

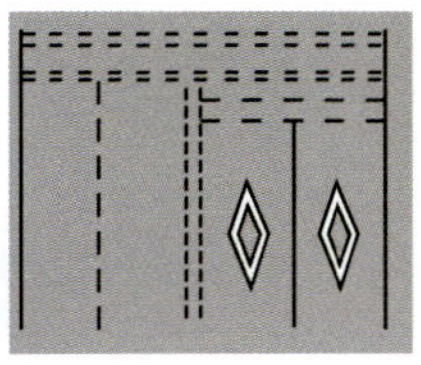
횡단보도 예고

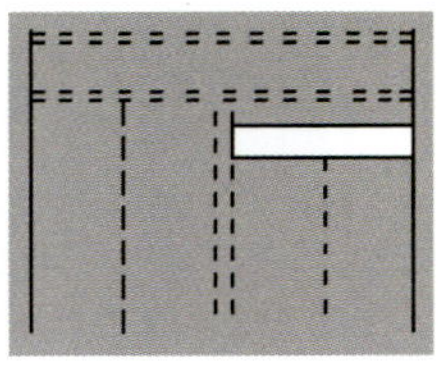
횡단보도 정지선

11. 교차로

두 개 이상의 도로(보도와 차도가 구분된 도로)가 교차하는 부분으로 '十'자로 교차로, 'T'자로 교차로 등이 있다.

12. 안전지대

도로를 횡단하는 보행자나 통행하는 차마의 안전을 위하여 안전표시나 그와 비슷한 인공구조물로 표시한 도로의 부분을 말한다.

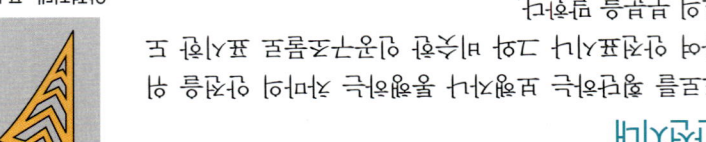

안전지대 표시

13. 신호기

도로교통에서 문자 · 기호 또는 등화로 진행 · 정지 · 방향전환 · 주의 등의 신호를 표시하기 위하여 조작되는 장치를 말한다.

참고 | 철길건널목에 설치된 경보등과 차단기 또는 도로바닥에 표시된 문자, 기호 등은 신호기에 해당되지 않는다.

14. 안전표지

교통안전에 필요한 주의 · 규제 · 지시 등을 표시하는 표지판이나 도로의 바닥에 표시하는 기호 · 문자 또는 선 등을 말한다.

15. 차마(車馬) : 차(車)와 우마(牛馬)

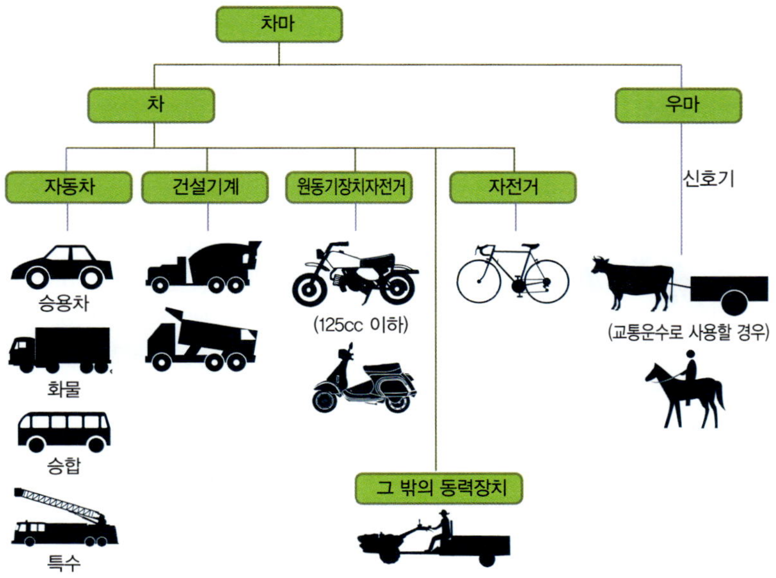

16. 자동차

① 철길이나 가설된 선에 의하지 아니하고 원동기를 사용하여 운전되는 차(견인되는 자동차도 자동차의 일부로 본다)

② 승용자동차, 승합자동차, 화물자동차, 특수자동차, 이륜자동차(원동기장치자전거는 제외)

③ 건설기계(26종) : 불도저, 굴삭기, 로더, 지게차, 스크레이퍼, 덤프트럭, 기중기, 모터 그레이더, 롤러, 노상안정기, 콘크리트 배칭 플랜트, 콘크리트펌프, 아스팔트 믹싱플랜트, 아스팔트 피니셔, 아스팔트 살포기, 골재살포기, 쇄석기, 공기압축기, 천공기, 항타 및 항발기, 사리채취기, 준설선, 그 외 특수 건설기계

17. 원동기장치자전거

① '자동차관리법' 제3조의 규정에 의한 이륜자동차 가운데 배기량 125cc 이하

② 50cc 미만(전기 동력 : 정격출력 0.59kw 미만)의 원동기 장치 자동차

참고 | 이륜차 가운데 배기량 125cc를 초과하면 이륜자동차, 배기량 125cc 이하는 원동기장치자전거라 한다.

18. 자전거

사람의 힘으로 페달이나 손페달을 사용하여 움직이는 구동장치와 조향장치 및 제동장치가 있는 바퀴가 둘 이상인 차를 말한다.

참고 | '자동차 등'이란 자동차와 원동기장치자전거를 말한다.

19. 긴급자동차

① 소방자동차, 구급자동차, 혈액공급차

② 기타 긴급한 용도로 사용되는 자동차

- 범죄수사 · 교통단속 그 밖에 긴급한 경찰업무수행에 사용되는 자동차
- 군 내부의 질서유지나 부대의 질서있는 이동을 유도하는 데 사용되는 자동차
- 범죄수사를 위하여 사용되는 자동차
- 도주자의 체포 또는 피수용자 · 피관찰자의 호송 · 경비를 위하여 사용되는 자동차
- 경호업무수행에 공무로 사용되는 자동차
- 전기사업 · 가스사업 그 밖의 공익사업기관에서 위험방지를 위한 응급작업에 사용되는 자동차
- 민방위 업무를 수행하는 기관에서 긴급예방 또는 복구를 위한 출동에 사용되는 자동차
- 도로상의 위험을 방지하기 위한 응급작업 및 운행이 제한되는 자동차를 단속하기 위하여 사용되는 자동차
- 긴급배달 우편물의 운송에 사용되는 자동차 및 전파감시업무에 사용되는 자동차

20. 어린이통학버스

유치원, 초등학교, 특수학교, 보육시설, 학원, 체육시설 가운데 어린이(13세 미만)를 교육대상으로 하는 시설에서 어린이의 통학 등에 이용되는 자동차로서 관할 경찰서장에게 신고된 차

21. 운전

도로에서 차마를 그 본래의 사용방법에 따라 사용하는 것(조종을 포함)을 말한다.

참고 | 자동차의 주차 행위, 도로에서의 후진 행위, 내리막길에서 시동을 끄고 타력으로 주행하는 것도 운전에 해당된다.

22. 정차

운전자가 5분을 초과하지 아니하고 차를 정지시키는 것으로 주차 외의 정지 상태를 말한다.

참고 | 사람의 승강 또는 잠깐 유리차창을 닦고 출발하거나 후사경을 조정하고 출발하는 등 5분 이내에 출발하는 것은 정차에 해당한다. 정차할 때에는 차도의 우측 가장자리에 정차해야 한다.

23. 주차

운전자가 승객을 기다리거나 화물을 싣거나 고장이나 그 밖의 사유로 인하여 차를 계속하여 정지상태에 두는 것 또는 운전자가 차로부터 떠나 즉시 그 차를 운전할 수 없는 상태를 말한다.

참고 | 자동차가 계속 정지하여 기다리거나 화물을 싣고 내리거나 또는 고장 등으로 5분 이내에 즉시 출발할 수 없는 상태 등이 주차에 해당된다.

24. 서행

차를 즉시 정지시킬 수 있는 정도의 느린 속도로 진행시키는 것을 말한다.

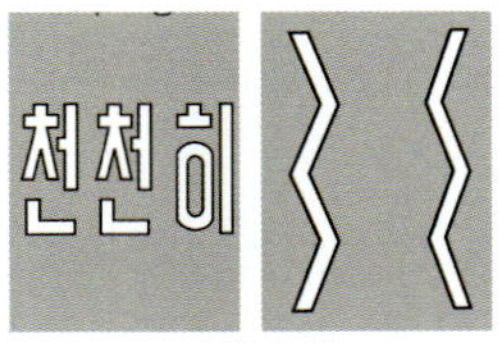

서행 표시

25. 앞지르기

차의 운전자가 앞서가는 다른 차의 옆을 지나서 그 차의 앞으로 나가는 것을 말한다.

참고 | 다른 교통에 주의하면서 앞차의 왼쪽으로 앞지르기해야 한다. 오른쪽으로 앞지르기하면 위반에 해당한다.

26. 일시정지

차의 운전자가 그 차의 바퀴를 일시적으로 완전히 정지시키는 것을 말한다.

27. 보행자전용도로

보행자만이 다닐 수 있게 안전표지나 그와 비슷한 공작물로써 표시한 도로를 말한다.

28. 초보운전자

① 처음 운전면허를 받은 날(처음 운전면허를 받은 날부터 2년이 경과되기 전에 운전면허 취소 처분을 받은 경우에는 그 후 다시 운전면허를 받은 날)부터 2년이 경과되지 않은 사람을 말한다.

② 원동기장치자전거 면허만을 받은 사람이 원동기장치자전거 면허 외의 운전면허를 받은 경우에는 처음 운전면허를 받은 것으로 본다.

Section 04 자동차 점검

01 승차하기 전의 점검

① 전조등, 미등 등 각종 등화의 정상 작동 여부 확인
② 전면 유리창, 실내외 후사경의 상태 확인
③ 타이어의 공기압, 균열, 파손부위, 마모상태, 타이어에 박힌 이물질(못 등)을 점검 확인한다.
④ 주차한 상태의 바닥면을 점검하여 오일이나 부동액 등의 누유를 확인하고, 만약 있다면 엔진룸을 점검하여 연결부에서 새는 지 여부를 점검한다.

02 운전석에서의 점검

(1) 계기판의 점검

승차 후 운전석에서는 계기판을 통해 각종 장치의 작동, 연료의 양, 브레이크 상태, 냉각수 온도, 배터리 등 계기판 경고등을 살펴보며 자동차의 결함으로 인한 사고를 미연에 방지한다.

(2) 각종 페달의 점검

액셀러레이터 페달, 브레이크 페달, 클러치 페달을 밟았을 때 정상 상태와 다른 느낌이 있는지 확인한다.

참고 | **브레이크 페달의 정상 상태 확인**
시동이 꺼진 상태에서 약간의 힘을 주어 브레이크 페달을 밟고 있다가 시동을 켜면 깊게 페달이 들어가는지를 확인한다.

(3) 와이퍼 점검

운행 전에는 반드시 와이퍼의 작동 여부를 확인하여 갑작스런 우천시 또는 타 차량에 의한 이물질 튀김 등으로 인한 운전 사고를 방지한다.

03 자동차의 주요 점검 사항

(1) 엔진 오일량 점검

① 점검 시 차량을 바닥이 평평한 곳에 주차시킨 후, 충분히 워밍업(warming up)시킨다. 그리고 시동을 끄고 나서 5~7분 후(오일이 오일팬(크랭크케이스)으로 완전히 내려간 후) 오일량을 점검한다.
② 오일 레벨 게이지를 뽑아 닦아낸 후, 다시 게이지를 넣고 뽑아 오일 양을 측정한다. 오일 레벨게이지를 찍어보아 최대선(F)와 최소선(L)의 눈금 중간이면 적당하다(만약, 오일이 'L' 아래에 있으면 즉시 오일을 보충하고 오일이 새는지를 점검한다).

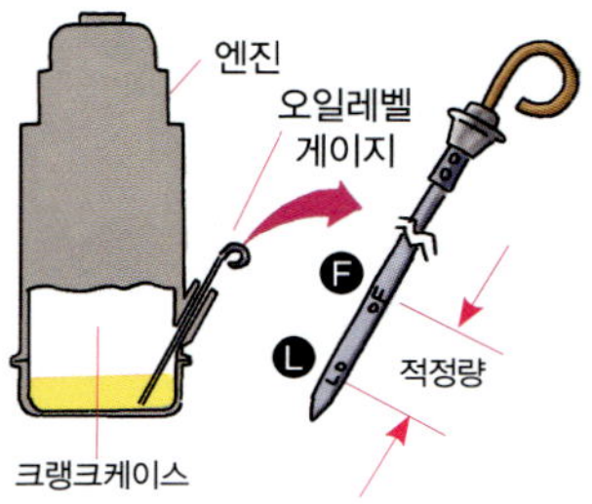

(2) 냉각수의 점검

① 냉각수는 라디에이터 내에 들어 있는 액체로 엔진의 열을 식히는 역할을 하여 냉각수 부족시 엔진 과열로 인한 화재발생의 위험이 있다.
② 엔진이 정상작동 온도일 때 공회전 상태로 보조탱크의 냉각수량이 최대선(F)과 최소선(L) 사이에 있는지 확인하여 부족 시 최대선(F)까지 보충해야 한다.
③ 색깔은 초록색이 정상이다.
④ 자동차 전용 냉각수가 없을 때 일시적으로 증류수를 넣어 보충한다.
⑤ 점검시 주의 사항 : 냉각수 점검을 위해 운행 후 라디에이터 캡을 바로 열면 뜨거운 냉각수나 증기로 인해 화상을 입게 되므로 충분히 식힌 후 수건 등 옷감으로 라디에이터 캡을 감싼 후 열어야 한다.

참고 | **각종 오일 등 색상**
- 연한 갈색 : 엔진오일(경유차 : 검정색), 기어오일
- 녹색(연녹색) : 부동액(냉각수) ※ 달콤한 냄새가 난다.
- 연두색 : 브레이크 오일
- 하늘색 : 워셔액
- 연한 붉은색 : 자동변속기 오일, 파워스티어링 오일, 브레이크 오일

(3) 브레이크액 점검

① 브레이크액이 현저히 감소되면 제동력 상실로 교통사고 발생 가능성이 높아진다.
② 브레이크액은 최대선과 최소선 눈금 사이를 유지해야 한다.

(4) 타이어 점검

① 공기압이 높을 경우 : 타이어의 접지면이 좁아 미끄러지기 쉽고, 트레이드의 중앙부가 빨리 마모되고, 진동의 흡수력이 감소되며, 승차감이 나쁘다.
② 공기압이 낮을 경우 : 타이어의 마모가 크며(트레이드 양쪽이 현저하게 마모됨), 핸들조작이 힘들고 연료가 낭비된다.
③ 좌우 타이어의 공기압이 균등치 않을 경우 : 공기압이 낮은 쪽으로 핸들이 돌아가고, 타이어의 한쪽 면만 닳는 원인이 된다.

(5) 배터리 점검 (투시창의 색을 통해 배터리 상태를 확인)

① 초록색 : 양호한 상태
② 검정색(또는 붉은색) : 배터리 점검이 필요한 상태
③ 무색(흰색) : 방전 또는 수명이 다 된 상태

Section 05 자동차의 안전한 운전

01 출발 전 확인사항

1. 출발 전 안전확인

① 승차하기 전에 자동차 및 자동차 주변을 살펴본다.
② 승차 후에는 진행방향으로 방향지시등을 켜고 후사경 또는 운전자의 눈을 통해 다시 한 번 주변의 안전을 확인한다.

2. 운전자세

① 운전석의 위치 조정은 클러치 페달을 밟았을 때 무릎이 약간 굽은 정도로 맞추며, 운전석의 등받이는 바른 자세로 가볍게 기댄 상태에서 양손으로 핸들을 잡았을 때 팔꿈치가 약간 굽은 정도로 맞추는 것이 좋다.
② 머리지지대는 충돌시 머리를 안전하게 받쳐 줄 수 있도록 양쪽 귀의 중심과 머리지지대의 중심을 일치시켜 맞춘다.

참고 | **운전자세가 좋지 못하면 장거리 운전시 쉽게 피로해지거나 척추 등 허리에 무리를 줄 수 있으므로 바로 자세로 운전하는 습관을 들인다.**

3. 좌석안전띠의 착용

① 좌석안전띠는 사고 발생 시 피해를 최소화하고 올바른 운전자세를 갖게 한다.
② 모든 도로에서 운전자와 동승자 모두 착용해야 한다.

02 차마의 통행

1. 차마의 통행구분

(1) 차마의 통행의 원칙

① 차마는 도로의 차도중앙 우측을 통행하는 것이 원칙이다.
② 주유소 또는 차고, 주차장 등을 출입할 때에는 보도를 횡단할 수 있다(이 경우에는 보도횡단 직전에 일시 정지해야 한다).
③ 보 · 차도가 구분된 도로에서는 중앙선 중심으로부터 우측 부분을 통행해야 한다.

(2) 우측통행의 예외

① 도로가 일방통행도로일 때 좌측부분으로 통행이 가능하다.
② 우측 부분의 폭이 6m 미만인 도로에서 앞지르기할 때 좌측부분으로 통행이 가능하다.
③ 도로의 파손 또는 공사로 인하여 우측통행이 불가능할 때 등에는 좌측부분으로 통행이 가능하다.

2. 차로에 따른 통행

(1) 차로에 따라 통행할 의무

① 차마의 운전자는 차로가 설치되어 있는 도로에서는 그 차로를 따라 통행해야 한다.
② 시 · 도경찰청장이 통행방법을 따로 지정한 때에는 그 지정한 방법에 따라 통행한다.

(2) 차로의 설치

① 시 · 도경찰청장은 도로에 차로를 설치하고자 하는 때에는 노면표시로 표시해야 한다.
② 차로는 횡단보도, 교차로, 철길건널목에는 설치할 수 없다.
③ 보도와 차도의 구분이 없는 도로에 차로를 설치하는 때에는 보행자가 안전하게 통행할 수 있게 그 도로의 양쪽에 길가장자리 구역을 설치해야 한다.

(3) 차로에 따른 통행구분(일반도로)

도로의 중앙에서 오른쪽으로 차선이 2차로(전용차로가 설치되어 운용되는 도로에서는 전용차로를 제외) 이상 설치된 도로 및 일방통행도로에서 그 차로에 따른 통행차의 기준은 다음 표와 같다.

차로구분	통행할 수 있는 차종
왼쪽 차로	• 승용자동차 • 경형 · 소형 · 중형 승합자동차
오른쪽 차로	• 대형승합자동차 • 화물자동차 • 특수자동차 • 건설기계(법 제2조제18호나목에 규정된), • 이륜자동차 • 원동기장치자전거(개인형 이동장치 제외)

※왼쪽차로 : 차로를 반으로 나누어 1차로에 가까운 부분의 차로. 다만 홀수인 경우 가운데 차로는 제외한다.
※오른쪽 차로 : 왼쪽 차로를 제외한 나머지 차로

(4) 차로의 너비보다 넓은 차의 통행허가

① 차로폭 초과차는 경찰서장에게 통행허가 신청서를 제출하여 허가한 때 차로폭 초과 통행허가증을 교부해야 한다.
② 통행허가를 받은 운전자는 표지를 달아야 한다.

(5) 일반도로에서 버스전용차로를 통행할 수 있는 자동차

① 36인승 이상의 승합차와 16인승 이상의 통학 및 통근용 승합차
② 택시(승객을 승 · 하차할 경우에만 일시 통행 가능)
③ 통근용 승합차
④ 어린이통학버스
⑤ 긴급자동차

03 신호

1. 신호의 지시에 따를 의무

① 보행자나 차마는 신호기 또는 안전표지가 표시하는 신호 또는 지시를 따라야 한다.
② 보행자나 차마는 경찰공무원 또는 경찰공무원을 보조하는 사람의 지시를 따라야 한다.
③ 신호기의 신호와 경찰공무원 등의 수신호가 다를 때에는 경찰공무원의 수신호가 우선하므로 수신호에 따라야 한다.
④ 신호를 하는 경찰공무원의 보조원으로는 군사경찰, 모범운전자 등이 있으나 녹색어머니회, 해병대 전우회는 보조원에 포함되지 않는다.

2. 신호등의 종류, 등화의 배열순서 및 신호순서

신호등의 종류		등화의 배열 및 신호(표시) 순서
차량등	4색등	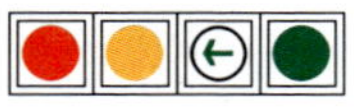 ① 녹색 → ② 녹색화살표(또는 녹색 및 녹색화살표 동시 점등) → ③ 황색 → ④ 적색 → ④ 황색
	3색등	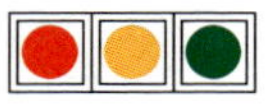 ① 녹색 → ② 황색 → ③ 적색
보행등	2색등	 ① 녹색 → ② 녹색점멸 → ③ 적색

3. 차량등(4색등)

(1) 녹색 등화

① 차마는 직진할 수 있고 다른 교통에 방해되지 않게 천천히 우회전할 수 있다.
② 비보호 좌회전 표시가 있는 곳에서는 신호에 따르는 다른 교통에 방해가 되지 않을 때에는 좌회전할 수 있다. 다만, 다른 교통에 방해가 된 때에는 신호위반 책임을 진다.

(2) 녹색화살표시 등화

차마는 화살표 방향으로 진행할 수 있다.

(3) 적색 등화

차마는 정지선, 횡단보도 및 교차로의 직전에서 정지해야 한다.(다만, 신호에 따라 진행하는 다른 차마의 교통을 방해하지 아니하고 우회전할 수 있다.)

(4) 적색등화의 점멸

차마는 정지선이나 횡단보도가 있는 때에는 그 직전이나 교차로의 직전에 일시정지한 후 다른 교통에 주의하면서 진행할 수 있다.

(5) 황색 등화

① 차마는 정지선이 있거나 횡단보도가 있을 때에는 그 직전이나 교차로의 직전에 정지해야 하며, 이미 교차로에 진입하고 있는 경우에는 신속히 교차로 밖으로 진행해야 한다.
② 차마는 우회전할 수 있고 우회전하는 경우에는 보행자의 횡단을 방해하지 못한다.

(6) 황색등화의 점멸

차마는 다른 교통 또는 안전표지의 표시에 주의하면서 진행할 수 있다.

4. 가변차로등

(1) **녹색화살표시(↑)의 등화** : 차마는 화살표로 지정한 차로로 진행할 수 있다.

(2) **적색(✖)표 표시의 등화** : 차마는 ✖표가 있는 차로로 진행할 수 없다.

(3) **적색(✖)표 표시 등화의 점멸** : 차마는 ✖표가 있는 차로로 진입할 수 없고, 이미 진입한 경우에는 신속히 그 차로 밖으로 진로를 변경해야 한다.

04 교통안전표지

안전표지는 도로통행의 주의, 규제방법 등을 나타낸 것으로 주의표지 · 규제표지 · 지시표지 · 노면표시의 5종류가 있다.

종류	설명
주의표지	도로의 상태가 위험하거나 도로 또는 그 부근에 위험물이 있는 경우 필요한 안전조치를 할 수 있게 도로 사용자에게 알리는 표지
규제표지	도로교통의 안전을 위한 각종 제한, 금지 등의 규제를 도로 사용자에게 알리는 표지
지시표지	도로의 통행방법과 구분 등 필요한 지시를 도로 사용자에게 알리는 표지이다.
보조표지	주의, 규제, 지시 등의 안전표지의 주기능을 보충하여 도로 사용자에게 알리는 표지
노면표시	주의, 규제, 지시 등의 내용을 노면에 기호, 문자 또는 선으로 도로 사용자에게 알리는 표시

+자형 교차로 표지

[주의표지의 예]

통행금지 표지

[규제표지의 예]

횡단보도 표지

[지시표지의 예]

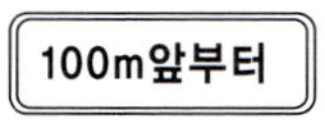

거리 표지

[보조표지의 예]

일시정지 표시

[노면표시의 예]

05 도로(안내)표지

도로(안내)표지는 지역의 명칭, 방면, 거리 등을 나타내고 통행의 편의를 도모하기 위한 표지로서 5종류가 있다.

1. 도로(안내)표지의 종류 및 의미

종류	설명
경계표지	시, 도, 군, 읍, 면 등 행정구역의 경계를 나타내는 표지
이정표지	목적지까지의 거리를 나타내는 표지
방향표지	방향 또는 방면을 나타내는 표지로 방향예고 표지와 방향표지로 구분된다.
노선표지	진행방향의 도로등급, 노선번호를 나타내는 표지
기타표지	관광지 표지, 터널 표지, 양보차로 표지, 유도 표지, 시종점 표지, 돌아가는 길 표지, 매표소 표지, 오르막차로 표지, 자동차전용도로 예고 표지, 보행인 표지, 주차장 표지, 정류장 표지, 하천 표지, 교량 표지, 휴게소 표지, 긴급신고 표지, 자동차전용도로 표지 등

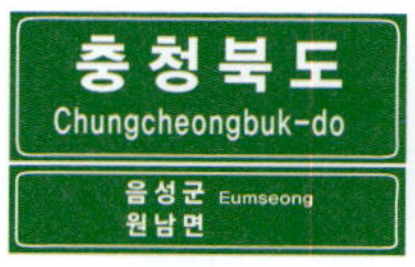

도계 표지

좌우 이정 표지

3방향 표지

노선 표지

관광지 표지

2. 도로안내표지의 내용

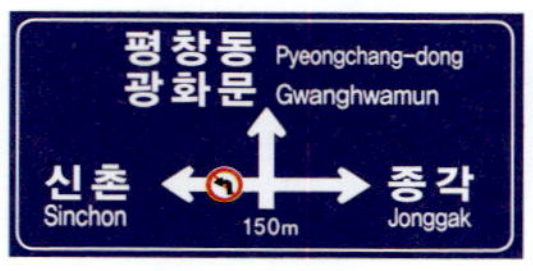

150m 전방 교차로에서 우회전하면 종각 방면으로 진행할 수 있지만, 좌측의 신촌 방향으로는 좌회할 수 없다.(좌회전금지 표지)

참고 | 도로표지의 색

1. 도로표지의 바탕은 녹색, 관광지 표지의 바탕은 갈색
2. 다음 도로표지는 청색
   ① 도시지역의 도로 중 고속국도, 일반도로 외의 도로
   ② 보행인 표지, 비상주차장 표지, 휴게소 표지, 자동차전용도로 표지
3. 도로표지(안내표지) 구분
   ① 시외도로 : 사각형-녹색바탕-백색글자
   ② 시내도로 : 사각형-청색바탕-백색글자
   ③ 관광지 : 사각형-갈색바탕-백색글자

06 진로 변경 방법

1. 차의 신호

모든 차의 운전자는 좌회전, 우회전, 횡단, 유턴, 서행, 정지 또는 후진하거나 같은 방향으로 진행하면서 진로를 바꾸려고 하는 때에는 방향지시기(위급시 손을 이용)로 그 행위가 끝날 때까지 신호해야 한다.

(1) 좌회전 방향지시기 조작 시

① 신호를 행할 경우
- 좌회전, 유턴할 때
- 주행 차로를 왼쪽으로 바꾸고자 할 때

② 신호의 시기
- 교차로의 가장자리에 이르기 전 30m 이상의 지점
- 일반 도로에서는 30m 이상의 지점(고속도로에서는 100m 이상의 지점)에서 신호를 해야 한다.

(2) 우회전 방향지시기 조작 시

① 신호를 행할 경우
- 우회전, 보도를 횡단할 때
- 주행 차로를 오른쪽으로 바꾸고자 할 때

② 신호의 시기 : 좌회전 방향지시기 조작 시와 동일

(3) 정지 시

① 신호의 시기 : 정지하고자 할 때
② 신호의 방법 : 브레이크 패달을 밟으면 제동등이 작동한다.

(4) 서행 시

① 신호의 시기 : 주로 도로가 굽은 곳이나 고갯마루를 넘어서 차량들이 정차할 경우 후속 차량의 서행을 유도한다.
② 신호의 방법 : 수신호시로 팔을 차체 밖으로 내어 45° 밑으로 펴서 상하로 흔든다.

2. 진로변경 금지 및 횡단·유턴 금지 등

(1) 진로변경 금지

모든 차의 운전자는 차의 진로를 변경하고자 하는 경우에 그 변경하고자 하는 방향으로 오고 있는 다른 차의 정상적인 통행에 장애를 줄 우려가 있을 때에는 진로를 변경해서는 안된다.

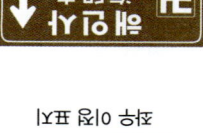

(2) 제한선상에서의 진로변경 금지

① 차마의 운전자는 안전표지(진로변경 제한선 표시)로 특별히 진로변경이 금지된 곳에서는 진로를 변경해서는 안된다.

② 다만, 도로의 파손 또는 도로공사 등으로 인하여 장애물이 있는 때에는 예외다.

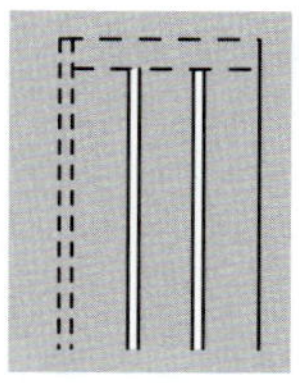

진로변경제한선 표시
통행하고 있는 차의 진로변경을 제한된다.

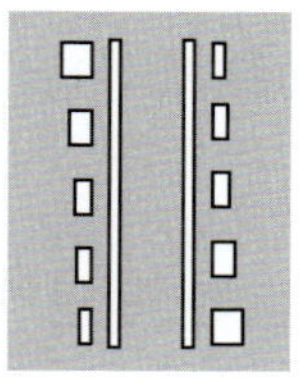

차가 점선이 있는 쪽에서는 진로를 변경할 수 있으나, 실선이 있는 쪽에서는 진로변경이 제한된다.

(3) 횡단 · 유턴 · 후진 금지

차마의 운전자는 보행자나 다른 차마의 정상적인 통행을 방해할 우려가 있을 때에는 차마를 운전하여 도로를 횡단하거나 유턴 또는 후진해서는 안된다.

(4) 진로양보 의무

① 모든 차(긴급자동차 제외)의 운전자는 통행의 우선순위가 앞 순위의 차가 뒤따라 오는 경우에는 도로의 우측 가장자리로 피해서 양보해야 한다(단, 통행구분이 설치된 도로의 경우 제외).

② 모든 차의 운전자는 통행의 우선순위가 같거나 후순위인 차가 뒤에서 따라오는 때에 뒤의 차보다 계속해서 느린 속도로 가고자 하려면 도로의 우측 가장자리로 피해 진로를 양보해야 한다.

(5) 끼어들기(새치기) 금지

① 모든 차의 운전자는 법에 의한 명령 또는 경찰공무원의 지시에 따르거나 위험방지를 위하여 정지 또는 서행하고 있는 다른 차 앞에 끼어들지 못한다.

② 긴급자동차가 긴급업무 수행 시에는 예외로 한다.

07 앞지르기

1. 앞지르기의 정의

앞지르기는 앞서 가는 다른 차의 옆을 지나 그 차의 앞으로 나아가는 것을 말한다(만약 옆을 그냥 지나쳐 앞으로 나아갔다면 이는 진로변경에 해당).

2. 앞지르기 방법

앞차의 좌측으로 앞지르기를 해야 하며 반대방향의 교통 및 앞차의 전방 교통에 주의를 기울인다.

3. 앞지르기 운전 순서

① 앞지르기 금지 장소가 아닌지 확인한다.

② 전방의 안전을 확인함과 동시에 후사경 등으로 좌측과 좌측 후방의 안전을 확인한다.

③ 좌측 방향지시기를 켠다.

④ 약 3초 후 최고속도 제한범위 내로 가속하면서 진로를 천천히 좌측으로 하고, 앞차의 좌측과 안전한 간격을 유지하면서 통과한다.

⑤ 거리가 충분하게 확보되면 우측 방향지시기를 켠다.

⑥ 앞지르기를 한 차가 후사경으로 앞지르기를 당한 차를 볼 수 있는 거리까지 주행한 후에 진로를 우측으로 바꾼다.

⑦ 방향지시기를 끈다.

참고 | **앞지르기 방해 금지**
모든 차의 운전자는 앞지르기를 하는 때에는 속도를 높여 경쟁하거나 앞지르기를 하는 차의 앞을 가로막는 등 앞지르기를 방해해서는 안된다.

4. 앞지르기 금지시기

① 앞차의 좌측에 다른 차가 나란히 진행할 때

② 앞차가 다른 차를 앞지르고 있거나 앞지르려고 할 때

③ 앞차가 법의 명령, 경찰공무원의 지시에 따르거나, 위험방지를 위하여 정지 또는 서행 중일 때

④ 앞차가 좌회전 중이거나 좌회전하려 할 때

참고 | **그 밖에 앞지르기가 금지되는 경우**
- 앞차가 좌회전하려고 좌로 진로를 변경하는 경우
- 앞차가 도로의 중앙 좌측 부분에 들어가 앞지르기하려는 경우
- 뒤따라오는 차가 자기 차를 앞지르기하는 경우

5. 앞지르기 금지장소

① 교차로	② 터널 안
③ 다리 위	④ 도로의 구부러진 곳
⑤ 비탈길의 고갯마루 부근	⑥ 가파른 비탈길의 내리막

08 통행 우선순위

1. 통상의 도로에서 우선순위

① 1순위 : 긴급자동차

② 2순위 : 긴급자동차 이외의 자동차

③ 3순위 : 원동기장치자전거

④ 4순위 : 자동차 및 원동기장치자전거 이외의 차마

2. 차마 서로 간의 통행 우선순위

최고속도 순서에 따라 결정한다.

3. 비탈길 좁은 도로에서의 우선순위

① 화물을 적재한 차가 우선한다.

② 조건이 같으면 내려가는 차가 우선(사람과 화물은 동일한 조건)한다.

09 보행자의 통행

1. 보행자의 통행방법

① 보행자는 보도를 통행한다 : 보도와 차도가 구분되지 않은 도로에서는 도로의 좌측 또는 길 가장자리 구역으로 통행할 수 있다.

② 보행자가 차도의 우측을 통행할 수 있는 경우
- 말 · 소 등의 동물을 몰고 가는 사람
- 사다리 · 목재나 그 밖에 보행자의 통행에 지장을 줄 우려가 있는 물건을 운반 중인 사람
- 도로의 청소 또는 보수 등 도로에서 작업 중인 사람
- 군부대 그 밖에 이에 준하는 단체의 행렬
- 기 또는 현수막 등을 휴대한 행렬 및 장의행렬

10 운행 속도와 안전거리

1. 속도의 준수

자동차 등의 운전자는 규정에 의한 최고속도를 초과하거나 최저속도에 미달하여 운전해서는 안된다(교통 정체나 사고 등의 부득이한 경우는 제외).

최고속도 제한표지

최저속도 제한표지

속도제한 노면표시

2. 자동차의 운행속도

(1) 일반도로 및 자동차 전용도로

도로 구분		최고속도	최저속도
일반도로	편도 2차로 이상 도로	80km/h 이내	규제없음
	편도 2차로 미만 도로	60km/h 이내	
	주거 · 상업 · 공업지역	50km/h 이내	
자동차전용도로		90km/h	30km/h
시 · 도경찰청장이 인정하여 지정한 노선		60km/h 이내	규제없음

(2) 비 · 안개 · 눈 등으로 인한 악천후 때 감속운행

① 최고속도의 100분의 20을 줄인 속도로 운행해야 하는 경우
- 비가 내려 노면이 젖어 있는 경우
- 눈이 20mm 미만 쌓인 경우

② 최고속도의 100분의 50을 줄인 속도로 운행해야 하는 경우
- 폭우 · 폭설 · 안개 등으로 가시거리가 100m 이내인 경우
- 노면이 얼어붙은 경우
- 눈이 20mm 이상 쌓인 경우

(3) 견인차가 아닌 차로 다른 자동차를 견인할 때의 속도(고속도로 제외)

① 총중량 2,000kg에 미달하는 자동차를 그의 3배 이상의 총중량 자동차로 견인하는 경우 : 30km/h 이내

② 위의 규정 외 견인하는 경우 : 25km/h 이내

참고 | 대형차가 대형차, 승용차가 승용차 등을 견인할 때에는 25km/h 이내
(단, 이륜차가 이륜차를 견인하지 못함)

3. 안전거리

(1) 안전거리 확보

운전자는 앞차의 뒤를 따르는 때 앞차가 갑자기 정지하게 되는 경우 그 앞차와의 충돌을 피할 수 있는 거리를 확보해야 한다.

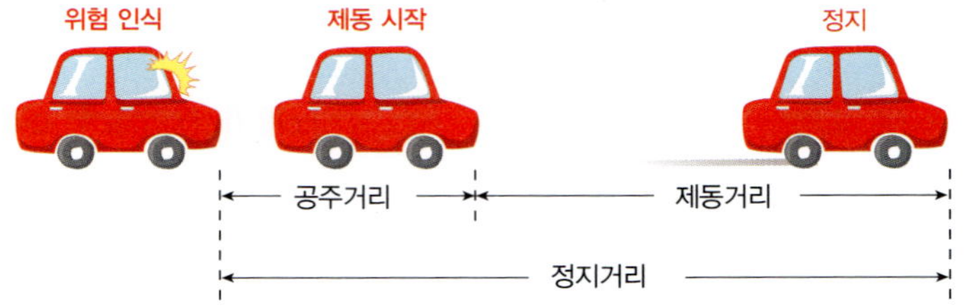

① 정지거리 = 공주거리 + 제동거리

② 공주거리 : 운전자가 위험을 감지하고 브레이크 페달을 밟아 브레이크가 실제로 듣기 시작하기까지 사이에 자동차가 주행한 거리를 말한다.

③ 제동거리 : 브레이크가 듣기 시작하여 자동차가 정지할 때까지의 거리를 말한다.

참고 | 1. 과로 및 음주 등 운전자의 심신상태가 비정상일 때 공주거리가 길어지고, 중량이 무겁거나 속도가 빠를수록 제동거리가 길어진다.
2. 타이어 마모상태 및 노면상태 등에 따라 제동거리가 길어질 수 있다.
3. 주행속도가 빠르거나 중량이 무거운 화물을 싣고 주행할 때에는 안전거리를 길게 확보해야 한다.

(2) 진로변경 금지

모든 차의 운전자는 차의 진로를 변경하고자 할 때 그 변경하고자 하는 방향으로 오고 있는 다른 차의 정상적인 통행에 장애를 줄 우려가 있는 때에는 진로를 변경해서는 안된다.

(3) 급제동 금지

모든 차의 운전자는 위험방지를 위한 경우와 그 밖의 부득이한 경우가 아니면 운전하는 차를 갑자기 정지시키거나 속도를 줄이는 등의 급제동을 해서는 안된다. 후속차량이 가까이 접근한 경우나 공주거리가 길어질 경우 추돌의 위험이 있다.

참고 | **브레이크 페달 밟는 법**
브레이크 페달은 여러 번에 나누어 밟는다(제동등의 점멸로 후속차량에 신호를 보내 추돌을 방지한다).

11 서행과 일시정지

1. 서행

차를 즉시 정지시킬 수 있는 정도의 느린 속도로 진행하는 것을 말한다.

(1) 반드시 서행해야 할 장소

① 교통정리가 행하여지고 있지 않은 교차로
② 도로가 구부러진 부근
③ 비탈길의 고갯마루 부근
④ 가파른 비탈길의 내리막
⑤ 시 · 도경찰청장이 안전표지 등으로 지정한 곳

(2) 서행해야 할 시기

① 교차로에서 좌 · 우회전할 때
② 교통정리가 행하여지고 있지 않은 교차로 진입시 교차하는 도로의 폭이 넓은 경우
③ 보행자가 있는 안전지대 옆을 통과할 때
④ 차 · 보도 구분이 없는 좁은 도로에서 보행자 옆을 통과할 때

2. 일시정지

(1) 일시정지해야 할 장소

① 교통정리가 행하여지지 않고 좌 · 우를 확인할 수 없거나 교통이 빈번한 교차로
② 시 · 도경찰청장이 필요하다고 인정하여 안전표지 등으로 지정한 곳

(2) 일시정지해야 할 시기

① 어린이가 보호자 없이 도로를 횡단하거나, 도로에서 놀이를 할 때
② 앞을 보지 못하는 사람이 장애인용 지팡이를 이용하거나 맹인 안내견을 동반하여 도로를 횡단하는 때
③ 지하도 또는 육교 등 도로 횡단시설을 이용할 수 없는 지체장애인이 도로를 횡단하고 있을 때
④ 긴급용무 중인 긴급자동차를 피양할 때
⑤ 도로 이외에 특정 지역을 출입하거나 보도를 횡단할 때
⑥ 횡단보도에서 보행자가 횡단하거나 횡단하려 할 때
⑦ 어린이의 승 · 하차를 하기 위해 어린이 통학버스가 정차 중일 때

12 교차로의 통행방법

1. 전방에 교차로가 있을 때의 통행

① 신호가 녹색신호라고 하더라도 갑작스런 신호변경으로 인해 정지가 어려우므로 속도를 줄여 황색 신호에 대비한다.

② 횡단보도가 있는 교차로에서 출발시 주의사항 : 횡단보도가 있는 교차로에서 차량 신호가 녹색으로 바뀌었더라도 주변 차량으로 인해 사각지대가 있을 때는 뒤늦게 횡단하는 보행자가 있는지 확인하여야 한다.

③ 녹색 신호일지라도 교차로 내에 정체가 있으면 정지선 직전에 정지한다.

참고 | **딜레마 존(Dilemma zone)**
교차로의 정지선 전방 3초간의 거리를 말한다. 딜레마 존에서는 갑작스런 신호 변경으로 인해 사고 위험 요소가 많으므로 교차로에 접근할 때에는 보행자, 자전거, 이륜차 등에 주의하며, 갑작스런 신호 변경에 주의해야 한다.

2. 교차로에서의 좌우회전 시

(1) 교차로에서 우회전을 하고자 하는 때

교차로에서 우회전을 하고자 하는 때에는 미리 도로의 우측 가장자리를 서행하면서 우회전해야 한다.

참고 | 교차로에 이르기 전 30m 이상 지점부터 우측 방향지시기를 조작한 후 우측 차로를 따라 서행하면서 교차로를 통과한다.

(2) 교차로에서 좌회전을 하고자 하는 때

모든 차의 운전자는 교차로에서 좌회전을 하고자 하는 때에는 미리 도로의 중앙선을 따라 서행하면서 교차로의 중심 안쪽을 이용하여 좌회전해야 한다(단, 시 · 도경찰청장이 교차로의 상황에 따라 특히 필요하다고 인정하여 지정한 곳에서는 교차로의 중심 바깥쪽을 통과할 수 있다).

(3) 좌 · 우회전 시 말려듦 방지

특히 우회전시 내륜차로 인해 우측 후방의 사각으로 횡단보도 가장자리의 보행자나 우측 도로 가장자리를 같은 방향으로 진행중인 자전거나 이륜차 등이 말려 들 수 있으므로 우회전시 이에 주의해야 한다(특히, 축간거리가 긴 대형차의 경우 더욱 주의한다).

참고 | • 내륜차(內輪差) : 회전 시 안쪽의 앞바퀴와 뒷바퀴가 이루는 회전 반경의 차이
• 외륜차(外輪差) : 회전 시 바깥쪽의 앞바퀴와 뒷바퀴가 이루는 회전 반경의 차이

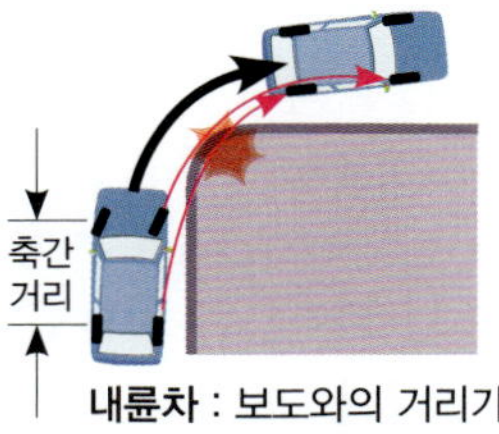

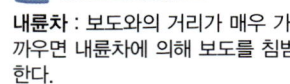

내륜차 : 보도와의 거리가 매우 가까우면 내륜차에 의해 보도를 침범한다.

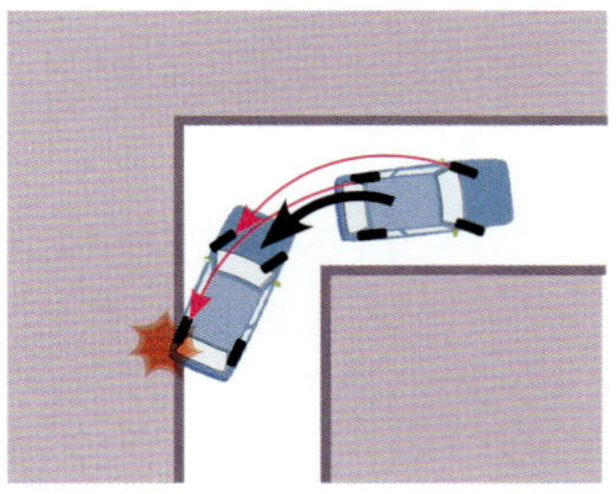

외륜차 후진시 뒷바퀴보다 앞바퀴가 회전 중심이 바깥쪽으로 멀리 돈다.

(4) 일방통행로에서 좌회전

일방통행로에서 좌회전할 때는 미리 도로의 좌측 가장자리를 따라 교차로 중심 안쪽으로 서행한다.

참고 | **좌회전 차로가 2개인 경우**
승용차는 1, 2차로, 승합차 · 화물차 · 특수차는 2차로로 좌회전한다.

(5) 그 외 상황에 따른 좌 · 우회전 방법

① 우회전 또는 좌회전을 하기 위하여 손이나 방향지시기 또는 등화로써 신호를 하는 차가 있을 때는 뒤차의 운전자는 신호를 한 앞차의 진행을 방해해서는 안된다.

② 운전자는 신호기에 의하여 교통정리가 행하여지고 있는 교차로에 들어가려는 때 진행하고자 하는 진로의 앞쪽에 있는 차의 상황에 따라 교차로(정지선이 설치되어 있는 경우에는 그 정지선을 넘은 부분을 말한다)에 정지하게 되어 다른 차의 통행에 방해가 될 우려가 있는 경우에는 그 교차로에 들어가서는 안된다.

③ 모든 차의 운전자는 교통정리가 행하여지고 있지 아니하고 일시정지 또는 양보를 표시하는 안전표지가 설치되어 있는 교차로에 들어가고자 하는 때는 일시정지하거나 양보하여 다른 차의 진행을 방해해서는 안된다.

3. 교통정리가 없는 교차로에서의 양보운전

① 먼저 진입한 차에 양보 : 모든 차의 운전자는 이미 교차로에 들어가 있는 다른 차가 있을 때에는 그 차에 진로를 양보하여야 한다.

② 폭넓은 도로 차에 진로 양보 : 모든 차의 운전자는 해당 차가 통행하고 있는 도로의 폭보다 교차하는 도로의 폭이 넓은 경우에는 서행하여야 하며, 폭이 넓은 도로로부터 교차로에 들어가려고 하는 다른 차가 있는 때에는 그 차에 진로를 양보하여야 한다.

③ 우측도로 차에 진로 양보 : 우선순위가 같은 차가 동시에 교통정리가 행하여지고 있지 아니하는 교차로에 들어가고자 하는 때에는 우측 도로의 차에 진로를 양보하여야 한다.

④ 직진 및 우회전 차에 진로 양보 : 교통정리가 행하여지고 있지 아니하는 교차로에서 좌회전하고자 하는 차의 운전자는 그 교차로에서 직진하거나 우회전하려는 다른 차가 있는 때에는 그 차에 진로를 양보하여야 한다.

참고 | **교차로에서 정지할 때**
정지선 직전에 정확하게 정지해야 하며, 정지선을 침범하거나 횡단보도 등에 정지해서는 안된다.

4. 교통정리가 없는 교차로에서의 비보호좌회전

① 비보호좌회전 : 비보호좌회전 표지가 있는 곳에서는 녹색신호 시 좌회전은 할 수 있지만 반대 차로의 진행 차량 등 다른 교통에 방해가 되지 않을 때 좌회전할 수 있다.

② 비보호좌회전할 때 가장 큰 위험 요인

• 비보호좌회전을 할 때에는 반대편 도로에서 녹색 신호를 보고 오는 직진 차량에 주의해야 하며, 그 차량의 속도가 생각보다 빠를 수 있고 반대편 1차로의 승합차 때문에 2차로에서 달려오는 직진 차량을 보지 못할 수도 있다.

• 만약 앞서 좌회전하고 있는 차량이 있을 시 반대편 차량이 잘 보이지 않으므로 일시 정지하여 안전을 확인한 후 진행하며 앞차가 급제동을 할 수도 있으므로 앞차와의 안전거리를 두고 좌회전한다.

13 보행자의 보호

1. 보행자의 주의

좁은 도로에서 보행자 옆을 통과할 때에는 안전거리를 두고 서행해야 하며, 안전지대에 보행자가 있을 경우 그 옆을 통과할 때에는 서행해야 한다.

2. 횡단 중인 보행자 보호

보행자가 횡단보도를 횡단할 때에는 당연히 일시 정지해야 하며, 어린이 · 시각장애인 · 지체장애인이 도로를 횡단하고 있을 때에도 일시 정지해야 한다.

3. 어린이통학버스의 특별보호

(1) 어린이 또는 영유아가 타고 내리는 중임을 표시하는 장치를 작동 중일 때

① 어린이통학버스가 정차한 차로와 그 차로 바로 옆차로를 통행하는 차의 운전자는 어린이통학버스에 이르기 전에 일시 정지하여 안전을 확인한 후 서행해야 한다.

② 중앙선이 설치되지 아니한 도로와 편도 1차로인 도로에서는 반대방향에서 진행하는 차의 운전자도 어린이통학버스에 이르기 전 일시 정지하여 안전을 확인한 후 서행해야 한다.

(2) 통행 중인 어린이통학버스 보호

모든 차의 운전자는 어린이 또는 영유아를 태우고 있다는 표시를 하고 도로를 통행하는 어린이통학버스를 앞지르지 못한다.

14 긴급자동차

1. 긴급자동차의 종류

① 소방자동차, 구급자동차, 그 밖에 대통령령이 정하는 자동차

② 경찰용 또는 국군 및 국제연합군용의 긴급자동차에 유도되는 일반 자동차

③ 생명이 위급한 환자나 부상자를 이송 중인 일반 자동차

참고 | **긴급자동차로 인정받기 위한 조치**
구급자동차를 부를 수 없는 상황에서 일반자동차로 환자 이송 시 긴급자동차로 특례를 적용받기 위해서는 전조등 또는 비상등을 켜고 운행하여야 한다.

2. 긴급자동차의 우선 통행과 다른 운전자의 피양 의무

① 긴급자동차는 긴급하고 부득이한 경우에는 도로의 중앙이나 좌측 가장자리로 통행할 수 있다.

② 긴급자동차는 신호기 등으로 인해 정지해야 하는 경우에도 불구하고 긴급하고 부득이한 경우에는 정지하지 않아도 된다.

③ 긴급자동차의 운전자는 교통의 안전에 주의하면서 통행해야 한다.

④ 모든 차의 운전자는 교차로 또는 그 부근에서 긴급자동차가 접근한 때에는 교차로를 피하여 도로의 우측 가장자리에 일시 정지해야 한다.

참고 | 일방통행 도로의 경우 도로의 좌측으로도 피양할 수 있다.

3. 긴급자동차에 대한 특례

① 긴급자동차에 대해 적용하지 않는 사항 : 자동차 등의 속도 제한, 앞지르기 및 끼어들기 금지, 휴대폰 사용 금지

② 경찰용 제외한 나머지 긴급자동차들에 대해 신호위반, 보도침범, 중앙선 침범, 횡단 금지, 안전거리 확보, 앞지르기 방법, 주정차 금지, 주차 금지, 고장 등의 조치에 대한 사항을 적용하지 않는다.

15 정차와 주차

1. 정의

① 주차 : 차가 승객을 기다리거나, 화물을 싣거나, 고장 등 그 밖의 사유로 인해 계속 정지 또는 운전자가 그 차에서 떠나 즉시 운전할 수 없는 상태(단, 사람의 승하차나 5분 이내에 화물을 싣고 내리는 것은 주차에 포함되지 않는다)를 말한다.

② 정차 : 차가 5분을 초과하지 않고 정지하는 것으로 주차 외의 상태를 말한다.

2. 정차 또는 주차 방법

① 보 · 차도 구분이 없는 도로 : 도로 우측 가장자리에서 50cm 이상의 거리를 둔다.

② 보 · 차도 구분이 있는 도로 : 차도 우측 가장자리에 정차

③ 길 가장자리가 있는 도로 : 길가장자리 구역선 표시가 있는 곳에 정차

④ 도로에 주차할 때
- 지정장소, 시간, 방법에 따른다.
- 다른 교통에 방해가 되지 않도록 주차한다.

⑤ 경사로에서의 주차 방법

경사로 구분	주차 방법
내리막길	주차 브레이크를 걸고, 기어를 후진으로 놓은 다음, 핸들을 도로 가장자리를 향하게 한다.
오르막길	주차 브레이크를 걸고, 기어를 저속(1단)에 놓은 다음, 핸들은 다음과 같이 돌린다. • 연석이 없는 경우 : 오르막길과 내리막길 모두 바퀴를 도로 바깥쪽으로 조금 비스듬하게 한다. • 연석이 있는 경우 : 오르막길에서는 앞바퀴를 도로 안쪽으로, 내리막길에서는 도로 바깥쪽으로 비스듬하게 한다.

※ 고인목으로 바퀴를 괴는 등 미끄럼 방지조치를 반드시 취해야 한다.

3. 주 · 정차의 금지 구역

① 교차로 · 횡단보도 · 건널목이나 보도와 차도가 구분된 도로의 보도(차도와 보도에 걸쳐서 설치된 노상주차장 제외)

② 교차로의 가장자리 또는 도로의 모퉁이로부터 5m 이내

③ 안전지대가 설치된 도로에서는 그 안전지대의 사방으로부터 각각 10m 이내

④ 버스여객자동차의 정류를 표시하는 기둥이나 판 또는 선이 설치된 곳으로부터 10m 이내(버스여객자동차의 경우 정류장에서 승객을 태우거나 내리기 위하여 주 · 정차를 할 때는 제외).

⑤ 건널목의 가장자리 또는 횡단보도로부터 10m 이내

⑥ 소방용수시설 또는 비상소화장치가 설치된 곳이나 기타 대통령령으로 정하는 시설이 설치된 곳으로부터 5미터 이내인 곳

⑦ 시 · 도경찰청장이 도로에서의 위험을 방지하고 교통의 안전과 원활한 소통을 확보하기 위하여 필요하다고 인정하여 지정한 곳

4. 주차 금지 구역

① 터널 안 및 다리 위

② 화재경보기로부터 3m 이내의 곳

③ 소방용 기계 · 기구가 설치된 곳으로부터 5m 이내의 곳

④ 소방용 방화물통으로부터 5m 이내의 곳

⑤ 소화전 또는 소화용 방화물통의 흡수구나 흡수관을 넣는 구멍으로부터 5m 이내의 곳

⑥ 도로공사를 하고 있는 경우에는 그 공사구역의 양쪽 가장자리 5m 이내의 곳

⑦ 시 · 도경찰청장이 필요하다고 인정하여 지정한 곳

5. 정차 또는 주차를 금지하는 장소의 특례

정차 또는 주차가 금지된 장소 중 시 · 도경찰청장이 안전표지로 구역 · 시간 · 방법 및 차의 종류를 정하여 정차 또는 주차를 허용한 곳에서는 정차 또는 주차할 수 있다.

6. 주차위반 차의 견인 · 보관 및 반환 등을 위한 조치

① 경찰서장 또는 시장 등이 차를 견인하고자 하는 경우에는 '과태료 또는 범칙금 부과 및 견인대상차' 표지를 그 차의 보기 쉬운 곳에 부착하여 견인대상 차임을 알 수 있도록 해야 한다.

② 경찰서장 또는 시장 등은 차를 견인한 때부터 24시간이 경과되어도 이를 인수하지 아니하는 때에는 해당 차의 보관 장소 등 행정안전부령이 정하는 사항을 해당 차의 사용자 또는 운전자에게 등기우편으로 통지해야 한다.

7. 주차위반차의 이동·보관·공고·매각 또는 폐차 등에 소요된 비용

① 차 사용자가 부담한다.

② 차를 매각 또는 폐차한 경우 그 차의 이동 · 보관 · 공고 · 매각 또는 폐차 등에 소요된 비용을 충당하고 잔액이 있는 때에는 이를 그 차의 소유주에게 지급한다.

16 건널목의 통과방법 및 고장 시 조치사항

1. 철길건널목의 통과

① 모든 차의 운전자는 철길건널목을 통과하고자 하는 때에는 건널목 앞에서 일시 정지하여 안전한지의 여부를 확인한 후에 통과해야 한다.

② 신호기 등이 표시하는 신호에 따르는 경우에는 일시 정지하지 않고 통과할 수 있다.

③ 안전 확인 방법
- 건널목 직전(정지선이 있을 때에는 그 직전)에서 일시 정지하여 눈과 귀로 좌우의 안전을 확인한다.
- 한쪽 열차가 통과했어도 그 직후 반대방향에서 열차가 다가올 수 있으므로 주의해야 한다.
- 앞차에 이어서 통과할 때에도 일시 정지하여 안전을 확인해야 한다.

2. 철길건널목의 진입금지

모든 차의 운전자는 건널목의 차단기가 내려져 있거나 내려지려고 하는 경우 또는 건널목의 경보기가 울리고 있는 동안에는 그 건널목으로 들어가서는 안된다.

3. 건널목 안에서 차를 운행할 수 없게 된 경우

① 즉시 승객을 대피시킨다.

② 비상신호기를 사용하거나 그 밖의 방법으로 철도공무원 또는 경찰공무원에게 알린다.

③ 차량을 건널목 이외의 안전한 곳으로 이동 조치한다.

17 사각지역

사각(死角)지역이란 운전자가 운전석에 앉은 상태에서 차 밖을 보았을 경우 시야가 자체나 다른 도로 요소에 가려 보이지 않는 지역을 말한다.

1. 자동차 자체의 사각

자동차 자체의 구조에 의한 사각 지역이다.

2. 교차로에서의 사각

① 좌우 회전 시 앞차에 의해 보행자, 자전거, 차량 등 다른 교통 요소가 가려 보이지 않은 지역이다.

② 내륜차에 의한 사각으로 인해 보행자, 자전거 및 이륜차를 보지 못하는 지역이다.

3. 커브길에서의 사각

커브길에서는 반대 차로의 차량 또는 장애물 확인이 늦어지므로 속도를 줄여 운행한다.

4. 다른 차량에 의한 사각

주정차 차량에 의한 사각과 정체된 차량에 의한 사각으로 보행자가 갑자기 이런 차량에서 내 차의 진로 차로에 뛰어들 수 있다.

18 승차 또는 적재방법과 제한

1. 승차 또는 적재방법과 제한

운전자는 승차인원 · 적재중량 및 적재용량에 관하여 운행상의 안전기준을 넘어서 승차시키거나 적재하고 운전해서는 안된다.
(출발지를 관할하는 경찰서장의 허가를 받은 경우 제외).

2. 운행상의 안전기준

① 자동차(고속버스와 화물자동차 제외)의 승차인원 : 자동차의 승차인원은 승차정원 이내일 것
② 화물자동차의 적재중량 : 구조 및 성능에 따르는 적재중량의 11할 이내
③ 화물자동차의 적재용량은 다음 기준을 넘지 아니할 것
- 길이 : 자동차 길이에 그 길이의 10분의 1의 길이를 더한 길이(이륜자동차는 그 승차장치의 길이 또는 적재장치의 길이에 30cm를 더한 길이)
- 너비 : 자동차의 후사경으로 후방을 확인할 수 있는 범위 (후사경의 높이보다 낮게 적재한 경우에는 그 화물을, 후사경의 높이보다 높게 적재한 경우에는 후방을 확인할 수 있는 범위)

④ 높이 : 지상으로부터 4m(도로구조의 보전과 통행의 안전에 지장이 없다고 인정하여 고시한 도로노선의 경우에는 4.2m, 소형 3륜자동차는 지상으로부터 2.5m 이륜자동차는 지상으로부터 2m)

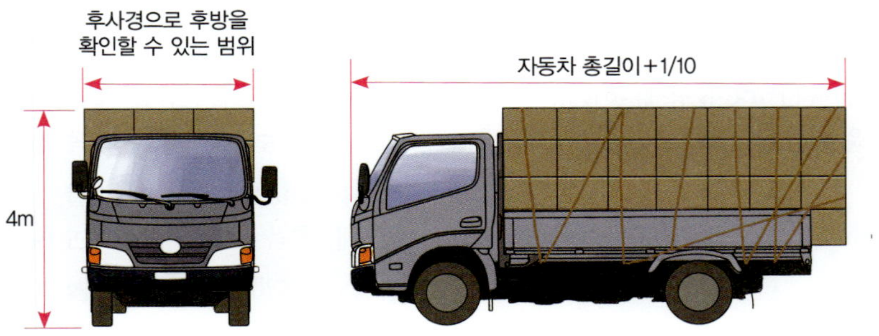

3. 안전기준을 넘는 승차 및 적재의 허가

① 전신 · 전화 · 전기공사, 수도공사, 제설작업 그 밖에 공익을 위한 공사 또는 작업을 위하여 부득이 화물자동차의 승차정원을 넘어서 운행하고자 하는 경우
② 분할할 수 없어 기준을 적용할 수 없는 화물을 수송하는 경우
③ 안전기준을 넘는 화물의 적재 허가를 받은 경우 : 길이 또는 폭의 양끝에 너비 30cm, 길이 50cm 이상의 빨간 헝겊으로 된 표지 부착(다만, 밤에 운행하는 경우에는 반사체로 된 표지 부착)

19 운전자의 의무

1. 안전 운전의 의무

운전자는 차의 조향장치 · 제동장치와 그 밖의 장치를 정확하게 조작해야 하며, 도로의 교통상황과 차의 구조 및 성능에 따라 다른 사람에게 위험과 장해를 주어서는 안된다.

2. 무면허 운전 등의 금지

누구든지 시 · 도경찰청장으로부터 운전면허를 받지 아니하거나 운전면허의 효력이 정지된 경우에는 자동차 등을 운전해서는 안된다.

무면허 운전이 되는 경우
① 면허를 받지 않고 운전하는 것
② 정기 적성검사 기간 또는 제2종 면허는 면허증 갱신기간이 지나 1년이 넘은 면허증으로 운전하는 것
③ 면허의 취소 처분을 받은 사람이 운전하는 것
④ 면허의 효력 정지 기간 중에 운전하는 것
⑤ 면허시험 합격 후 면허증 교부 전에 운전하는 것
⑥ 면허 종별 외 운전(제2종 면허로 제1종 면허를 필요로 하는 자동차를 운전하는 것)

참고 | 운전면허증를 휴대하지 않고 운전하는 경우는 면허증 휴대의무 위반이다.

3. 음주운전

① 음주운전 시 주요 처벌

혈중알콜농도	처벌
0.03~0.08%	면허정지
0.08% 이상	면허취소

② 인사사망 시 무기 또는 3년 이상의 징역, 인사상해 시 1년 이상 15년 이하의 징역 또는 1,000만원 이상 3,000만원 이하의 벌금
③ 주취측정 불응 때 : 면허 취소(형사입건)
④ 음주 운전 시 벌점 및 벌금

혈중알콜농도	벌점 및 벌금
0.2% 이상	2년 이상 5년 이하의 징역이나 1천만원 이상 2천만원 이하의 벌금
0.08~0.2% 미만	1년 이상 2년 이하의 징역이나 500만원 이상 1천만원 이하의 벌금
0.03~0.08% 미만	1년 이하의 징역이나 500만원 이하의 벌금

※ 2회 이상 음주운전 적발 시 가중처벌

4. 과로한 때 등의 운전금지

① 피로하거나 졸음이 오면 차로 변경 횟수가 감소하며 위험 상황에 대한 대처가 둔해진다.
② 자동차 등의 운전자는 과로 · 질병 또는 약물(마약, 대마, 향정신성 의약품과 그 밖의 영향)로 인하여 정상적으로 운전하지 못할 우려가 있는 상태에서 자동차 등을 운전해서는 안된다.

5. 공동 위험행위의 금지

자동차 등의 운전자는 도로에서 2인 이상이 공동으로 2대 이상의 자동차 등을 정당한 사유 없이 앞뒤로 또는 좌 · 우로 줄지어 통행하면서 다른 사람에게 위해를 주거나 교통상의 위험을 발생하게 해서는 안된다.

20 운전자의 감각과 판단능력

1. 자동차 운전의 기본

자동차 안전운전의 기본으로 도로상태 및 교통환경을 신속하게 "인지 → 정확한 판단 → 올바른 조작"을 계속 반복한다.

2. 속도와 거리의 판단

① 속도감 : 좁은 도로에서는 실제 속도보다 빠르게 느껴지고 고속도로 등 주위가 트이면 실제 속도보다 느리게 느껴진다.
② 차의 크기 : 같은 속도에도 대형차는 빠르고 소형차는 늦은 느낌(동일 거리에서도 대형차는 가깝고 소형차는 먼 느낌)이 든다.
③ 고속도로 : 전방에 정지한 차를 주행 중인 차로 잘못 알고 충돌 사고가 발생할 수 있다.
④ 야간 : 같은 속도에도 주간보다 늦은 느낌이 든다. 또한 다른 차의 전조등 불빛으로 속도의 판단에 잘못이 생긴다.

21 운전자의 준수사항

1. 모든 운전자의 준수사항

(1) **일시정지해야 할 경우**

① 어린이가 보호자 없이 도로를 횡단하는 때, 어린이가 도로에서 앉아 있거나 서 있는 때, 또는 어린이가 도로에서 놀이를 하는 때 등 어린이에 대한 교통사고의 위험이 있는 것을 발견한 때

② 앞을 보지 못하는 사람이 흰색지팡이를 가지거나 맹도견을 동반하고 도로를 횡단하고 있는 때

③ 지하도 또는 육교 등 도로횡단시설을 이용할 수 없는 지체장애인 등이 도로를 횡단하고 있는 때

(2) **자동차 유리의 투과율**

자동차의 앞면 창유리 및 운전석 좌우 옆면 창유리의 암도(暗度)가 낮아서 교통안전 등에 지장을 줄 수 있는 정도의 투과율을 말한다.

- 앞면 창유리의 경우 70%
- 운전석 좌 · 우 옆면 창유리의 경우 40%

(3) 교통단속용 장비의 기능을 방해하는 장치를 한 차나 그 밖에 안전운전에 지장을 줄 수 있는 것으로서 행정안전부령이 정하는 기준에 적합하지 아니한 장치를 한 차를 운전하지 아니할 것

(4) 물이 고인 곳을 운행하는 때에는 고인 물을 튀게 하여 다른 사람에게 피해를 주는 일이 없도록 일시정지 또는 속도 감속

(5) 도로에서 자동차 등을 세워둔 채로 시비 · 다툼 등의 행위를 함으로써 다른 차마의 통행을 방해하지 아니할 것

(6) 운전자가 운전석으로부터 떠나는 때에는 원동기의 발동을 끄고 제동장치를 철저하게 하는 등 차의 정지 상태를 안전하게 유지하고 다른 사람이 함부로 운전하지 못하도록 필요한 조치를 할 것

(7) 운전자는 안전을 확인하지 아니하고 차의 문을 열거나 내려서는 안되며, 승차자가 교통의 위험을 일으키지 아니하도록 필요한 조치를 할 것

(8) 운전자는 정당한 사유 없이 다음 각 목의 어느 하나에 해당하는 행위를 하여 다른 사람에게 피해를 주는 소음을 발생시키지 아니할 것

① 자동차 등을 급히 출발시키거나 속도를 급격히 높이는 행위

② 자동차 등의 원동기의 동력을 차의 바퀴에 전달시키지 아니하고 원동기의 회전수를 증가시키는 행위

③ 반복적이거나 연속적으로 경음기를 울리는 행위

(9) 운전자는 승객이 차 안에서 안전운전에 현저히 장해가 될 정도로 춤을 추는 등 소란행위를 하도록 내버려두고 차를 운행하지 아니할 것

(10) 운전 중에는 휴대용 전화(자동차용 전화를 포함)를 사용하지 아니할 것

참고 | 예외 사항
① 자동차를 정지하고 있을 경우
② 긴급자동차를 운전하는 경우
③ 각종 범죄 및 재해 신고 등 긴급한 필요가 있는 경우
④ 안전운전에 장애를 주지 않는 장치로 대통령령이 정하는 장치를 이용하는 경우

(11) 운전 중에는 방송 등 영상물을 수신하거나 재생하는 장치(운전자가 휴대하는 것을 포함하며, 이하 "영상표시장치"라 한다)를 통하여 운전자가 운전 중 볼 수 있는 위치에 영상이 표시되지 아니하도록 할 것. 자동차 등의 운전 중에는 영상표시장치를 조작하지 아니할 것

참고 | 예외 사항
① 자동차 등이 정지하고 있는 경우
②지리안내 영상 또는 교통정보안내 영상이 표시되는 경우
- 국가비상사태 · 재난상황 등 긴급한 상황을 안내하는 영상이 표시되는 경우
- 운전을 할 때 좌우 또는 전후방을 볼 수 있도록 도움을 주는 영상이 표시되는 경우

(12) 운전자는 자동차의 화물 적재함에 사람을 태우고 운행하지 아니할 것

(13) 그 밖에 시 · 도경찰청장이 교통안전과 교통질서 유지상 필요하다고 인정하여 지정 · 공고한 사항에 따를 것

2. 특정 운전자의 준수사항

① 자동차 운전 시 좌석안전띠를 매어야 하며, 이 외 전 좌석의 승차자에게도 좌석안전띠를 매도록 해야 한다. 유아인 경우에는 유아보호용 장구를 장착한 후 좌석안전띠를 매도록 한다(다만, 질병 등으로 인하여 좌석안전띠를 매는 것이 곤란하거나 행정안전부령이 정하는 사유가 있는 경우 제외).

참고 | 좌석안전띠를 매지 않아도 되는 경우
① 부상 · 질병 · 장애 또는 임신 등으로 인하여 좌석안전띠의 착용이 적당하지 아니하다고 인정되는 자가 자동차를 운전하거나 승차하는 때
② 자동차 후진 시
③ 신장 · 비만, 그 밖의 신체의 상태에 의하여 좌석안전띠의 착용이 적당하지 아니하다고 인정되는 자가 자동차를 운전하거나 승차하는 때
④ 긴급자동차가 그 본래의 용도로 운행되고 있는 때
⑤ 경호 등을 위한 경찰용 자동차에 의하여 호위되거나 유도되고 있는 자동차를 운전하거나 승차하는 때
⑥ 국민투표운동 · 선거운동 및 국민투표 · 선거관리업무에 사용되는 자동차를 운전하거나 승차하는 때
⑦ 우편물의 집배, 폐기물의 수집 그 밖에 빈번히 승강하는 것을 필요로 하는 업무에 종사하는 자가 해당업무를 위하여 자동차를 운전하거나 승차하는 때
⑧ 여객자동차운송사업용 자동차의 운전자가 승객의 주취 · 약물복용 등으로 좌석안전띠를 매도록 할 수 없는 때

② 운전자는 그 옆 좌석 외의 좌석의 승차자에게도 좌석안전띠를 매도록 주의를 환기해야 하며, 승용자동차에서 유아가 그 옆 좌석 외의 좌석에 승차하는 경우에는 좌석안전띠를 매도록 해야 한다.

③ 이륜자동차 및 원동기장치자전거의 운전자는 행정안전부령이 정하는 인명보호장구를 착용하고 운행해야 하며, 승차자에게도 이를 착용하도록 해야 한다.

④ 운송사업용 자동차 또는 화물자동차 등의 운전자는 다음에 해당하는 행위를 해서는 안된다.
- 운행기록계가 설치되어 있지 아니하거나 고장 등으로 사용할 수 없는 운행기록계가 설치된 자동차를 운전하는 행위
- 운행기록계를 원래의 목적대로 사용하지 아니하고 자동차를 운전하는 행위

⑤ 사업용 승용자동차의 운전자는 합승행위 또는 승차거부를 하거나 신고한 요금을 초과하는 요금을 받아서는 안된다.

3. 어린이 통학버스 특별보호

① 어린이통학버스가 도로에 정차하여 어린이나 영유아가 타고 내리는 중임을 표시하는 점멸등 등의 장치를 작동 중일 때에는 어린이통학버스가 정차한 차로와 그 차로의 바로 옆 차로로 통행하는 차의 운전자는 어린이통학버스에 이르기 전에 일시정지하여 안전을 확인한 후 서행하여야 한다.

② 중앙선이 설치되지 않은 도로와 편도 1차로인 도로에서 반대방향에서 진행하는 차의 운전자도 어린이통학버스에 이르기 전에 일시정지하여 안전을 확인한 후 서행하여야 한다.

③ 모든 차의 운전자는 어린이나 영유아를 태우고 있다는 표시를 한 상태로 도로를 통행하는 어린이통학버스를 앞지르지 못한다.

22 교통안전교육

1. 교통안전교육

운전면허를 받고자 하는 사람은 시험에 응시하기 전에 1시간의 시청각 교육 등으로 구성된 교통안전교육을 받아야 한다.(다만, 특별한 교통안전교육을 받은 사람 또는 자동차운전전문학원에서 학과교육을 수료한 사람은 제외)

2. 특별교통안전교육

운전면허가 정지되거나 취소된 대상자 또는 운전면허 벌점 보유자

3. 고령운전자 교통안전교육 예약

① 만 65세 이상 어르신 운전자를 대상으로 하는 교통안전교육(권장)
② 만 75세 이상 어르신 운전자를 대상으로 하는 교통안전교육(의무)

Section 06 특별한 상황에서의 운전

01 도로 환경에 따른 운전

1. 언덕길에서 운전

① 언덕길의 정상 부근(고갯마루)에서는 반대편에서 오는 차를 확인하기 어려우며, 고갯마루 넘어 횡단보도나 보행자가 있을 수 있으므로 서행하고, 앞지르기를 금지한다.

② 내리막길에서 풋 브레이크만을 계속 사용하게 되면 베이퍼 록 현상, 페이드 현상 등이 발생하여 제동되지 않을 수 있으므로 엔진 브레이크와 풋 프레이크를 함께 사용하는 것이 좋다. 또한 앞차와의 안전거리를 충분히 유지한다(저단 기어 사용).

참고 | 자동변속 차량은 레버를 2 또는 L의 위치에 놓는다.

2. 도로의 모퉁이, 구부러진 길

① 도로의 모퉁이나 커브길을 주행할 때에는 그 앞의 직선도로 부분에서 충분히 속도를 줄여야 한다.

② 도로 모퉁이나 커브길을 주행할 때에는 도로의 중앙을 넘어가지 않도록 조심하고, 반대방향에서 마주 오는 자동차가 중앙선을 넘어올 수 있으므로 항상 주의해야 한다.

③ 차가 커브 구간을 돌 때에는 뒷바퀴가 더 안쪽으로 돌기(내륜차) 때문에 뒷바퀴가 길 안쪽에 서 있는 보행자나 자전거를 치거나 도로 밖으로 빠지게 될 위험이 있다는 것을 주의해야 한다.

3. 주택가 골목길

① 주택가 골목길은 항상 서행운전을 해야 한다.

② 움직이는 공이나 자전거, 장난감 뒤에는 반드시 어린이가 뛰어나오리란 것을 예상하고 즉시 주의해서 운전해야 한다.

③ 위험스럽게 느껴지는 자동차나 자전거, 손수레, 사람 또는 그림자 등을 발견하였을 때에는 그 움직임을 계속 주시하여 안전하다고 판단될 때까지 눈을 떼지 않도록 한다.

④ 정차 후 재출발하기 전 주변에 어린이가 있는지를 확인한다.

02 빗길, 눈길(빙판길)에서의 운전

1. 빗길에서의 운전

(1) 비가 내리기 시작할 무렵

① 충분한 안전거리의 확보와 함께 감속운행을 해야 한다.

② 갑작스런 제동을 하지 말고 브레이크 페달을 여러 번 나누어 밟아준다.

③ 엔진 브레이크를 사용하여 안전운전이 되도록 한다.

(2) 물웅덩이를 통과한 직후

① 브레이크가 잘 듣지 않는다는 사실에 유의한다.

② 한적한 직선도로에서 브레이크 페달을 가볍게 밟아 라이닝의 습기를 제거하여 제동상태를 점검한다.

(3) 주행 중에 번개가 심하게 칠 때

① 도로의 가장자리에 차를 세운다.(나무 또는 전신주 밑은 피한다)

② 시동을 끈다.

③ 차 밖으로 나오지 말고, 차 안에 머무르는 것이 안전하다.

2. 눈길(빙판길)에서의 운전

(1) 눈길에서의 출발

① 눈길에서는 수분으로 인해 라이닝의 마찰계수가 적으므로 브레이크 페달을 여러 번 밟아 드럼과 라이닝에서 마찰열이 충분히 발생한 다음 출발한다.

② 2단 기어로 출발한다.

③ 주차 브레이크를 절반쯤 당겨두고 출발한다.

(2) 미끄러질 경우 대처 요령

눈길, 빙판길 또는 앞 타이어 펑크 등으로 자동차가 미끄러지며 핸들이 쏠릴 때에는 미끄러지는 방향으로 나아가면서 점진적으로 속도를 줄이고 핸들을 조금씩 돌리며 빠져 나온다.

3. 기타 돌발상황 때 조치요령

① 차창에 김이 서릴 때 : 에어컨을 작동시키거나 창문을 약간 열어준다.

② 주행 중 타이어가 펑크 발생할 때 : 핸들이 한쪽으로 쏠려 매우 위험해진다. 이때에는 핸들을 단단히 잡고, 비상점멸등을 켜고, 가속 페달에서 발을 서서히 떼면서 속도를 떨어뜨려 천천히 길 가장자리에 세운다.

③ 강풍이나 돌풍 · 횡풍이 불 때 : 산길이나 고지대, 다리 위, 터널 입구와 출구 등에서 자주 발생하며, 이때에는 핸들을 단단히 잡고, 방향을 유지하면서 감속한다.

④ 안개 낀 때 : 갑자기 감속하거나 노상에 주차하면 추돌 또는 충돌 위험이 있으니 전조등, 안개등을 켜고 중앙선과 앞차의 미등을 기준으로 충분한 안전거리를 두고 서행한다.

03 야간 운전

1. 시계와 속도

① 야간에는 운전자가 눈으로 확인할 수 있는 시야의 범위가 좁아져 도로상의 보행자나 자전거 등의 발견이 늦어지고, 속도감도 둔해지기 때문에 감속운전을 해야 한다.

② 해가 뜨기 전과 지고 난 직후는 먼저 차폭등과 미등을 켜고, 어두워지기 시작하면 전조등을 켜야 한다.

③ 주간이라도 터널 안이나 짙은 안개, 폭우, 폭설 등 전방 100m 이내 물체를 확인하기 어려울 때에는 야간에 켜야 할 등화를 켜야 한다.

④ 보행자와 자동차의 통행이 빈번한 곳에서는 항상 전조등을 하향으로 하고 운전한다.

2. 마주 오는 차의 불빛과 시선

① 야간에는 증발현상이 발생할 수 있으므로 감속운전과 함께 보행자의 움직임에서 시선을 떼지 않도록 한다.

참고 | 증발현상
도로상에 서 있는 보행자가 마주 오는 차의 전조등 불빛과 마주치면서 불빛의 착란으로 보행자 신체의 일부 또는 전체가 보이지 않는 현상을 말한다.

② 시선은 되도록 먼 곳을 주시하여 전방의 장애물을 조기에 발견할 수 있도록 한다.

③ 마주 오는 차의 전조등 불빛으로 눈이 부실 경우에는 시선을 약간 오른쪽으로 돌려 눈부심을 방지한다.

④ 검은 색 계통을 한 보행자는 발견이 어렵기 때문에 특히 주의해서 운전한다.

⑤ 신호등이 없는 교차로나 커브길에서는 전조등 불빛을 2~3회 깜박거려 차의 접근을 알린다.

3. 앞차의 제동등에 주의

① 야간은 앞차까지의 거리를 앞차의 미등(제동등)과 자기 차의 전조등으로 판단하므로 차간거리에 주의한다.

② 앞차의 제동등이 켜지면 감속하거나 정지준비를 한다.

③ 앞차가 급제동, 급핸들하는 경우는 위험한 상황이므로 이에 대비하며, 되도록 차간거리를 충분히 유지한다.

04 차의 등화

1. 차의 등화를 켜야 하는 경우(주간 포함)

① 밤에 도로에서 차를 운행하거나 고장이나 그 밖의 부득이한 사유로 도로에서 차를 정차 또는 주차시키는 경우
② 안개 · 폭우 또는 강설 등의 장해로 인하여 전방 100m 이내의 도로상의 장애물을 확인할 수 없는 때
③ 도로에서 차를 운행하거나 고장이나 그 밖의 부득이한 사유로 도로에서 차를 정차 또는 주차시키는 경우
④ 터널을 통과하는 경우

2. 야간 주행 때 지켜야 할 등화

① 자동차 : 전조등, 차폭등, 미등, 번호등, 실내조명등
(실내조명등은 사업용 승용차와 승합자동차에 한함)
② 원동기장치자전거 : 전조등, 미등
③ 견인되는 차 : 차폭등, 번호등
④ 노면전차 : 전조등, 차폭등, 미등 및 실내조명등
⑤ 규정외의 차 : 시 · 도경찰청장이 정하여 고시하는 등화

3. 야간 주 · 정차 때 켜야 하는 등화

① 자동차(이륜자동차 제외) : 자동차안전기준에서 정하는 미등과 차폭등
② 이륜자동차(원동기장치자전거 포함) : 미등(후부반사기 포함)
③ 노면전차 : 차폭등 및 미등
④ 규정외의 차 : 시 · 도경찰청장이 정하여 고시하는 등화

4. 야간 운전 시 등화 방법

마주 오는 차의 전조등에 현혹되지 않으려면 도로 정면보다 조금 우측을 바라보고, 주위가 어둡거나 좌우를 살피기 힘든 커브길 등에서는 전조등을 상향으로 하거나 점멸하여 차의 접근을 알린다.

참고 | 마주 오는 차의 전조등에 현혹되지 않으려면
전방 시야각을 도로 정면보다 조금 우측으로 하고 주위가 어두운 도로, 좌 · 우를 살필 수 없는 곳이나 커브길에서는 전조등을 상향으로 하거나 점멸하여 차의 접근을 알린다.

05 차에 작용하는 물리적인 힘과 운전

1. 관성과 마찰

관성은 물체가 어떤 상태를 계속 유지하려는 현상으로, 주행 중인 차의 경우 계속해서 주행하려 하기 때문에 브레이크 페달을 밟아도 즉시 정지하지 않는다. 브레이크를 밟으면 차는 타이어와 노면과의 마찰저항에 의해 정지된다.

2. 구부러진 길과 원심력

① 원심력 : 원의 중심으로부터 밖으로 나가려는 힘
② 원심력의 크기
- 커브 : 커브의 반경이 작을수록 즉 급커브일수록 커진다.
- 중량 : 무게가 무거울수록 커진다.
- 속도 : 속도의 제곱에 비례하여 커진다.

③ 커브 길에서 원심력 : 도로 모퉁이나 구부러진 길에서 핸들을 돌리면 자동차가 바깥쪽으로 나가려는 원심력이 작용하여 자동차가 커브 밖으로 미끄러지거나 도로 밖으로 이탈되는 현상이 발생한다.

3. 속도와 충격력

① 충격력 : 충돌사고로 인하여 발생하는 힘을 말한다.
② 충격력의 크기 : 충돌한 물체가 단단할수록 커지며, 무게가 무거울수록 커지며, 속도의 제곱에 비례하여 커진다.

4. 베이퍼 록(Vaper Lock) 현상

브레이크를 한번에 너무 많이 사용하게 되면 브레이크의 과열이 브레이크액에 전달되어 브레이크액 내에 기포가 발생하는 현상으로, 브레이크 페달을 밟아도 압력이 제대로 전달되지 않아 브레이크가 잘 듣지 않는다.

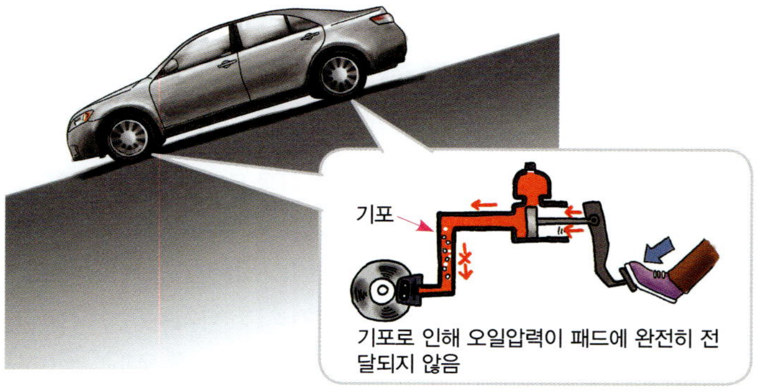

5. 페이드(Fade) 현상

베이퍼 록 현상과 마찬가지로 풋 브레이크를 자주 사용했을 때 브레이크 패드(슈), 디스크(드럼)의 과열로 라이닝 재질의 변형으로 인해 마찰계수가 떨어져 마찰력이 급격히 떨어지는 현상으로 브레이크가 잘 듣지 않게 된다.

참고 | 긴 내리막길을 내려갈 때에는 엔진 브레이크를 사용하고, 필요에 따라 풋 브레이크를 쓰는 습관을 들이도록 한다.

6. 수막(하이드로플래닝, Hydroplaning) 현상

① 우천 시 고속도로 등에서의 고속 주행 시 타이어와 노면의 사이에 물막이 생겨 수상스키처럼 뜨는 현상으로 핸들이나 브레이크가 전혀 말을 듣지 않게 되며, 경우에 따라서는 도로 밖으로 튀어나갈 수 있다.
② 승용차는 시속 90~100km 이상 달리면 발생한다. 수막현상은 타이어 마모 상태와 공기압에 따라 달라진다. 공기압이 낮거나 타이어가 마모된 경우 시속 70km 속도에서도 발생하므로 이 경우에는 엔진 브레이크를 사용하여 감속 운행해야 한다.

참고 | 비가 내리는 고속도로에서는 속도를 낮추고 주행하여, 이 현상이 일어날 때에는 즉시 양손으로 핸들을 단단히 잡고 엔진 브레이크를 사용하여 서서히 속도를 늦추어야 한다.

7. 스탠딩웨이브(Standing Wave) 현상

① 더운 여름철에 과열된 도로에서 고속주행 시 타이어의 고속회전에 의하여 도로의 접촉부분으로부터 타이어가 떨어지면서 타이어의 일부분이 부풀어 타이어가 물결치는 것 같은 형상을 하게 되는 현상이다.
② 영향 : 타이어는 고열을 받기 때문에 결국 그 열로 인하여 타이어가 찢어져 조각날 수 있다.

참고 | 스탠딩웨이브 현상은 타이어의 공기압이 낮으면 발생하기 쉬우므로 고속주행 때에는 타이어의 공기압을 약 10~15% 높게 주입한다.

Section 07

고속도로에서의 운전

01 차로에 따른 통행 구분

1. 차로의 구분

① 주행차로 : 고속도로에서 주행 시 통행하는 차로
② 앞지르기 차로 : 앞지르기할 때 통행하는 차로, 그 밖의 부득이한 경우 통행
③ 가속차로 : 주행차로에 진입하기 위하여 속도를 높이는 차로
④ 감속차로 : 고속도로에서 일반도로로 나갈 때 감속하는 차로
⑤ 오르막 차로 : 화물의 적재 등으로 속도가 느린 차가 오르막을 오를 때 이용
⑥ 갓길 통행금지 : 긴급자동차, 고속도로의 보수 · 유지 작업차는 예외

참고 | 일반 자동차의 경우 긴급 상황에서는 갓길에 정차 할 수 있다.

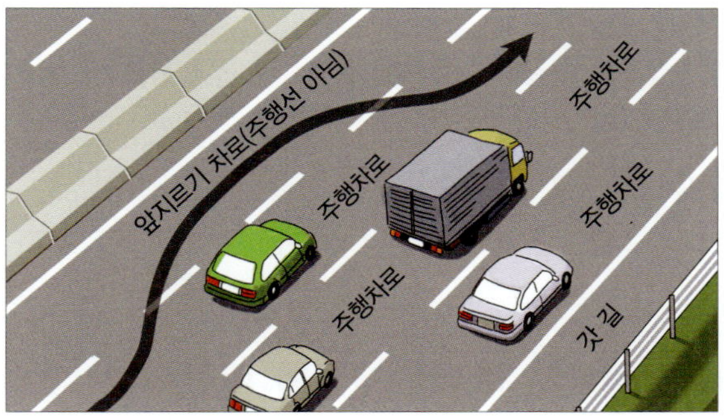

2. 고속도로 차로에 따른 통행차량 구분

도로	차로 구분	통행할 수 있는 차종
편도 2차로	1차로	앞지르기를 하려는 모든 자동차. 다만, 차량통행량 증가 등 도로상황으로 인하여 부득이하게 시속 80킬로미터 미만으로 통행할 수밖에 없는 경우에는 앞지르기를 하는 경우가 아니라도 통행할 수 있다.
	2차로	모든 자동차
편도 3차로 이상	1차로	앞지르기를 하려는 승용자동차 및 앞지르기를 하려는 경형 · 소형 · 중형 승합자동차. 다만, 차량통행량 증가 등 도로상황으로 인하여 부득이하게 시속 80킬로미터 미만으로 통행할 수밖에 없는 경우에는 앞지르기를 하는 경우가 아니라도 통행할 수 있다.
	왼쪽 차로	승용자동차 및 경형 · 소형 · 중형 승합자동차
	오른쪽 차로	대형 승합자동차, 화물자동차, 특수자동차, 법 제2조 제18호나목에 따른 건설기계

※ 왼쪽차로 : 1차로를 제외한 차로를 반으로 나누어 그 중 1차로에 가까운 부분의 차로. 다만, 1차로를 제외한 차로의 수가 홀수인 경우 그 중 가운데 차로는 제외한다.
※ 오른쪽 차로 : 왼쪽 차로를 제외한 나머지 차로

3. 고속도로에서의 속도

자동차 등의 운전자는 규정에 의한 최고속도를 초과하거나 최저속도에 미달하여 운전해서는 안된다(다만, 교통이 정체되거나 그 밖의 부득이한 사유로 최저속도에 미달하게 되는 때에는 제외).

고속도로 구분	최고속도	최저속도
편도 1차로 고속도로	• 80km/h	최저 50km/h
편도 2차로 이상 고속도로	• 100km/h • 80km/h(적재중량 1.5톤 초과 화물자동차, 위험물 운반자동차 및 건설기계, 특수자동차	최저 50km/h
경찰청장이 인정 지정 · 고시한 고속도로	• 120km/h • 90km/h(적재중량 1.5톤 초과 화물자동차, 위험물 운반자동차 및 건설기계, 특수자동차	최저 50km/h

참고 | **안전거리 확보**
- 100km/h 주행 때 100m 이상의 안전거리 확보
- 80km/h 주행 때 80m 이상의 안전거리 확보

참고 | 고속도로에서의 서행은 최저 속도로 운전하는 것을 말한다.

02 고속도로 주행 시 금지사항

1. 갓길 통행금지

① 자동차의 운전자는 고속도로 등에서 자동차의 고장 등 부득이한 사정이 있는 경우를 제외하고는 규정된 차로에 따라 통행해야 하며, 갓길로 통행해서는 안된다 (단, 긴급자동차와 고속도로 등의 보수 · 유지 등의 작업을 하는 자동차를 운전하는 때는 제외).
② 자동차의 운전자는 고속도로에서 다른 차를 앞지르고자 하는 때에는 방향지시기 · 등화 또는 경음기를 사용하여 지정된 차로로 안전하게 통행해야 한다.

2. 횡단 등의 금지

① 자동차의 운전자는 그 차를 운전하여 고속도로 등을 횡단하거나 유턴 또는 후진해서는 안된다.
② 다만, 긴급자동차 또는 도로의 보수 · 유지 등의 작업을 하는 자동차 가운데 고속도로 등에서의 위험을 방지 · 제거하거나 교통사고에 대한 응급조치작업에 사용되는 자동차는 제외한다.

3. 통행 등의 금지

자동차 외의 차마의 운전자 또는 보행자는 고속도로 등을 통행하거나 횡단해서는 안된다.

4. 고속도로 등에서의 정차 및 주차의 금지

자동차의 운전자는 고속도로 등에서 차를 정차 또는 주차시켜서는 안된다. 다만 다음의 경우에는 제외한다.

① 법령의 규정 또는 경찰공무원(자치경찰공무원 제외)의 지시에 따르거나 위험을 방지하기 위하여 일시정차 또는 주차시키는 경우
② 정차 또는 주차할 수 있도록 안전표지를 설치한 곳이나 정류장에서 정차 또는 주차시키는 경우
③ 고장이나 그 밖의 부득이한 사유로 갓길에 정차 또는 주차시키는 경우
④ 통행료를 지불하기 위하여 통행료를 받는 곳에서 정차하는 경우
⑤ 도로의 관리자가 고속도로 등을 보수 · 유지 또는 순회하기 위하여 정차 또는 주차시키는 경우
⑥ 경찰용 긴급자동차가 고속도로 등에서 범죄수사 · 교통단속이나 그 밖의 경찰임무의 수행을 위하여 정차 또는 주차시키는 경우
⑦ 교통이 밀리거나 그 밖의 부득이한 사유로 움직일 수 없는 때에 고속도로 등의 차로에 일시 정차 또는 주차시키는 경우

참고 | **고속도로에서 주 · 정차할 수 없는 경우**
① 휴식이나 사진 촬영 등을 위해 갓길 정차 · 주차 금지
② 운전자 교대 때 갓길 정차 · 주차 금지
③ 교통사고를 구경하기 위해 정차 · 주차 금지

03 고속도로에서 운전 시 주의사항

1. 졸음 운전

① 교통 환경의 변화가 단조로운 고속도로 등에서의 운전은 시가지 도로나 일반도로에서 운전하는것보다 주의력이 둔화되고 수면 부족과 관계없이 졸음 운전을 할 수 있다.
② 고속도로에서 운전 시 졸음이 오는 경우 가까운 휴게소 등에서 충분한 휴식을 취한 후 운전한다(갓길에서 휴식 금지).

2. 고속도로 진출입 시 운전방법

① 고속도로 진입시 사방을 주시하고 본선 주행 차량을 확인하고, 서행하며 본선 주행 차량에 대해 양보운전을 한다.
② 고속도로 출입시 사방을 주시하고 미리 합류 차로로 변경한다.

③ 본선에 주행 중인 차량이 거의 없는 경우라도 한 번에 바로 진입하거나 1차로로 바로 진입하지 말고, 가속 차로에서 주행하며 다른 차량의 흐름에 맞춰 천천히 가속한 후 본선 맨 우측 차로로 진입한다.
④ 고속도로에서는 잘못 진입하였더라도 후진이나 유턴 등의 행위는 대형 사고로 이어질 수 있으므로 다음 출구까지 주행한 후 빠져나온다 (출입 시에도 동일).

3. 고속도로 진입할 때의 우선순위

① 자동차(긴급자동차 제외)의 운전자 : 고속도로에 들어가고자 하는 때에는 그 고속도로를 통행하고 있는 다른 자동차의 통행을 방해해서는 안된다.
② 긴급자동차 외의 자동차의 운전자 : 긴급자동차가 고속도로에 들어가는 때에는 그 진입을 방해해서는 안된다.

주행 중인 차 우선

긴급자동차 우선

04 고속도로에서 고장 시 조치요령

자동차의 운전자는 고장이나 그 밖의 사유로 고속도로 등에서 자동차를 운행할 수 없게 된 때에는 안전 삼각대를 설치해야 하며, 그 자동차를 고속도로 등 외의 곳으로 이동하는 등의 필요한 조치를 해야 한다.

1. 주간

① 고장차를 도로 우측 가장자리로 이동
② 고장차의 보닛 또는 트렁크를 열어 고장차임을 표시
③ 고장차의 뒤쪽 100m 이상 지점에 안전 삼각대를 설치

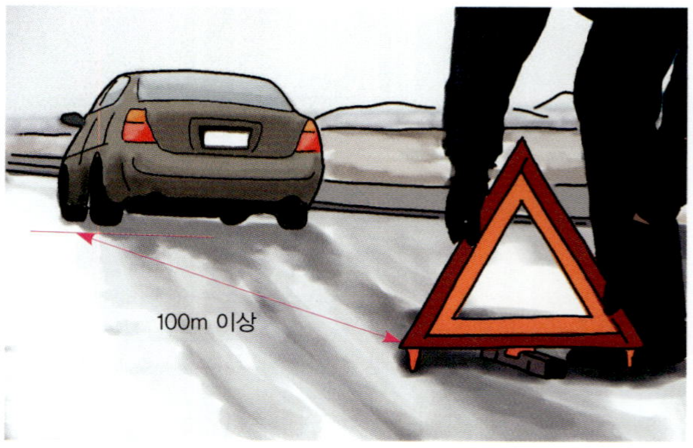

2. 야간

① 고장차를 도로 우측 가장자리로 이동
② 고장차의 100m 이상 지점에 안전 삼각대를 설치
③ 고속도로에서 야간에 안전 삼각대와 함께 추가로 설치해야 하는 적색 섬광 신호의 설치 기준 : 사방 500m 지점에서 식별할 수 있어야 하며, 그 자동차로부터 200m 이상 뒤쪽에 설치

Section 08 교통사고 발생 시 조치

01 교통사고 발생 시 조치 요령

1. 교통사고의 조치

차의 교통으로 인하여 사람을 사상(死傷)하거나 물건을 손괴(損壞)한 때에는 그 차의 운전자나 그 밖의 승무원은 즉시 정차하여 사상자를 구호하는 등 필요한 조치를 해야 한다.

참고 | 교통사고 발생 때 조치 : 즉시정지 → 사상자 구호 → 사고 신고

2. 사고발생 시의 조치

① 차의 운전자 등은 경찰공무원이 현장에 있을 때에는 그 경찰공무원에게, 경찰공무원이 현장에 없을 때에는 가장 가까운 국가경찰관서에 다음의 사항을 지체없이 신고해야 한다.(다만, 운행 중인 차만이 손괴된 것이 분명하고 도로에서의 위험방지와 원활한 소통을 위하여 필요한 조치를 한 때는 신고할 필요가 없다)

참고 | 교통사고 발생 시 경찰관서에 신고할 내용
- 사고가 일어난 곳
- 사상자 수 및 부상 정도
- 손괴한 물건 및 손괴 정도
- 그 밖의 조치사항 등

② 신고를 받은 국가경찰관서의 경찰공무원은 부상자의 구호와 그 밖의 교통위험 방지를 위하여 필요하다고 인정하는 때에는 경찰공무원이 현장에 도착할 때까지 신고를 한 운전자 등에 대하여 현장에서 대기할 것을 명할 수 있다.
③ 경찰공무원은 교통사고를 낸 차의 운전자 등에 대하여 그 현장에서 부상자의 구호와 교통안전상 필요한 지시를 명할 수 있다.
④ 긴급자동차 또는 부상자를 운반 중인 차 및 우편물자동차 등의 운전자는 긴급한 경우에는 승차자로 하여금 조치 또는 신고를 하게 하고 운전을 계속할 수 있다.
⑤ 경찰공무원은 교통사고가 발생한 때에는 대통령령이 정하는 바에 의하여 필요한 조사를 해야 한다.

3. 사고발생 때 조치에 대한 방해의 금지

교통사고가 일어난 경우에 누구든지 운전자 등의 조치 또는 신고행위를 방해해서는 안된다.

02 응급구호조치

1. 응급구호조치

① 응급구호조치 : 사고 현장에서 구급차가 도착하기 전에 최소한의 필요한 구호조치
② 응급구호조치의 종류 : 관찰, 이동, 체위관리, 기도확보, 인공호흡, 심장 마사지, 지혈법 등

2. 구호조치 실시상의 주의사항

① 응급구호조치를 할 적절한 장소를 찾는다.
② 부상자가 여러 사람일 때에는 우선순위를 선정하여 치료한다.
③ 통행차량이나 보행자가 있을 때 협조를 요청한다.
④ 장소를 이동시킬 때에는 부상자 상태를 악화시키지 않도록 한다.
⑤ 부상자가 의식이 있는 경우 정신적 안정을 취하도록 한다.

3. 응급조치의 순서

① 부상자를 구출한다.
② 안전한 장소로 이동시킨다.
③ 부상자를 편한한 자세가 되도록 눕니다.
④ 병원(또는 119)에 신속하게 연락한다.
⑤ 부상부위에 대하여 응급처치를 한다.

4. 부상자의 관찰과 조치

구분	관찰방법	조치사항
의식여부	• 말을 걸어본다. • 팔을 꼬집어 본다.	• 의식이 있을 때 : 안심시킨다. • 의식이 없을 때 : 기도를 확보
호흡상태	• 가슴이 뛰는지 살핀다. • 부상자의 입과 코에 뺨을 대어본다. • 맥을 짚어본다.	• 호흡이 없을 때 : 인공호흡 • 맥박이 없을 때 : 심장마사지
출혈여부	• 출혈 부위와 출혈 정도 확인	• 지혈조치
구토여부	• 입 속에 오물 확인	• 기도 확보
골절여부	• 신체의 일부가 변형 확인	• 단순 골절일 때 : 부목고정 • 개방성 골절 : 감염예방

5. 응급처치의 순서

① 구호조치 순서 : 부상자 인출 → 안전한 장소로 이동 → 편안한 자세 유지 → 병원에 연락 → 응급처치
② 응급처치 순서 : 기도개방(머리를 뒤로 젖히고 입속의 이물질 제거)→호흡 여부 확인(인공호흡)→혈액순환 확인(심장 마사지)
③ 구급용품 : 삼각건, 붕대, 거즈, 소독액 등

6. 응급처치 시 유의사항

① 모든 부상 부위를 찾고 조치할 수 있는 데까지 조치한다.
② 골절, 내부 장기손상의 위험이 있으므로 부상자를 함부로 옮겨서는 안된다.
③ 부상자를 안심시키되 부상 정도 등에 대해서는 이야기하지 않는다.
④ 부상자의 신원을 파악해 두고 의식이 없을 때는 옷을 헐렁하게 해둔다.

Section 09 운전에 따른 법적 책임

01 운전면허 벌칙

1. 벌점제도란?

벌점제도는 교통법규 위반 때나 교통사고 야기 때 그 위반의 경중과 피해의 정도 등에 따라 일정한 점수를 부여하여 그 점수의 합계가 일정한 수준에 도달할 때 면허를 취소 또는 정지시킬 수 있도록 하는 제도이다.

2. 범칙행위 및 처리

① 범칙행위 : 20만원 이하의 벌금, 구류에 해당하는 비교적 가벼운 범법행위
② 범칙금 : 범칙의 통고처분에 의하여 국고(또는 제주특별자치도의 금고)에 납부해야 할 금전
③ 무인단속장비에 의해 속도위반으로 단속된 경우 차종에 따라 범칙금과 과태료가 다르고 속도위반(20km/h 이하, 20km/h~40km/h, 40km/h 초과 등) 정도에 따라 범칙금과 과태료가 각각 다르다.
④ 위반 사실 통지서를 받고 기한(발부일로부터 15일)내 경찰관서 또는 교통경찰관에게 범칙금 스티커를 발부 받아 납부하면 처분이 종결되고, 이의신청을 하게 되면 즉결심판, 정식재판 청구 등의 절차를 거치게 된다.
⑤ 과태료 부과 처분을 받고 기한 내 납부하지 않을 경우에는 부과 금액의 최저 5%에서 최고 77%의 가산된 처분을 받게 되며 과태료 처분 시에는 범칙금과 달리 별도의 벌점 처분은 없다.

02 교통범칙행위 통고처분

1. 통고처분

① 통고처분 : 범칙금을 납부할 것을 서면으로 통지하는 행정조치
② 통고처분을 할 수 없는 경우
- 성명 또는 주소가 확실하지 아니한 사람
- 달아날 우려가 있는 사람
- 범칙금납부통고서 받기를 거부한 사람

③ 통고처분은 경찰서장이 하며, 범칙금납부통지서 교부는 위반 현장에서 경찰공무원이 한다.

2. 범칙금의 납부

① 범칙금 납부기간 : 10일 이내(다만, 부득이한 경우 사유 해소일로부터 5일 이내에 납부)
② 납부기간 경과시 : 만료일의 다음 날부터 20일 이내에 통고받은 범칙금에 100분의 20을 더한 금액을 납부해야 한다.

3. 범칙금(과태료) 납부 불이행자의 처리

① 통고처분 불이행 : 범칙금 납부기간인 30일(1차+2차)을 경과한 경우
② 통고처분 불이행 처리 : 즉결심판(다만, 범칙금의 100분의 50을 더한 금액을 납부한 사람 면제)
③ 즉결심판 불응 : 범칙금 납부 최종 만료일로부터 60일 경과
④ 즉결심판 불응 처리 : 40일간 면허정지
⑤ 면허정지기간 중 범칙금의 100분의 50을 더한 금액 납부 때 : 운전면허 정지처분 잔여기간 면제

03 교통사고처리 특례법

1. 교통사고처리 특례법의 목적

업무상 과실 또는 중대한 과실로 교통사고를 일으킨 운전자에 관한 형사처벌 등의 특례를 정함으로써 교통사고로 인한 피해의 신속한 회복을 촉진하고 국민생활의 편익을 증진함을 목적으로 한다.

2. 처벌의 특례

① 운전자의 교통사고 처벌기준 : 5년 이하의 금고 또는 2,000만원 이하의 벌금
② 차의 교통으로 업무상과실치상죄 또는 중과실치상죄를 범한 운전자에 대하여는 피해자가 명시한 의사에 반하여 공소를 제기할 수 없다(다만, 차의 운전자가 업무상과실치상죄 또는 중과실치상죄를 범하고 피해자를 구호하는 등 조치를 하지 아니하고 도주하거나 피해자를 사고 장소로부터 옮겨 유기하고 도주한 경우 제외).

3. 보험 등에 가입된 경우의 특례

① 가해자가 보험 또는 공제에 가입된 경우에는 운전자에 대하여 공소를 제기할 수 없다(다만, 보험계약 또는 공제계약이 무효 또는 해지되거나 계약상의 면책 규정 등으로 인하여 보험사업자 또는 공제사업자의 보험금 또는 공제금 지급의무가 없게 된 경우에는 제외).

② 보험 또는 공제에 가입된 사실은 보험사업자 또는 공제사업자가 취지를 기재한 서면에 의하여 증명되어야 한다.

참고 | **공소할 수 없는 경우(교통사고처리특례 적용자)**
① 안전운전 불이행
② 제한속도 10km 초과
③ 통행 우선순위 위반
④ 난폭운전
⑤ 교차로 통과방법 위반
⑥ 안전거리 미확보 운전 경우 등

4. 특례 적용 제외의 경우

교통사고를 야기한 운전자가 종합보험(공제)에 가입한 경우에는 형사 처벌이 되지 않는 것이 원칙이며, 발생한 피해는 보험회사(공제)가 보상한다. 다만 사망 사고, 뺑소니 사고, 중상해 사고 그리고 아래와 같은 보도 침범 등 12대 중요 법규 위반으로 인한 인명 피해 사고의 경우에는 운전자가 형사 처벌되므로 특히 주의하여야 한다.

12대 중요 법규 위반 항목

① 신호, 지시 의무 위반
② 중앙선 침범
③ 과속(20킬로미터 초과)
④ 앞지르기 방법, 금지 위반
⑤ 철길 건널목 통과 방법 위반
⑥ 횡단보도에서 보행자 보호 의무 위반
⑦ 무면허 운전
⑧ 음주, 약물 복용 운전
⑨ 보도 침범, 통행 방법 위반
⑩ 승객의 추락 방지 의무 위반
⑪ 어린이 보호구역에서 어린이 보호 의무 위반
⑫ 화물고정조치 위반

5. 벌칙

① 보험회사 또는 공제조합의 사무를 처리하는 자가 서면을 허위로 작성한 때 : 3년 이하의 징역 또는 1,000만원 이하의 벌금
② 허위로 작성된 문서를 그 점을 알고 행사한 자 : 3년 이하의 징역 또는 1,000만원 이하의 벌금
③ 보험회사, 공제조합 또는 공제사업자가 정당한 사유 없이 서면을 발급하지 않은 때 : 1년 이하의 징역 또는 300만원 이하의 벌금

6. 양벌규정

법인의 대표자, 대리인, 사용인 기타의 종업원이 그 법인의 업무에 관하여 위반행위를 한 때에는 행위자를 벌하는 외에 그 법인에 대하여도 동조의 벌금형을 과한다.

Section 10 자전거와 경제속도

01 자전거 운전자의 보호

① 자동차 운전자는 자전거 옆을 지날 때에는 그 자전거와의 충돌을 피할 수 있도록 필요한 거리를 확보하여야 한다.
② 모든 차의 운전자는 교차로에서 우회전을 하고자 하는 때에는 신호에 따라 정지 또는 진행하는 보행자 또는 자전거에 주의하여야 한다.

참고 | 축간 거리(축거)가 긴 자동차의 우회전 시 내륜차로 인해 보행자나 자전거 등이 말려 들 수 있으므로 보도와 거리를 충분히 두어 우회전한다.

③ 모든 차의 운전자는 보행자(자전거에서 내려서 자전거를 끌고 통행하는 자전거 운전자를 포함)가 횡단보도를 통행시 그 횡단보도 앞에서 일시정지하여 보행자의 횡단을 방해하거나 위험을 주어서는 안된다.

02 경제속도와 연료절약

1. 경제속도

① 자동차의 일반도로에서의 경제속도는 60~70km/h이다. 하지만 교통량이 많은 도심의 시내의 경우 60km/h으로 제한한다.
② 자동차전용도로의 경우 70km/h이 적당하며, 고속도로의 경우 80~90km/h가 적당하다.

2. 연료절약 주행방법

① 운행 계획 : 막연한 출발보다는 목적지까지의 경로를 미리 파악하고, 각종 매스컴 및 기기를 이용한 정체 구간을 피해 계획적인 운전을 한다.
② 공회전 금지 : 불필요한 공회전, 공가속을 하지 않는다.
③ 점진적 조작 : 급출발, 급제동, 급가속 등을 하지 않는다.
④ 정속 주행 : 브레이크 사용을 줄이고 정속주행을 한다.
⑤ 과적금지 : 자동차에 불필요한 짐을 싣고 다니지 않는다.
⑥ 냉 · 난방장치 : 냉 · 난방장치를 무리하게 사용하지 않는다. 에어컨 사용 시 처음에 3단 정도로 하여 빠른 시간내에 실내를 식힌 후 에어컨을 끄거나 저단으로 하는 것이 연료절약에 도움이 된다.

참고 | 여름에 에어컨을 사용하면 연료소모는 약 10~20% 증가한다.

⑦ 정차 중 시동 정지 : 정차시간이 길어질 경우에는 엔진의 시동을 끈다.
⑧ 규정속도 준수 : 풋 브레이크의 사용을 줄이고 고속도로에서 100km/h 이상 과속하면 약 5~8% 정도 연료 소모가 증가한다.
⑨ 에너지 효율등급이 높은 차를 선택한다.

참고 | 연비란 연료 1리터당 자동차가 주행할 수 있는 거리의 수치를 말한다.(차의 중량 및 엔진 성능에 따라 연비에 영향을 준다)

⑩ 타이어의 공기압을 적정수준으로 유지(고속도로 주행시 평소보다 약 15~20% 정도 공기압을 높게 한다)
⑪ 엔진 오일, 공기청정기(에어클리너), 변속기 오일, 연료 필터, 냉각수, 팬벨트 등 자동차 구동에 필수적인 오일 또는 부품을 제조사가 권장하는 기간 내에 교체해 준다.

실전출제문제

2점 [난이도 : 上]

01 다음 중 총중량 1.5톤 피견인 승용자동차를 4.5톤 화물자동차로 견인하는 경우 필요한 운전면허에 해당하지 않는 것은?

① 제1종 대형면허 및 소형견인차면허
② 제1종 보통면허 및 대형견인차면허
③ 제1종 보통면허 및 소형견인차면허
④ 제2종 보통면허 및 대형견인차면허

2점 [난이도 : 下]

02 다음 중에서 보복운전을 예방하는 방법이라고 볼 수 없는 것은?

① 긴급제동시 비상점멸등 켜주기
② 반대편 차로에서 차량이 접근시 상향전조등 끄기
③ 속도를 올릴 때 전조등을 상향으로 켜기
④ 앞차가 지연 출발할 때는 3초 정도 배려하기

보복운전을 예방하는 방법은 진로 변경 때 방향지시등 켜기, 비상점멸등 켜주기, 양보하고 배려하기, 지연 출발 때 3초간 배려하기, 경음기 또는 상향 전조등으로 자극하지 않기 등이 있다.

2점 [난이도 : 中]

03 다음의 횡단보도 표지가 설치되는 장소로 가장 알맞은 곳은?

① 포장도로의 교차로에 신호기가 있을 때
② 포장도로의 단일로에 신호기가 있을 때
③ 보행자의 횡단이 금지되는 곳
④ 신호가 없는 포장도로의 교차로나 단일로

횡단보도가 있음을 알리는 것

3점 [난이도 : 中]

04 다음 상황에서 가장 안전한 운전방법 2가지는?

도로상황
- 운전자가 자전거를 타고 차도에 진입한 상태
- 전방 차의 등화 녹색등화
- 진행속도 시속 40킬로미터

① 자전거 운전자에게 상향등으로 경고하며 빠르게 통과한다.
② 자전거 운전자가 무단 횡단할 가능성이 있으므로 주의하며 서행으로 통과한다.
③ 자전거는 차이므로 현재 그 자리에 멈춰있을 것으로 예측하며 교차로를 통과한다.
④ 자전거 운전자가 위험한 행동을 하지 못하도록 경음기를 반복사용하며 신속히 통과한다.
⑤ 자전거 운전자가 차도 위에 있으므로 옆쪽으로도 안전한 거리를 확보할 수 있도록 통행한다.

교차로를 통행하는 차마가 없기 때문에 자전거 운전자는 무단횡단할 가능성이 높다. 또 무단횡단을 하지 않는다고 하여도 교차로를 통과한 지점의 자전거는 2차로쪽에 위치하고 있으므로 그 자전거와의 옆쪽으로도 안전한 공간을 만들며 서행으로 통행하는 것이 안전하다.

2점 [난이도 : 中]

05 도로교통법령상 운전면허증 발급에 대한 설명으로 옳지 않은 것은?

① 운전면허시험 합격일로부터 30일 이내에 운전면허증을 발급받아야 한다.
② 영문운전면허증을 발급받을 수 없다.
③ 모바일운전면허증을 발급받을 수 있다.
④ 운전면허증을 잃어버린 경우에는 재발급 받을 수 있다.

3점 [난이도 : 中]

06 다음과 같은 상황에서 잘못된 통행방법 2가지는?

도로상황
- 편도 2차로의 교차로
- 신호등은 적색등화
- 비보호 좌회전 표지
- 교차로 진입 전

681번 문제로 교체

① 직진하려는 경우 녹색등화에 진행한다.
② 좌회전하려는 경우 맞은편 통행에 주의하면서 녹색등화에 진행한다.
③ 좌회전하려는 경우 녹색 좌회전 화살표 등화에 진행한다.
④ 1차로에서 우회전하려는 경우 정지선 직전에 일시정지한 후 서행으로 진행한다.
⑤ 우회전하려면 미리 도로 우측 가장자리로 서행하면서 진행하여야 한다.

신호등은 가로형 삼색등(적색, 황색, 녹색)이고 녹색 좌회전 화살표은 없다. 또한, 비보호 좌회전 표지가 설치되어 있으므로 1차로에서 좌회전하려는 경우 정지선 직전에 일시정지한 후 맞은편 통행을 주의하면서 진행해야 한다.

2점 [난이도 : 中]

07 고속도로 지정차로에 대한 설명으로 잘못된 것은?(버스전용차로 없음)

① 편도 3차로에서 1차로는 앞지르기 하려는 승용자동차, 경형·소형·중형 승합자동차가 통행할 수 있다.
② 앞지르기를 할 때에는 지정된 차로의 왼쪽 바로 옆 차로로 통행할 수 있다.
③ 모든 차는 지정된 차로보다 왼쪽에 있는 차로로 통행할 수 있다.
④ 고속도로 지정차로 통행위반 승용자동차 운전자의 벌점은 10점이다.

고속도로 지정차로 통행위반 승용자동차등 4만원, 벌점 10점

2점 [난이도 : 上]

08 도로교통법상 승차정원 15인승의 긴급 승합자동차를 처음 운전하려고 할 때 필요한 조건으로 맞는 것은?

① 제1종 보통면허, 교통안전교육 3시간
② 제1종 특수면허(대형견인차), 교통안전교육 2시간
③ 제1종 특수면허(구난차), 교통안전교육 2시간
④ 제2종 보통면허, 교통안전교육 3시간

승차정원 15인승의 승합자동차는 1종 대형면허 또는 1종 보통면허가 필요하고 긴급자동차 업무에 종사하는 사람은 신규(3시간) 및 정기교통안전교육(2시간)을 받아야 한다.

3점 [난이도 : 上]

09 도로교통법상 어린이보호구역 지정 및 관리 주체는?

① 경찰서장
② 시장 등
③ 시·도경찰청장
④ 교육감

2점 [난이도 : 中]

10 다음 안전표지에 대한 설명으로 맞는 것은?

① 유치원 통원로이므로 자동차가 통행할 수 없음을 나타낸다.
② 어린이 또는 유아의 통행로나 횡단보도가 있음을 알린다.
③ 학교의 출입구로부터 2킬로미터 이후 구역에 설치한다.
④ 어린이 또는 유아가 도로를 횡단할 수 없음을 알린다.

- 어린이 또는 유아의 통행로나 횡단보도가 있음을 알리는 것
- 학교, 유치원 등의 통학, 통원로 및 어린이놀이터가 부근에 있음을 알리는 것

정답 01 ④ 02 ③ 03 ④ 04 ②,⑤ 05 ② 06 ③,④ 07 ③ 08 ① 09 ② 10 ②

3점 [난이도 : 中]

11 자전거도로의 이용과 관련한 내용으로 적절치 않은 2가지는?

① 노인이 자전거를 타는 경우 보도로 통행할 수 있다.
② 자전거전용도로에는 원동기장치자전거가 통행할 수 없다.
③ 자전거도로는 개인형 이동장치가 통행할 수 없다.
④ 자전거전용도로는 도로교통법상 도로에 포함되지 않는다.

2점 [난이도 : 下]

12 다음 중 제2종 보통면허를 취득할 수 있는 사람은?

① 한쪽 눈은 보지 못하나 다른 쪽 눈의 시력이 0.5인 사람
② 붉은색, 녹색, 노란색의 색채 식별이 불가능한 사람
③ 17세인 사람
④ 듣지 못하는 사람

제2종 운전면허는 18세 이상으로, 두 눈을 동시에 뜨고 잰 시력이 0.5 이상(다만, 한쪽 눈을 보지 못하는 사람은 다른 쪽 눈의 시력이 0.6 이상.)의 시력이 있어야 한다. 또한 적색, 녹색 및 황색의 색채 식별이 가능해야 하나 듣지 못해도 취득이 가능하다.

2점 [난이도 : 中]

13 다음 안전표지가 뜻하는 것은?

① 노면이 고르지 못함을 알리는 것
② 터널이 있음을 알리는 것
③ 과속방지턱이 있음을 알리는 것
④ 미끄러운 도로가 있음을 알리는 것

과속방지턱, 고원식 횡단보도, 고원식 교차로가 있음을 알리는 것

3점 [난이도 : 中]

14 다음 상황에서 직진하려는 경우 가장 안전한 운전방법 2가지는?

도로상황
- 교차로 모퉁이에 정차중인 어린이통학버스
- 뒷차에 손짓을 하는 어린이통학버스 운전자

① 어린이통학버스가 출발할 때까지 교차로에 진입하지 않는다.
② 어린이통학버스가 정차하고 있으므로 좌측으로 통행한다.
③ 어린이통학버스 운전자의 손짓에 따라 좌측으로 통행한다.
④ 교차로에 진입하여 어린이통학버스 뒤에서 기다린다.
⑤ 반대편 화물자동차 뒤에서 나타날 수 있는 보행자에 대비한다.

3점 [난이도 : 中]

15 다음과 같은 상황에서 잘못된 통행방법 2가지는?

도로상황
- 도로 우측은 택시정차대
- 연달아 신호등이 설치된 도로
- 30m 전방에는 十자형 교차로이고, 신호등은 녹색등화
- 50m 전방에는 T자형 교차로이고, 신호등은 적색등화

① 신호가 바뀌기 전에 교차로를 통과하기 위해 최대한 가속한다.
② 十자형 교차로에서 우회전하기 위해 계속 1차로로 통행한다.
③ 녹색등화에는 직진 또는 우회전할 수 있다.
④ 적색등화에는 정지선 직전에 정지해야 한다.
⑤ 적색등화에는 정지선 직전에 일시정지한 후 우회전할 수 있다.

택시정차대 인근에서는 타고 내리는 택시승객이나 무단횡단하려는 보행자가 있을 가능성이 높기 때문에 주의해야 한다. 또한, 교차로에서 우회전을 하려는 경우에는 미리 도로의 우측 가장자리를 서행하면서 우회전하여야 한다.

2점 [난이도 : 下]

16 승차정원이 12명인 승합자동차를 도로에서 운전하려고 한다. 운전자가 취득해야하는 운전면허의 종류는?

① 제1종 대형견인차면허
② 제1종 구난차면허
③ 제1종 보통면허
④ 제2종 보통면허

제1종보통면허로 승차정원 15명 이하의 승합자동차 운전가능하며 ①, ②, ④은 승차정원 10명 이하의 승합자동차 운전가능하다.

2점 [난이도 : 下]

17 다음 중 도로교통법상 제1종 대형면허 시험에 응시할 수 있는 사람은? (이륜자동차 운전경력은 제외)

① 운전경력이 6개월 이상이면서 만 18세인 사람
② 운전경력이 1년 이상이면서 만 18세인 사람
③ 운전경력이 6개월 이상이면서 만 19세인 사람
④ 운전경력이 1년 이상이면서 만 19세인 사람

제1종 대형면허 응시자격 : 운전경력이 1년 이상 및 만 19세 이상인 자

3점 [난이도 : 中]

18 다음 상황에서 교차로를 통과하려는 경우 예상되는 위험 2가지는?

도로상황
- 교각이 설치되어있는 도로
- 정지해있던 차량들이 녹색 신호에 따라 출발하려는 상황
- 3지 신호교차로

① 3차로의 하얀색 차량이 우회전 할 수 있다.
② 2차로의 하얀색 차량이 1차로 쪽으로 급차로 변경할 수 있다.
③ 교각으로부터 무단횡단 하는 보행자가 나타날 수 있다.
④ 횡단보도를 뒤 늦게 건너려는 보행자를 위해 일시정지 한다.
⑤ 뒤차가 내 앞으로 앞지르기를 할 수 있다.

도로에 교각이 설치된 환경으로 교각 좌우측에서 진입하는 이륜차와 보행자 등 위험을 예측하며 운전해야 한다.

3점 [난이도 : 中]

19 다음 중 장거리 운행 전에 반드시 점검해야 할 우선순위 2가지는?

① 차량 청결 상태 점검
② DMB(영상표시장치) 작동여부 점검
③ 각종 오일류 점검
④ 타이어 상태 점검

장거리 운행 전 안전에 직접적으로 영향을 주는 타이어 상태, 타이어 공기압, 각종 오일류, 와이퍼와 워셔액, 램프류 등을 점검하여야 한다.

3점 [난이도 : 中]

20 다음 상황을 통해 알 수 있는 정보로 바르지 않은 것 2가지는?

도로상황
- 편도 3차로 도로
- 1차로는 좌회전, 2차로는 직진, 3차로는 직진 및 우회전 노면표시 있음.
- 교차로를 통과하려는 상황
- 교차로 건너편 3,4차로는 작업 중

① 1차로에서는 녹색등화에 우회전할 수 있다.
② 1차로에서는 좌회전 화살표 등화에 좌회전할 수 있다.
③ 2차로에서는 녹색등화에 직진할 수 있다.
④ 3차로에서는 적색등화에 정지선 직전에서 일시정지한 후 우회전할 수 있다.
⑤ 3차로에서는 녹색등화에 직진하여 교차로 내에 설치된 안전지대에 정차한다.

장거리 운행 전 안전에 직접적으로 영향을 주는 타이어 상태, 타이어 공기압, 각종 오일류, 와이퍼와 워셔액, 램프류 등을 점검하여야 한다.

정답 11 ③,④ 12 ④ 13 ③ 14 ①,⑤ 15 ①,② 16 ③ 17 ④ 18 ②,③ 19 ③,④ 20 ①,⑤

2점 [난이도 : 中]

21 다음 수소자동차 운전자 중 고압가스관리법령상 특별교육 대상으로 맞는 것은?

① 수소승용자동차 운전자
② 수소대형승합자동차(승차정원 36인승 이상) 운전자
③ 수소화물자동차 운전자
④ 수소특수자동차 운전자

2점 [난이도 : 中]

22 도로교통법령상 해외 출국 시, 운전면허 적성검사 연기에 대한 설명으로 틀린 것은?

① 출국 전 적성검사 연기 신청서를 제출해야 한다.
② 출국 후에는 대리인이 대신하여 적성검사 연기 신청을 할 수 없다.
③ 적성검사 연기 신청 시, E-티켓과 같은 출국 사실을 증명할 수 있는 서류를 제출해야 한다.
④ 적성검사 연기 신청이 승인된 경우, 귀국 후 3개월 이내에 적성검사를 받아야 한다.

2점 [난이도 : 中]

23 다음 안전표지가 있는 경우 안전 운전방법은?

① 도로 중앙에 장애물이 있으므로 우측 방향으로 주의하면서 통행한다.
② 중앙 분리대가 시작되므로 주의하면서 통행한다.
③ 중앙 분리대가 끝나는 지점이므로 주의하면서 통행한다.
④ 터널이 있으므로 전조등을 켜고 주의하면서 통행한다.

도로의 우측방향으로 통행하여야 할 지점이 있음을 알리는 것

3점 [난이도 : 中]

24 다음 상황에서 직진할 때 가장 안전한 운전방법 2가지는?

도로상황
- ┼ 형 교차로
- 1차로(좌회전), 2차로(직진), 3차로(직진·우회전)
- 2차로 주행 중
- 4색 등화 중 적색신호에서 녹색 신호로 바뀜

① 녹색 신호이므로 가속하여 빠르게 직진으로 교차로를 통과한다.
② 비상 점멸등을 켜고 주변 차량에 알리며 2차로에서 우회전한다.
③ 앞쪽 3차로에서 왼쪽으로 갑자기 진로 변경을 하는 차가 있을 수 있는 위험에 대비하면서 운전한다.
④ 뒤쪽 차가 너무 가까이 따라오므로 안전거리 확보를 위해 속도를 빨리 높여 신속히 교차로를 통과한다.
⑤ 교차로 주변 상황을 눈으로 확인하면서 서서히 속도를 높여 통과한다.

택시는 손님을 태우기 위하여 급정지 또는 차로 상에 정차하는 경우가 있으므로 뒤따를 때에는 이를 예상하고 방어 운전을 하는 것이 바람직하다.

3점 [난이도 : 上]

25 다음 상황을 통해 알 수 있는 정보로 바르지 않은 것 2가지는?

① 전방에 횡단보도가 있다.
② 전방 차량신호등은 녹색등화이다.
③ 도로 우측에는 자전거전용도로가 설치되어 있다.
④ 이 도로의 제한속도는 시속 30 킬로미터 이다.
⑤ 앞선 자동차들은 브레이크 페달을 조작하고 있다.

어린이 보호구역의 제한속도는 30km/h이나 다른 속도로 설정된 구역이 있을 수 있으며, 전방 차량의 제동등이 켜지지 않았으므로 브레이크 페달을 조작한 것이 아니다.

2점 [난이도 : 中]

26 도로주행시험에 불합격한 사람은 불합격한 날부터 ( ) 지나야 다시 도로주행시험에 응시할 수 있다. ( ) 기준으로 맞는 것은?

① 1일 ② 3일 ③ 5일 ④ 7일

도로주행시험에 불합격한 사람은 불합격한 날부터 3일 이상 지나야 다시 도로주행시험에 응시할 수 있다.

2점 [난이도 : 下]

27 도로교통법령상 한쪽 눈을 보지 못하는 사람이 제1종 보통면허를 취득하려는 경우 다른 쪽 눈의 시력이 ( ) 이상, 수평시야가 ( )도 이상, 수직시야가 20도 이상, 중심시야 20도 내 암점과 반맹이 없어야 한다. ( ) 안에 기준으로 맞는 것은?

① 0.5, 50 ② 0.6, 80
③ 0.7, 100 ④ 0.8, 120

한쪽 눈을 보지 못하는 사람이 제1종 보통 운전면허를 취득하려는 경우 자동차등의 운전에 필요한 적성의 기준에서 다른 쪽 눈의 시력이 0.8 이상이고 수평시야가 120도 이상이며, 수직시야가 20도 이상이고, 중심시야 20도 내 암점과 반맹이 없어야 한다.

3점 [난이도 : 中]

28 다음 상황에서 가장 안전한 운전 방법 2가지는?

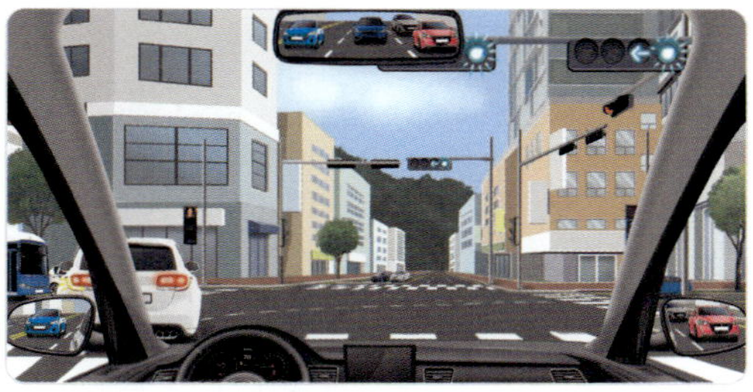

도로상황
- ┼ 형 교차로
- 1차로(좌회전), 2차로(직진), 3차로(직진·우회전)
- 4색 등화 중 적색신호에서 녹색·좌회전 동시 신호로 바뀜
- 2차로에서 출발하는 상황

① 신호가 바뀐 직후에 빠르게 가속하여 신속히 교차로를 통과한다.
② 왼쪽 방향지시등을 켜고 다른 차량에 주의하면서 좌회전한다.
③ 교차로 내에서 급가속하여 오른쪽으로 진로변경하며 통과한다.
④ 좌회전하는 흰색 승용차가 멈추는 이유를 생각하고 서행하면서 위험에 대비한다.
⑤ 신호위반 차량이 있는지 좌·우를 확인하면서 서서히 속도를 높여 통과한다.

비보호좌회전 구역을 통과할 때는 앞차와의 간격을 유지하고 상황을 파악하며 진행해야 한다. 그렇지 않으면 교차로 중간에 서게 되어 반대차로에서 직진하는 차량과 충돌할 수 있다.

3점 [난이도 : 中]

29 운전면허 종류별 운전할 수 있는 차에 관한 설명으로 맞는 것 2가지는?

① 제1종 대형면허로 아스팔트살포기를 운전할 수 있다.
② 제1종 보통면허로 덤프트럭을 운전할 수 있다.
③ 제2종 보통면허로 250시시(CC) 이륜자동차를 운전할 수 있다.
④ 제2종 소형면허로 원동기장치자전거를 운전할 수 있다.

덤프트럭은 제1종 대형면허, 이륜자동차는 2종 소형면허가 필요하다.

3점 [난이도 : 中]

30 다음 상황을 통해 알 수 있는 정보와 이에 따른 올바른 운전방법을 연결한 것으로 바르지 않은 것 2가지는?

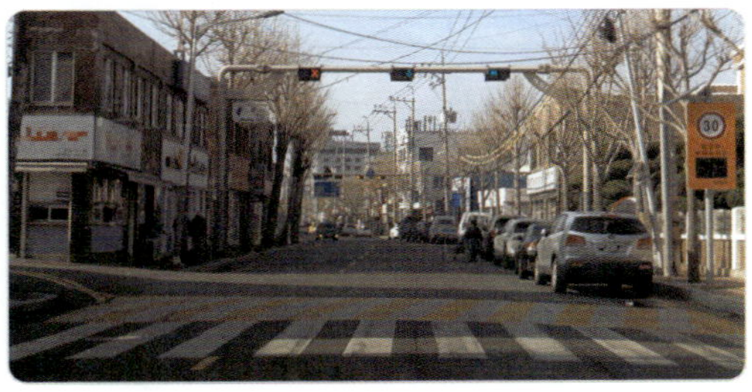

도로상황
- 가장 우측에 있는 자동차들은 주차된 상태

① 횡단보도 – 좌우를 잘 살펴 보행자에 주의한다.
② 차도에 있는 사람 – 속도를 감속하는 등 안전에 유의한다.
③ 가로형 이색등 – 적색 X표가 있는 차로로 진행한다.
④ 가변차로 – 상황에 따라 진행차로가 바뀔 수 있다.
⑤ 중앙에 설치된 황색 점선 – 앞지르기하려고 할 때도 절대 넘을 수 없는 선이다.

정답 21 ② 22 ② 23 ① 24 ③,⑤ 25 ④,⑤ 26 ② 27 ④ 28 ④,⑤ 29 ①,④ 30 ③,⑤

2점 [난이도 : 上]

31 도로교통법상 교통법규 위반으로 운전면허 효력 정지처분을 받을 가능성이 있는 사람이 특별교통안전 권장교육을 받고자 하는 경우 누구에게 신청하여야 하는가?

① 도로교통공단 이사장 ② 주소지 지방자치단체장
③ 운전면허 시험장장 ④ 시·도경찰청장

2점 [난이도 : 下]

32 다음은 도로교통법령상 운전면허증을 발급 받으려는 사람의 본인 여부 확인 절차에 대한 설명이다. 틀린 것은?

① 주민등록증을 분실한 경우 주민등록증 발급신청 확인서로 가능하다.
② 신분증명서 또는 지문정보로 본인여부를 확인 할 수 없으면 시험에 응시할 수 없다.
③ 신청인의 동의 없이 전자적 방법으로 지문정보를 대조하여 확인할 수 있다.
④ 본인여부 확인을 거부하는 경우 운전면허증 발급을 거부할 수 있다.

2점 [난이도 : 中]

33 도로교통법령상 다음 안전표지에 대한 내용으로 맞는 것은?

① 규제표지이다.
② 직진차량 우선표지이다.
③ 좌합류 도로표지이다.
④ 좌회전 금지표지이다.

3점 [난이도 : 中]

34 다음 상황에서 가장 안전한 운전방법 2가지는?

도로상황
- + 형 교차로
- 1·2차로(좌회전), 3차로(직진), 4차로(직진·우회전)
- 왼쪽도로 횡단보도 넘어 신호 대기 중인 이륜차
- 1차로에서 신호 대기 중
- 4색 등화 중 적색신호에서 직진·좌회전 동시 신호로 바뀜

① 소통을 원활하게 하기 위해 적색 신호에 미리 정지선을 넘어 대기하다가 좌회전 한다.
② 반대편 도로에서 우회전하는 빨간색 차량은 좌회전 차량이 우선이기 때문에 주의할 필요가 없다.
③ 차량의 사각지대로 인해 이륜차를 순간적으로 못 볼 수 있기 때문에 주의해야 한다.
④ 교차로 노면에 표시된 흰색 통행 유도선을 따라 좌회전한다.
⑤ 좌회전하면서 오른쪽 방향지시등을 켜고 왼쪽 도로의 3차로로 바로 진입한다.

3점 [난이도 : 中]

35 다음 상황을 통해 알 수 있는 정보와 이에 따른 올바른 운전방법을 연결한 것으로 바르지 않은 것 2가지는?

도로상황
- 직전까지 눈이 내렸고, 노면이 얼어붙은 상태
- 바로 앞에 진행하는 차량은 제설작업 차량으로 도로에 모래를 뿌리면서 주행 중
- 전방 우측 화물차는 우측 방향지시등을 켠 채 정차 중

① 횡단보도예고표시 – 전방에 곧 횡단보도가 나타나므로 주의하며 운전한다.
② 차로 우측에 설치된 황색실선의 복선구간 – 보도에 걸치는 방식의 정차는 허용된다.
③ 노면이 얼어있는 상태 – 최고 제한속도의 100분의 20을 줄인 속도로 운행한다.
④ 전방 제설작업 차량 – 작업차량과 안전거리를 충분히 유지하면서 주행한다.
⑤ 전방 우측에 정차 중인 화물차 – 사람이 차도로 갑자기 튀어나올 수 있으므로 주의하며 운전한다.

② 황색실선의 복선구간 : 주·정차 금지
③ 노면이 얼어있을 때 속도 : 최고 제한속도의 100분의 50을 줄인 속도

2점 [난이도 : 中]

36 다음 중 수소대형승합자동차(승차정원 35인승 이상)를 신규로 운전하려는 운전자에 대한 특별교육을 실시하는 기관은?

① 한국가스안전공사
② 한국산업안전공단
③ 한국도로교통공단
④ 한국도로공사

2점 [난이도 : 上]

37 다음 중 고압가스안전관리법령상 수소자동차 운전자의 안전교육(특별교육)에 대한 설명 중 잘못된 것은?

① 수소승용자동차 운전자는 특별교육 대상이 아니다.
② 수소대형승합자동차(승차정원 36인승 이상) 신규 종사하려는 운전자는 특별교육 대상이다.
③ 수소자동차 운전자 특별교육은 한국가스안전공사에서 실시한다.
④ 여객자동차운수사업법에 따른 대여사업용자동차를 임차하여 운전하는 운전자도 특별교육 대상이다.

수소가스사용자동차 중 대형승합자동차 운전자로 신규 종사하려는 경우에는 특별교육을 이수하여야 한다.
여객자동차운수사업에 따른 대여사업용자동차 종류는 승용자동차, 경형·소형·중형 승합자동차, 캠핑자동차이다.

3점 [난이도 : 中]

38 다음 상황에서 가장 안전한 운전방법 2가지는?

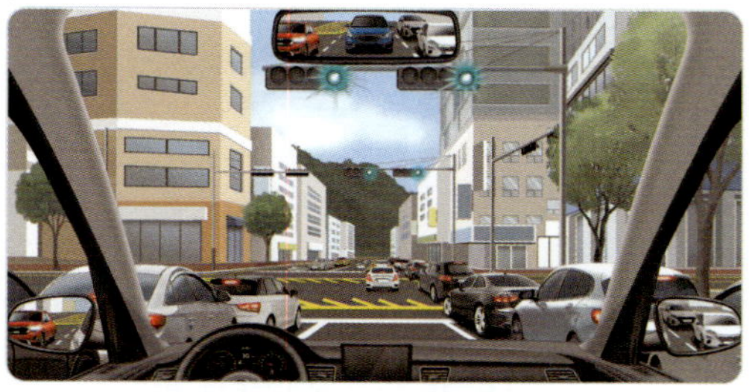

도로상황
- + 형 교차로
- 1차로(좌회전), 2차로(직진), 3차로(직진·우회전)
- 4색 등화 중 녹색 신호
- 앞쪽에 차량이 정체되어 있는 도로 상황
- 2차로 주행 중

① 많은 차량의 교차로 통과를 위해 앞 차와 최대한 붙어서 주행한다.
② 앞쪽 3차로에서 왼쪽으로 갑자기 진로 변경하는 차량에 대비할 필요가 있다.
③ 앞쪽 차량의 정체 여부와 관계없이 교차로에 진입하여 소통을 원활하게 한다.
④ 비상 점멸등을 켜고 차량이 없는 반대편 1차로로 안전하게 앞질러 직진한다.
⑤ 정체로 인해 녹색 신호에 교차로를 통과 못 할 것 같으면 정지선 직전에 정지한다.

2점 [난이도 : 下]

39 도로교통법상 보도와 차도의 구분이 없는 도로에 차로를 설치하는 때 보행자가 안전하게 통행할 수 있도록 그 도로의 양쪽에 설치하는 것은?

① 안전지대 ② 진로변경제한선 표시
③ 갓길 ④ 길가장자리구역

5점 [난이도 : 中]

40 다음 중 어린이보호구역에서 횡단하는 어린이를 보호하기 위해 도로교통법규를 준수하는 차는?

※ 동영상 시청 : 스마트폰으로 옆 QR 코드로 검색하면 동영상 문제를 볼 수 있습니다. (카페의 동영상 문제 1번)

① 붉은색 승용차 ② 흰색 화물차
③ 청색 화물차 ④ 주황색 택시

어린이보호구역에서는 어린이가 언제 어느 순간에 나타날지 몰라 속도를 줄이고 서행하여야 한다. 갑자기 나타난 어린이로 인해 앞차 급제동하면 뒤따르는 차가 추돌할 수 있기 때문에 안전거리를 확보하여야 한다. 어린이 옆을 통과할 때에는 충분한 간격을 유지하면서 반드시 서행하여야 한다.

정답 31 ④ 32 ③ 33 ③ 34 ③,④ 35 ②,③ 36 ① 37 ④ 38 ②,⑤ 39 ④ 40 ③

실전출제문제

2점 [난이도 : 上]

01 도로교통법령상 도로에서 동호인 7명이 4대의 차량에 나누어 타고 공동으로 다른 사람에게 위해를 끼쳐 형사입건 되었다. 처벌기준으로 틀린 것은? (개인형 이동장치는 제외)

① 2년 이하의 징역이나 500만 원 이하의 벌금
② 적발 즉시 면허정지
③ 구속된 경우 면허취소
④ 형사입건된 경우 벌점 40점

2점 [난이도 : 中]

02 제1종 운전면허를 발급받은 65세 이상 75세 미만인 사람(한쪽 눈만 보지 못하는 사람은 제외)은 몇 년마다 정기적성검사를 받아야 하나?

① 3년마다 ② 5년마다
③ 10년마다 ④ 15년마다

3점 [난이도 : 中]

03 도로교통법령상 자전거가 통행할 수 있는 도로의 명칭에 해당하지 않는 2가지는?

① 자전거 전용도로 ② 자전거 우선차로
③ 자전거·원동기장치자전거 겸용도로 ④ 자전거 우선도로

자전거가 통행할 수 있는 도로에는 자전거전용도로, 자전거전용차로, 자전거우선도로, 자전 거 보행자 겸용도로가 있다.

3점 [난이도 : 中]

04 다음과 같은 상황에서 좌회전하려고 한다. 가장 위험한 운전방법 2가지는?

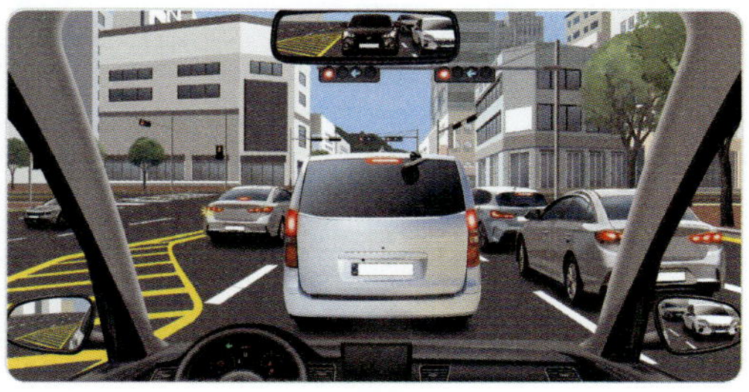

도로상황
- ┼ 교차로
- 1차로(좌회전·유턴), 2·3차로(직진), 4차로(직진·우회전)
- 2차로 정차 중 좌회전 신호로 바뀜

① 비상 점멸등을 켜고 안전지대를 통과하여 1차로로 진입한 후 좌회전한다.
② 좌회전 차로에 진입 후에는 앞 차량에 최대한 붙어서 신속히 좌회전한다.
③ 1차로로 진로 변경할 때는 뒤따르는 뒤쪽 차량에 주의해야 한다.
④ 흰색 점선 차선에서 1차로로 진로 변경한 후에 좌회전한다.
⑤ 좌회전 차로로 진로 변경할 때는 바로 앞 차량을 주의할 필요가 있다.

3점 [난이도 : 中]

05 비보호좌회전 하는 방법에 관한 설명 중 맞는 2가지는?

도로상황
- 시내지역 사거리 교차로
- 편도 1차로 도로
- 약 10 미터 전방 좌측과 우측에 상가 지하주차장 입구가 각각 있음

① 시속 30 킬로미터 이내의 속도로 운전한다.
② 전방 10 미터 우측 상가 지하주차장으로 진입할 때에는 일시정지한 후에 안전한지 확인하면서 서행한다.
③ 전방 10 미터 좌측 상가 지하주차장으로 진입할 때에는 일단정지한 후에 안전한지 확인하면서 서행한다.
④ 좌회전하고자 하는 때에는 미리 방향지시등을 켜고 서행하면서 교차로의 중심 바깥쪽을 이용하여 좌회전한다.
⑤ 시내지역에서 개인형 이동장치를 운전할 때에는 보도로 주행한다.

2점 [난이도 : 上]

06 다음도로교통법상 음주운전 방지장치 부착 조건부 운전면허를 받은 운전자 등의 준수사항에 대한 설명으로 맞는것은?

① 음주운전 방지장치가 설치된 자동차등을 시·도경찰청에 등록하지 아니하고 운전한 경우에는 면허가 정지 된다.
② 음주운전 방지장치가 설치되지 아니하거나 설치기준에 부합하지 아니한 음주운전 방지장치가 설치된 자동차등을 운전한 경우 1개월 내 시정조치 명령을 한다.
③ 음주운전 방지장치의 정비를 위해 해체·조작 또는 그 밖의 방법으로 효용이 떨어진 것을 알면서 해당장치가 설치된 자동차등을 운전한 경우에는 면허가 정지된다.
④ 음주운전으로 인한 면허 결격기간 이후 방지장치 부착차량만 운전가능한 면허를 취득한 때부터 장치를 부착한 차량만 운행할 수 있다.

- 음주운전 방지장치 부착 조건부 운전면허를 받은 운전자등의 준수사항, 음주운전 방지장치가 설치된 자동차등을 시·도경찰청에 등록하지 아니하고 운전한 경우에는 면허가 취소된다.
- 음주운전 방지장치가 설치되지 아니하거나 설치기준에 부합하지 아니한 음주운전 방지장치가 설치된 자동차등을 운전한 경우 면허를 취소된다.
- 음주운전 방지장치의 정비를 위해 해체·조작 또는 그 밖의 방법으로 효용이 떨어진 것을 알면서 해당장치가 설치된 자동차 등을 운전한 경우에는 면허가 취소된다.

2점 [난이도 : 上]

07 운전자가 가짜 석유제품임을 알면서 차량 연료로 사용할 경우 처벌 기준은?

① 과태료 5만원~10만원 ② 과태료 50만원~1백만원
③ 과태료 2백만원~2천만원 ④ 처벌되지 않는다.

가짜 석유제품임을 알면서 차량연료로 사용할 경우 사용량에 따라 2백만원에서 2천만원까지 과태료가 부과될 수 있다.

2점 [난이도 : 下]

08 다음 교통안내표지에 대한 설명으로 맞는 것은?

① 소통확보가 필요한 도심부 도로 안내표지이다.
② 자동차 전용도로임을 알리는 표지이다.
③ 최고속도 매시 70킬로미터 규제표지이다.
④ 최저속도 매시 70킬로미터 안내표지이다.

2점 [난이도 : 中]

09 자동차관리법령상 자동차의 정기검사의 기간은 검사유효기간 만료일 전 ( )일부터 후 ( )일 까지다. ( )에 기준으로 맞는 것은?

① 90일, 31일 ② 80일, 41일
③ 60일, 51일 ④ 50일, 61일

정기검사의 기간은 검사유효기간만료일 전 90일부터 후 31일까지다.

3점 [난이도 : 中]

10 다음 상황에서 가장 안전한 운전방법 2가지는?

도로상황
- 아파트(APT) 단지 주차장 입구 접근 중

① 차의 통행에 방해되지 않도록 지속적으로 경음기를 사용한다.
② B는 차의 왼쪽으로 통행할 것으로 예상하여 그대로 주행한다.
③ B의 횡단에 방해되지 않도록 횡단이 끝날 때까지 정지한다.
④ 도로가 아닌 장소는 차의 통행이 우선이므로 B가 횡단하지 못하도록 경적을 울린다.
⑤ B의 옆을 지나는 경우 안전한 거리를 두고 서행해야 한다.

정답 01 ② 02 ② 03 ②,③ 04 ①,② 05 ①,② 06 ④ 07 ③ 08 ② 09 ① 10 ③,⑤

2점 [난이도 : 下]

11 전기차 충전을 위한 올바른 방법으로 적절하지 않은 것은?

① 충전할 때는 규격에 맞는 충전기와 어댑터를 사용한다.
② 충전 중에는 충전 커넥터를 임의로 분리하지 않고 충전 종료 버튼으로 종료한다.
③ 젖은 손으로 충전기 사용을 하지 않고 충전장치에 물이 들어가지 않도록 주의한다.
④ 휴대용 충전기를 이용하여 충전할 경우 가정용 멀티탭이나 연장선을 사용한다.

전기차 충전을 위해 규격에 맞지 않는 멀티탭이나 연장선 사용 시 고전력으로 인한 화재 위험성이 있다.

2점 [난이도 : 中]

12 법령상 자동차의 등화 종류와 그 등광색을 연결한 것으로 맞는 것은?

① 후퇴등 - 호박색　② 번호등 - 청색
③ 후미등 - 백색　④ 제동등 - 적색

후퇴등·번호등은 백색이고, 후미등·제동등은 적색이다.

2점 [난이도 : 中]

13 화물자동차 운수사업법에 따른 화물자동차 운송사업자는 관련 법령에 따라 운행기록장치에 기록된 운행기록을 (　)동안 보관하여야 한다. (　) 안에 기준으로 맞는 것은?

① 3개월　② 6개월
③ 1년　④ 2년

교통안전법상 6개월 동안 보관하여야 한다.

3점 [난이도 : 中]

14 다음과 같은 상황에서 가장 안전하게 유턴할 수 있는 방법 2가지는?

도로상황
- ㅓ 교차로
- 1차로(유턴, 좌회전), 2차로(좌회전), 3·4차로(직진)
- 1차로에서 신호대기 중
- 4색 등화 중 녹색신호에서 좌회전 신호로 바뀜

① 유턴이 가능한 신호에 흰색 점선의 유턴구역 내에서 앞차부터 순서대로 유턴한다.
② 왼쪽 부도로에서 주도로로 합류하는 우회전하는 차량은 조심할 필요가 없다.
③ 반대편 도로의 차량에 방해를 주지 않는다면 신호에 관계없이 언제든 유턴할 수 있다.
④ 내 차량 바로 뒤에서 먼저 유턴하는 차량은 주의할 필요가 없다.
⑤ 반대편 도로에서 신호위반으로 직진하는 차량이 있을 수 있기에 눈으로 확인하고 유턴한다.

비보호좌회전을 할 때에는 반대편 도로에서 녹색 신호를 보고 오는 직진 차량에 주의해야 하며, 그 차량의 속도가 생각보다 빠를 수 있고 반대편 1차로의 승합차 때문에 2차로에서 달려오는 직진 차량을 보지 못할 수도 있다.

3점 [난이도 : 中]

15 다음과 같은 상황에서의 운전방법으로 바르지 못한 것 2가지는?

도로상황
- 편도 5차로 도로
- 차도 우측에는 보도
- 1, 2차로는 좌회전 차로

① 자전거 운전자가 좌회전하고자 하는 경우 1차로에서 좌회전 신호를 기다린다.
② 개인형이동장치 운전자가 좌회전하고자 하는 경우 2차로에서 좌회전 신호를 기다린다.
③ 이륜차 운전자가 좌회전하고자 하는 경우 2차로에서 좌회전 신호를 기다린다.
④ 승용차 운전자가 우회전하고자 하는 경우 보행자에 주의하면서 우회전한다.
⑤ 화물차 운전자가 우회전하고자 하는 경우 미리 우측 가장자리 도로를 이용하여 우회전한다.

2점 [난이도 : 上]

16 다음 중 고속으로 주행하는 차량의 타이어 이상으로 발생하는 현상 2가지는?

① 베이퍼록 현상　② 스탠딩웨이브 현상
③ 페이드 현상　④ 하이드로플레이닝 현상

고속으로 주행하는 차량의 타이어 공기압이 부족하면 스탠딩웨이브 현상이 발생하며, 고속으로 주행하는 차량의 타이어가 마모된 상태에서 물 고인 곳을 지나가면 하이드로플레이닝 현상이 발생한다. 베이퍼록 현상과 페이드 현상은 제동장치의 이상으로 나타나는 현상이다.

2점 [난이도 : 上]

17 도로교통법령상 그림의 안전표지와 같이 주의표지에 해당되는 것을 나열한 것은?

① 오르막경사표지, 상습정체구간표지
② 차폭제한표지, 차간거리확보표지
③ 노면전차전용도로표지, 우회로표지
④ 비보호좌회전표지, 좌회전 및 유턴표지

3점 [난이도 : 中]

18 다음 상황에서 가장 안전한 운전 방법 2가지는?

도로상황
- ＋ 교차로
- 1차로(좌회전), 2·3차로(직진), 4차로(우회전)
- 4색 등화 중 적색 신호
- 4차로 도로 주행 중

① 교차로 정지선 전에 일시정지 없이 서행하면서 우회전한다.
② 교차로 직전 신호등 있는 횡단보도에 보행자가 있는지 반드시 확인한다.
③ 왼쪽 도로에서 오른쪽 도로로 직진하는 차량은 반드시 확인할 필요는 없다.
④ 오른쪽 사이드미러에 보이는 뒤따르는 이륜차를 주의해야 한다.
⑤ 우회전 직후 신호등이 있는 횡단보도의 보행자는 반드시 확인할 필요는 없다.

3점 [난이도 : 中]

19 다음 상황을 통해 알 수 있는 정보와 이에 대한 해석을 연결한 것으로 바르지 않은 것 2가지는?

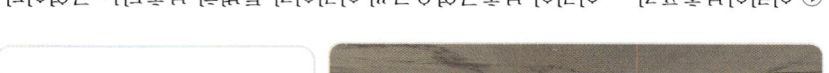

도로상황
- 사거리 교차로
- 전방 신호등은 적색등화의 점멸
- 도로 우측의 자동차는 주차된 상태

① 어린이보호표지 – 어린이 보호구역으로써 어린이가 특별히 보호되는 구역이다.
② 최고속도 제한표지 – 시속 30 킬로미터 이내의 속도로 운전해야 한다.
③ 횡단보도 표지 – 보행자에 주의하면서 운전해야 한다.
④ 적색등화의 점멸 – 서행하면서 운전해야 한다.
⑤ 도로 우측에 주차된 자동차들 – 주차된 차량 사이로 보행자가 튀어나올 수 있음에 유념한다.

① 어린이보호표지 – 사진에는 이 표시가 없다.
④ 적색등화의 점멸(깜빡임) – 일시 정지 후 교통에 주의하면서 진행한다.

2점 [난이도 : 上]

20 도로교통법령상 자동차(단, 어린이통학버스 제외) 창유리 가시광선 투과율의 규제를 받는 것은?

① 뒷좌석 옆면 창유리
② 앞면, 운전석 좌우 옆면 창유리
③ 앞면, 운전석 좌우, 뒷면 창유리
④ 모든 창유리

자동차의 앞면 창유리와 운전석 좌우 옆면 창유리의 가시광선의 투과율이 대통령령으로 정하는 기준보다 낮아 교통안전 등에 지장을 줄 수 있는 차를 운전하지 아니해야 한다.

정답 11 ④ 12 ④ 13 ② 14 ①,⑤ 15 ①,② 16 ②,④ 17 ① 18 ②,④ 19 ①,④ 20 ②

2점 [난이도 : 下]

21 승용자동차는 몇 인 이하를 운송하기에 적합하게 제작된 자동차인가?

① 10인　② 12인　③ 15인　④ 18인

승용자동차는 10인 이하를 운송하기에 적합하게 제작된 자동차이다.

2점 [난이도 : 下]

22 편도 5차로 고속도로에서 차로에 따른 통행차의 기준에 따르면 몇 차로까지 왼쪽 차로인가? (단, 전용차로와 가·감속 차로 없음)

① 1~2차로　② 2~3차로
③ 1~3차로　④ 2차로 만

1차로를 제외한 차로를 반으로 나누어 그 중 1차로에 가까운 부분의 차로. 다만, 1차로를 제외한 차로의 수가 홀수인 경우 가운데 차로는 제외한다.

2점 [난이도 : 下]

23 다음 안전표지의 뜻으로 맞는 것은?

① 전방 100미터 앞부터 낭떠러지 위험 구간이므로 주의
② 전방 100미터 앞부터 공사 구간이므로 주의
③ 전방 100미터 앞부터 강변도로이므로 주의
④ 전방 100미터 앞부터 낙석 우려가 있는 도로이므로 주의

낙석우려지점 전 30미터 내지 200미터의 도로 우측에 설치

3점 [난이도 : 中]

24 다음과 같은 상황에서 우회전할 때 가장 위험한 운전 방법 2가지는?

도로상황
- +형 교차로
- 1차로(유턴), 2·3차로(직진), 4·5차로(우회전)
- 우회전 삼색신호는 적색 신호로 바뀜
- 5차로 주행 중

① 정지선 전에 정지한 후 우회전 삼색등이 진행 신호로 바뀔 때까지 대기한다.
② 우회전 삼색등에 녹색 화살표 신호로 변경된 후에도 앞쪽의 상황을 확인하고 우회전한다.
③ 우회전 삼색등이 적색 신호라도 보행자가 없다면 일시정지 후 천천히 우회전한다.
④ 우회전하고 바로 나타나는 오른쪽 도로의 횡단보도는 주의할 필요가 없다.
⑤ 오른쪽 보도에서 갑자기 횡단보도로 뛰어나올 수 있는 보행자에 주의한다.

적색 신호는 정지선, 횡단보도 및 교차로의 직전에서 정지해야 하며, 우회전시 정지선, 횡단보도 및 교차로의 직전에서 정지한 후 신호에 따라 진행하는 다른 차마의 교통을 방해하지 않고 우회전할 수 있다. 만약 우회전 삼색 신호등이 적색의 등화인 경우 우회전 할 수 없고, 정지선 전에 정지하고 녹색 화살표 신호 변경까지 대기해야 한다.

3점 [난이도 : 中]

25 고장난 신호기가 있는 교차로에서 가장 안전한 운전방법 2가지는?

도로상황
- 어린이 보호구역
- 과속방지턱과 도로횡단방지 울타리가 설치되어 있음

① 어린이 보호구역에서도 잠깐 주차할 수 있다.
② 차량신호등이 녹색등화라 하더라도 도로를 횡단하는 어린이가 있는지 주의하면서 진행한다.
③ 차량신호등이 녹색등화인 경우 아직 횡단 중인 어린이가 있더라도 속도를 높여 진행한다.
④ 어린이의 하차를 위해서 이곳에서는 정차는 할 수 있다.
⑤ 어린이 보호구역에 설정된 제한속도보다 느린 속도로 운전한다.

①,④ 어린이 보호구역에서는 주정차가 금지된다. ③ 서행하며 진행한다.

2점 [난이도 : 下]

26 도로교통법상 보도와 차도가 구분이 되지 않는 도로 중 중앙선이 있는 도로에서 보행자의 통행방법으로 가장 적절한 것은?

① 차도 중앙으로 보행한다.
② 차도 우측으로 보행한다.
③ 길가장자리구역으로 보행한다.
④ 도로의 전 부분으로 보행한다.

보행자는 보도와 차도가 구분되지 아니한 도로에서는 차마와 마주보는 방향의 길가장자리 또는 길가장자리구역으로 통행하여야 한다. 다만, 도로의 통행방향이 일방통행인 경우에는 차마를 마주보지 아니하고 통행할 수 있다.

2점 [난이도 : 中]

27 다음 중 도로교통법상 원동기장치자전거의 정의(기준)에 대한 설명으로 옳은 것은?

① 배기량 50시시 이하 – 최고 정격출력 0.59킬로와트 이하
② 배기량 50시시 미만 – 최고 정격출력 0.59킬로와트 미만
③ 배기량 125시시 이하 – 최고 정격출력 11킬로와트 이하
④ 배기량 125시시 미만 – 최고 정격출력 11킬로와트 미만

2점 [난이도 : 上]

28 자동차를 이전 등록하고자 하는 자는 매수한 날부터 며칠 이내에 등록해야 하는가?

① 15일　② 20일　③ 30일　④ 40일

3점 [난이도 : 中]

29 다음의 도로를 통행하려는 경우 가장 올바른 운전방법 2가지는?

도로상황
- 어린이를 태운 어린이통학버스 시속 35킬로미터
- 어린이통학버스 방향지시기 미작동
- 어린이통학버스 황색점멸등, 제동등 켜짐
- 3차로 전동킥보드 통행

① 어린이통학버스가 오른쪽으로 진로 변경할 가능성이 있으므로 속도를 줄이며 안전한 거리를 유지한다.
② 어린이통학버스가 제동하며 감속하는 상황이므로 앞지르기 방법에 따라 안전하게 앞지르기한다.
③ 3차로 전동킥보드를 주의하며 진로를 변경하고 우측으로 앞지르기 한다.
④ 어린이통학버스 앞쪽이 보이지 않는 상황이므로 진로변경하지 않고 감속하며 안전한 거리를 유지한다.
⑤ 어린이통학버스 운전자에게 최저속도 위반임을 알려주기 위하여 경음기를 사용한다.

3점 [난이도 : 中]

30 다음 상황에서 가장 올바른 운전방법 2가지는?

도로상황
- 좌우측 아파트 진출입로
- 전방 차량신호등 황색점멸
- 1차로 좌회전, 2차로 직진차로

① 주정차 금지 노면표시가 없으므로 교차로 부근이나 횡단보도 부근에 주정차할 수 있다.
② 좌우측 아파트 진출입로가 있으므로 주변 차량을 잘 살피고 서행하며 진행한다.
③ 전방 교차로 내에서 다른 차량에 방해가 되지 않는다면 유턴할 수 있다.
④ 교차로를 지나 차로가 줄어들기 때문에 직진하려는 경우 미리 직진 차로로 변경한다.
⑤ 횡단보도에 보행자가 없으므로 가속하여 신속히 통과한다.

① 교차로 부근이나 횡단보도 5m 부근은 주정차 금지 구간이다.
③ 유턴금지 표지가 있다.
⑤ 신호등이 황색 점멸이고 횡단보도로 갑자기 사람이 튀어날 수 있으므로 서행하거나 일시정지한다.

정답 21 ① 22 ② 23 ④ 24 ③,④ 25 ②,⑤ 26 ③ 27 ③ 28 ① 29 ①,④ 30 ②,④

2점 [난이도 : 中]

31 다음 중 전기자동차 충전 시설에 대해서 틀린 것은?

① 공용충전기란 휴게소·대형마트·관공서 등에 설치되어있는 충전기를 말한다.
② 전기차의 충전방식으로는 교류를 사용하는 완속충전 방식과 직류를 사용하는 급속충전 방식이 있다.
③ 공용충전기는 사전 등록된 차량에 한하여 사용이 가능하다.
④ 본인 소유의 부지를 가지고 있을 경우 개인용 충전 시설을 설치할 수 있다.

전기자동차 전원설비, 공용충전기는 전기자동차를 가지고 있는 운전자라면 누구나 이용 가능하다.

2점 [난이도 : 上]

32 자동차손해배상보장법상 의무보험에 가입하지 않은 자동차보유자의 처벌 기준으로 맞는 것은?(자동차 미운행)

① 300만 원 이하의 과태료
② 500만 원 이하의 과태료
③ 1년 이하의 징역 또는 1천만 원 이하의 벌금
④ 2년 이하의 징역 또는 2천만 원 이하의 벌금

의무보험에 가입하지 않는 자동차보유자는 300만원 이하의 과태료가 부과된다.

2점 [난이도 : 下]

33 다음 안전표지의 뜻으로 맞는 것은?

① 철길표지
② 교량표지
③ 높이제한표지
④ 문화재보호표지

3점 [난이도 : 上]

34 다음 중 운전면허 취득 결격기간이 2년에 해당하는 사유 2가지는?(벌금 이상의 형이 확정된 경우)

① 무면허 운전을 3회한 때
② 다른 사람을 위하여 운전면허시험에 응시한 때
③ 자동차를 이용하여 감금한 때
④ 정기적성검사를 받지 아니하여 운전면허가 취소된 때

자동차를 이용하여 감금한 때는 운전면허 취득 결격기간이 1년이나 정기적성검사를 받지 아니하여 운전면허가 취소된 때는 운전면허 취득 결격기간이 없다.

3점 [난이도 : 中]

35 다음 상황에서 가장 안전한 운전방법 2가지는?

① 보행자가 있으므로 안전하게 보행할 수 있도록 서행하거나 일시정지하여 안전을 확인하고 진행한다.
② 주변 주정차 차량 사이에서 보행자가 나타날 수 있으므로 주의하며 진행한다.
③ 어린이 보호구역이 아니므로 운전자는 보행자를 보호해야 할 의무가 없다.
④ 좌측 상점에 가는 경우 교차로 모퉁이에 잠시 주정차하는 것은 가능하다.
⑤ 주택가 이면도로에서는 주차된 차량과 보행자가 많아 경음기를 계속 울리며 통과한다.

2점 [난이도 : 下]

36 주행 중 브레이크가 작동되는 운전행동과정을 올바른 순서로 연결한 것은?

① 위험인지 → 상황판단 → 행동명령 → 브레이크작동
② 위험인지 → 행동명령 → 상황판단 → 브레이크작동
③ 상황판단 → 위험인지 → 행동명령 → 브레이크작동
④ 행동명령 → 위험인지 → 상황판단 → 브레이크작동

운전 중 위험상황을 인지하고 판단하며 행동명령 후 브레이크가 작동된다.

3점 [난이도 : 中]

37 다음 상황에서 비보호 좌회전할 때 가장 큰 위험 요인 2가지는?

도로상황
- + 형 교차로
- 1차로(좌회전·직진), 2차로(직진·우회전)
- 1차로 신호대기 중
- 3색 등화 중 녹색 신호로 바뀜

① 반대편 2차로에서 빠르게 직진해 오는 차량이 있을 수 있다.
② 반대편 1차로 화물차 뒤에 차량이 좌회전하기 위해 정지해 있을 수 있다.
③ 뒤따르는 뒤쪽 차량이 갑자기 2차로로 진로 변경할 수 있다.
④ 왼쪽 도로의 보행자가 횡단보도를 건너갈 수 있다.
⑤ 반대편 1차로에서 화물차가 비보호 좌회전을 할 수 있다.

녹색 신호에 비보호 좌회전 표시판이 있는 경우 좌회전이 가능하나 반대편 도로에서 녹색 신호에 주행하는 직진 차량 및 왼쪽 도로에 횡단보도의 보행자 등에 대해서 주의해야 한다.

2점 [난이도 : 下]

38 다음 안전표지의 뜻으로 맞는 것은?

① 전방에 양측방 통행 도로가 있으므로 감속 운행
② 전방에 장애물이 있으므로 감속 운행
③ 전방에 중앙 분리대가 시작되는 도로가 있으므로 감속 운행
④ 전방에 두 방향 통행 도로가 있으므로 감속 운행

3점

39 운전면허증을 시·도경찰청장에게 반납하여야 하는 사유 2가지는?

① 운전면허 취소의 처분을 받은 때
② 운전면허 효력 정지의 처분을 받은 때
③ 운전면허 수시적성검사 통지를 받은 때
④ 운전면허의 정기적성검사 기간이 6개월 경과한 때

운전면허의 취소 처분을 받은 때, 운전면허의 효력 정지 처분을 받은 때, 운전면허증을 잃어버리고 다시 교부 받은 후 그 잃어버린 운전면허증을 찾은 때, 연습운전면허를 받은 사람이 제1종 보통운전면허 또는 제2종 보통운전면허를 받은 때에는 7일 이내에 주소지를 관할하는 시·도경찰청장에게 운전면허증을 반납하여야 한다.

3점 [난이도 : 中]

40 다음 영상을 보고 확인되는 가장 위험한 상황은?

※ 동영상 시청 : 스마트폰으로 옆 QR 코드로 검색하면 동영상 문제를 볼 수 있습니다. (카페의 동영상 문제 2번)

① 반대방향 1차로를 통행하는 자동차가 중앙선을 침범하는 상황
② 우측의 보행자가 갑자기 차도로 진입하려는 상황
③ 반대방향 자동차가 전조등을 켜서 경고하는 상황
④ 교차로 우측도로의 자동차가 신호위반을 하면서 교차로에 진입하는 상황

교차로 좌우측의 교통상황이 건조물 등에 의해 확인이 불가한 상황이다. 이 경우 좌우측의 자동차들은 황색등화나 적색등화가 확인되어도 정지하지 못하고 신호 및 지시위반으로 연결되어 교통사고를 일으킬 가능성이 농후하다. 따라서 진행방향 신호가 녹색등화라 할지라도 교차로 접근 시에는 감속하는 운전태도가 필요하다.

정답 31 ③ 32 ① 33 ② 34 ①,② 35 ①,② 36 ① 37 ①,④ 38 ③ 39 ①,② 40 ④

실전출제문제

2점 [난이도 : 中]

01 도로교통법상 고원식 횡단보도는 제한속도를 매시 ( )킬로미터 이하로 제한할 필요가 있는 도로에 설치한다. ( )안에 맞는 것은?

① 10　② 20
③ 30　④ 50

고원식 횡단보도는 제한속도를 30km/h이하로 제한할 필요가 있는 도로에서 횡단보도를 노면보다 높게 하여 운전자의 주의를 환기시킬 필요가 있는 지점에 설치한다.

2점 [난이도 : 下]

02 고속도로에서 경미한 교통사고가 발생한 경우, 2차 사고를 방지하기 위한 조치요령으로 가장 올바른 것은?

① 보험처리를 위해 우선적으로 증거 등에 대해 사진촬영을 한다.
② 상대운전자에게 과실이 있음을 명확히 하고 보험적용을 요청한다.
③ 자동차를 도로의 우측 가장자리에 정지시키고 행정안전부령으로 정하는 바에 따라 그 표지를 설치하여야 한다.
④ 비상점멸등을 작동하고 자동차 안에서 관계기관에 신고한다.

고속도로에서 교통사고 시 차안이나 차 바로 앞·뒤차에 있는 것은 2차 사고의 위험이 크므로 신속하게 안전삼각대를 후방에 설치하고, 안전한 장소로 피한 후 관계기관(경찰관서, 소방관서, 한국도로공사 콜센터 등)에 신고한다.

2점 [난이도 : 下]

03 다음 중 자동차에 부착된 에어백의 구비조건으로 가장 거리가 먼 것은?

① 높은 온도에서 인장강도 및 내열강도
② 낮은 온도에서 인장강도 및 내열강도
③ 파열강도를 지니고 내마모성, 유연성
④ 운전자와 접촉하는 충격에너지 극대화

자동차가 충돌할 때 운전자와 직접 접촉하여 충격 에너지를 흡수해주어야 한다.
인장강도 : 잡아당기는 힘에 대해 견디는 힘, 내열강도 : 열을 견디는 힘

3점 [난이도 : 中]

04 시속 30킬로미터로 직진하는 상황이다. 안전한 운전방법 2가지는?

도로상황
- 반대방면에 통행중인 자동차들
- 진행방면 오른쪽에 주차한 자동차들
- 도로에 진입하기 위해 정차한 자동차

① 주차된 차들과 충돌하지 않도록 시속 30킬로미터 이하로 횡단 보도를 통과한다.
② 감속하며 접근하고 횡단보도 직전 정지선에 정지한다.
③ 횡단보도에 사람이 없으므로 시속 30킬로미터로 서행한다.
④ 횡단보도에 사람이 없으므로 그대로 통과한다.
⑤ 오른쪽에서 도로에 진입하려는 차를 주의하며 서행한다.

어린이 보호구역의 신호등 없는 횡단보도를 진입하려는 경우 보행자의 횡단 유무와 관계없이 일시 정지한 후에 진입해야 하며, 우측의 도로로 진입하는 차가 확인되면 서행하며 주의해야 한다.

2점 [난이도 : 下]

05 다음 중 도로교통법상 횡단보도가 없는 도로에서 보행자의 가장 올바른 횡단방법은?

① 통과차량 바로 뒤로 횡단한다.
② 차량통행이 없을 때 빠르게 횡단한다.
③ 횡단보도가 없는 곳이므로 아무 곳이나 횡단한다.
④ 도로에서 가장 짧은 거리로 횡단한다.

보행자는 횡단보도가 없을 경우 가장 짧은 거리로 횡단하여야 한다.

2점 [난이도 : 中]

06 다음 안전표지가 의미하는 것은?

① 좌측방 통행　② 우합류 도로
③ 도로폭 좁아짐　④ 우측차로 없어짐

2점 [난이도 : 下]

07 다음 중 운전자 등이 차량 승하차 시 주의사항으로 맞는 것은?

① 타고 내릴 때는 뒤에서 오는 차량이 있는지를 확인한다.
② 문을 열 때는 완전히 열고나서 곧바로 내린다.
③ 뒷좌석 승차자가 하차할 때 운전자는 전방을 주시해야 한다.
④ 운전석을 일시적으로 떠날 때에는 시동을 끄지 않아도 된다.

3점 [난이도 : 中]

08 다음 상황에서 가장 안전한 운전방법 2가지는?

도로상황
- 편도 4차로 도로
- 전방 차량신호등 녹색 및 좌회전 등화
- 우회전 전용차로 진행 중
- 우회전 삼색등 적색등화

① 우회전 차로를 진행하던 중 직진하려는 경우 백색실선 구간에서 차로를 변경할 수 있다.
② 우회전 삼색등이 적색등화라도 횡단보도를 횡단하는 보행자가 없으면 우회전할 수 있다.
③ 우회전 삼색등이 적색등화이므로 정지해야 하며 녹색등화로 바뀐 후 우회전할 수 있다.
④ 직진차로 진행 중 녹색등화인 경우라도 보행자가 있을 수 있으므로 안전을 확인하며 우회전한다.
⑤ 우회전 삼색등이 녹색등화인 경우라도 보행자가 있을 수 있으므로 안전을 확인하며 우회전한다.

3점 [난이도 : 下]

09 다음 도로 상황에서 가장 위험한 요인 2가지는?

도로상황
- + 형 교차로
- 1차로(좌회전 및 유턴), 2차로(직진), 3차로(직진·우회전)
- 3차로를 시속 55킬로미터로 직진 주행 중
- 교차로 진입 직후에 좌회전 신호로 바뀜

① 진행 방향 1차로에서 신속하게 좌회전하는 차와 충돌할 수 있다.
② 오른쪽 도로에서 우회전하는 차와 충돌할 수 있다.
③ 반대편 도로에서 우회전하는 차와 충돌할 수 있다.
④ 반대편 도로에서 유턴하는 차와 충돌할 수 있다.
⑤ 진행 방향 3차로 뒤쪽에서 우회전하려는 차와 충돌할 수 있다.

3점 [난이도 : 下]

10 운전자의 준수 사항에 대한 설명으로 맞는 2가지는?

① 승객이 문을 열고 내릴 때에는 승객에게 안전 책임이 있다.
② 물건 등을 사기 위해 일시 정차하는 경우에도 시동을 끈다.
③ 운전자는 차의 시동을 끄고 안전을 확인한 후 차의 문을 열고 내려야 한다.
④ 주차 구역이 아닌 경우에는 누구라도 즉시 이동이 가능하도록 조치해 둔다.

승객이 문을 여닫을 때에도 반드시 확인하며, 주차구역이 아니면 주차를 하지 말고, 주정차시 차를 누구나 이동할 수 있도록 해야 한다.

정답 01 ③　02 ③　03 ④　04 ②,⑤　05 ④　06 ④　07 ①　08 ③,⑤　09 ②,④　10 ②,③

2점 [난이도 : 下]

11 도로교통법상 올바른 운전방법으로 연결된 것은?

① 학교 앞 보행로 - 어린이에게 차량이 지나감을 알릴 수 있도록 경음기를 울리며 지나간다.
② 철길 건널목 - 차단기가 내려가려고 하는 경우 신속히 통과한다.
③ 신호 없는 교차로 - 우회전을 하는 경우 미리 도로의 우측 가장자리를 서행 하면서 우회전한다.
④ 야간 운전 시 - 야간에 차가 마주 보고 진행하는 경우 반대편 차량의 운전자가 주의할 수 있도록 전조등을 상향으로 조정한다.

학교 앞 보행로에서 어린이가 지나갈 경우 일시정지해야 하며, 철길 건널목에서 차단기가 내려가려는 경우 진입하면 안 된다. 또한 야간 운전 시에는 반대편 차량의 주행에 방해가 되지 않도록 전조등을 하향으로 조정해야 한다.

2점 [난이도 : 中]

12 다음 안전표지가 의미하는 것은?

① 중앙분리대 시작 ② 양측방 통행
③ 중앙분리대 끝남 ④ 노상 장애물 있음

2점 [난이도 : 下]

13 앞지르기에 대한 내용으로 올바른 것은?

① 터널 안에서는 주간에는 앞지르기가 가능하지만 야간에는 앞지르기가 금지된다.
② 앞지르기할 때에는 전조등을 켜고 경음기를 울리면서 좌측이나 우측 관계없이 할 수 있다.
③ 다리 위나 교차로는 앞지르기가 금지된 장소이므로 앞지르기를 할 수 없다.
④ 앞차의 우측에 다른 차가 나란히 가고 있을 때에는 앞지르기를 할 수 없다.

① 앞지르기가 금지된 장소 : 다리 위, 교차로, 터널 안 등
② 앞지르기 방법 : 방향지시기·등화 또는 경음기를 사용하며 좌측으로 행한다.
④ 앞차의 좌측에 다른 차가 앞차와 나란히 가고 있는 경우에는 앞차를 앞지르지 못한다.

3점 [난이도 : 下]

14 다음 상황에서 우회전하려는 경우 가장 안전한 운전방법 2가지는?

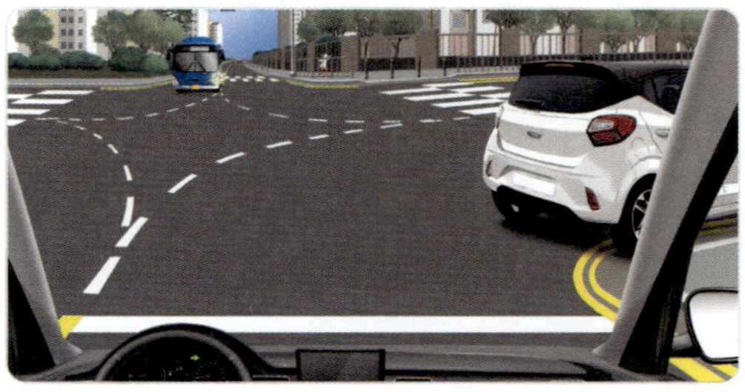

도로상황
- 편도 1차로
- 불법주차된 차들

① 오른쪽 시야확보가 어려우므로 정지한 후 우회전 한다.
② 횡단보도 위에 보행자가 없으므로 그대로 신속하게 통과한다.
③ 반대방향 자동차 진행에 방해되지 않게 정지선 전에서 정지한다.
④ 먼저 교차로에 진입한 상태이므로 그대로 진행한다.
⑤ 보행자가 횡단보도에 진입하지 못하도록 경음기를 울린다.

반대차로의 좌회전하려는 버스와 오른쪽의 횡단보도를 향해 달려가는 어린이를 확인할 수 있다. 또한 오른쪽에 불법주차된 차들로 인해 횡단보도가 가려지는 사각지대에 존재할 수 있는 보행자를 예측하여 정지한 후 주의를 살핀 후 우회전해야 한다.

2점 [난이도 : 下]

15 다음 중 운전자의 올바른 마음가짐으로 가장 바람직하지 않은 것은?

① 교통상황은 변경되지 않으므로 사전운행 계획을 세울 필요는 없다.
② 차량용 소화기를 차량 내부에 비치하여 화재발생에 대비한다.
③ 차량 내부에 휴대용 라이터 등 인화성 물건을 두지 않는다.
④ 초보운전자에게 배려운전을 한다.

석유 및 석유대체연료 사업법 시행령 별표6 과태료 시행기준 가짜 석유제품임을 알면서 차량연료로 사용할 경우 사용량에 따라 2백만원에서 2천만원까지 과태료가 부과될 수 있다.

2점 [난이도 : 中]

16 고속도로 운전 중 교통사고 발생 현장에서의 운전자 대응방법으로 바르지 않는 것은?

① 동승자의 부상정도에 따라 응급조치한다.
② 비상표시등을 켜는 등 후행 운전자에게 위험을 알린다.
③ 사고차량 후미에서 경찰공무원이 도착할 때까지 교통정리를 한다.
④ 2차사고 예방을 위해 안전한 곳으로 이동한다.

사고차량 뒤쪽은 2차 사고의 위험이 있으므로 안전한 장소로 이동하는 것이 바람직하다.

3점 [난이도 : 下]

17 교통사고 현장에서 증거확보를 위한 사진 촬영 방법으로 맞는 2가지는?

① 블랙박스 영상이 촬영되는 경우 추가하여 사진 촬영할 필요가 없다.
② 도로에 엔진오일, 냉각수 등의 흔적은 오랫동안 지속되므로 촬영하지 않아도 된다.
③ 파편물, 자동차와 도로의 파손부위 등 동일한 대상에 대해 근접촬영과 원거리 촬영을 같이 한다.
④ 차량 바퀴의 진행방향을 스프레이 등으로 표시하거나 촬영을 해 둔다.

3점 [난이도 : 中]

18 다음 상황에서 교통안전표지에 대한 설명 중 가장 바르게 된 것 2가지는?

도로상황
- 우측 자동차 전용도로 입구
- 편도 4차로 도로
- 우회전 전용차로 있음
- 전방 차량신호등 녹색등화

① 자동차 전용도로 표지는 자동차를 이용하는 경우 외에는 진입하면 안 된다는 의미이다.
② 비보호 좌회전 표지가 있으므로 차량신호등 등화와 관계없이 안전하게 좌회전 할 수 있다.
③ 우측의 황색복선은 잠시 주차하는 것은 가능하다는 표시이다.
④ 전방 우측의 자동차를 표현한 파란색 표지판은 교통안전표지 중 지시표지이다.
⑤ 교차로 정지선 이전의 백색실선은 전방에 교차로가 있다는 것을 알려주는 표시이다.

3점 [난이도 : 上]

19 어린이 보호구역에 대한 설명으로 맞는 2가지는?

① 어린이 보호구역은 초등학교 주출입문 100미터 이내의 도로 중 일정 구간을 말한다.
② 어린이 보호구역 안에서 오전 8시부터 오후 8시까지 주·정차 위반한 경우 범칙금이 가중된다.
③ 어린이 보호구역 내 설치된 신호기의 보행 시간은 어린이 최고 보행 속도를 기준으로 한다.
④ 어린이 보호구역 안에서 오전 8시부터 오후 8시까지 보행자보호 불이행하면 벌점이 2배된다.

어린이 보호구역은 초등학교 주출입문 300미터 이내의 도로 중 일정 구간을 말하며 어린이 보호구역 내 설치된 신호기의 보행 시간은 어린이 평균 보행 속도를 기준으로 한다.

3점 [난이도 : 中]

20 다음 상황에서 알 수 있는 정보와 이에 대한 해석을 연결한 것으로 바르지 않은 것 2가지는?

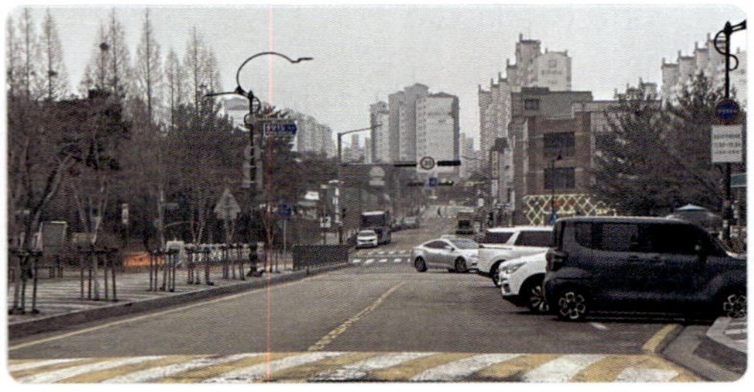

도로상황
- 도로 우측에는 주차 차량
- 현재 시각 16:00

① 도로 우측 주차된 자동차 – 주차위반에 해당한다.
② 횡단보도예고표시 – 전방에 곧 횡단보도가 나타난다.
③ 차도 우측 황색실선 – 주차는 금지되나 정차는 허용된다.
④ 보도 – 자전거 운전자는 보도로 통행해야 한다.
⑤ 과속방지턱 – 감속운전하는 것이 바람직하다.

③ 황색실선 – 주정차 금지
④ 보도 – 자전거 운전자는 자전거에 탑승하여 통행해서는 안된다.

정답 11 ③ 12 ① 13 ③ 14 ①,③ 15 ① 16 ③ 17 ③,④ 18 ①,④ 19 ②,④ 20 ③,④

2점 [난이도 : 下]

21 다음 중 보복운전을 당했을 때 신고하는 방법으로 가장 적절하지 않은 것은?

① 120에 신고한다.
② 112에 신고한다.
③ 스마트폰 '안전신문고'에 신고한다.
④ 사이버 경찰청에 신고한다.

보복운전을 당했을 때 112, 경찰청 및 시·도경찰청 홈페이지, 안전신문고 등에 신고하면 된다.

2점 [난이도 : 下]

22 다음 중 운전자의 올바른 마음가짐으로 가장 적절하지 않은 것은?

① 정속주행 등 올바른 운전습관을 가지려는 마음
② 정체되는 도로에서 갓길(길가장자리)로 통행하려는 마음
③ 교통법규는 서로간의 약속이라고 생각하는 마음
④ 자동차의 빠른 소통보다는 보행자를 우선으로 생각하는 마음

정체되어 있다 하더라도 갓길(길가장자리)을 통행하는 것은 잘못된 운전태도이다.

3점 [난이도 : 下]

23 혼잡한 교차로에서 직진할 때 가장 안전한 운전방법 2가지는?

도로상황
- 편도 1차로 좌로 굽은 내리막 도로
- 우측 아파트 진출입로
- 신호기 없는 삼거리 교차로

① 진행하는 방향의 전방에 차량이 없으므로 빠르게 진행한다.
② 좌로 굽은 내리막 도로는 전방 상황을 확인하기 어렵기 때문에 미리 속도를 줄여 교차로에 진입한다.
③ 아파트에서 도로로 나오는 차량이 있을 수 있으므로 미리 대비하며 주행한다.
④ 맞은편 차량이 좌회전하려는 경우 직진 차량이 무조건 우선이므로 경음기를 울려 경고하며 진행한다.
⑤ 아파트 진출입로의 경우 보행자의 통행이 잦은 곳이긴 하나 시야에 보이지 않으므로 경음기를 울리고 속도를 높여 신속히 주행한다.

3점 [난이도 : 中]

24 왼쪽차로(1차로)에서 직진하며 교차로에 접근하고 있는 상황이다. 안전한 운전방법 2가지는?

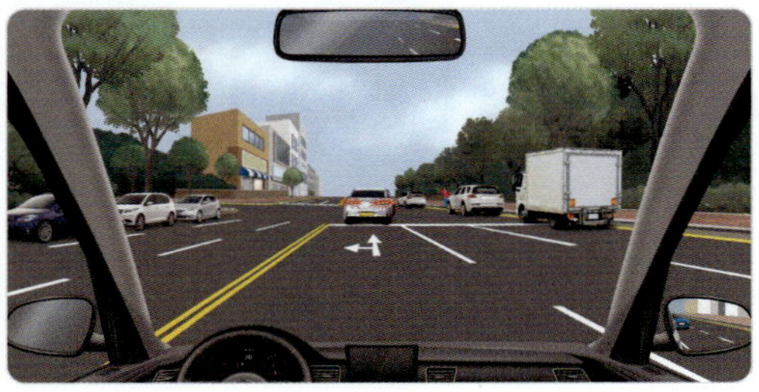

도로상황
- 교통정리가 없는 교차로
- 양방향 주차된 차들
- 오른쪽 후사경에 접근 중인 승용차

① 반대쪽 방향에 차가 없으므로 왼쪽으로 앞지르기하여 통과한다.
② 감속하며 1차로 택시와 안전한 거리를 두고 접근한다.
③ 경음기를 사용하여 택시를 멈추게 하고 택시의 오른쪽으로 빠르게 통행한다.
④ 3차로로 연속 진로변경하여 정차한다.
⑤ 2차로로 진로변경하는 경우 택시와 보행자에 접근 시 감속한다.

앞의 택시가 손들고 있는 승객을 태우기 위해 3차로로 차로변경할 가능성이 크므로 안전거리를 두고 접근해야 하며, 2차로로 진로변경할 때 감속해야 한다.

2점 [난이도 : 下]

25 다음 중 교통법규 위반으로 교통사고가 발생하였다면 그 내용에 따라 운전자 책임으로 가장 거리가 먼 것은?

① 형사책임　　② 행정책임
③ 민사책임　　④ 공고책임

벌금 부과 등 형사책임, 벌점에 따른 행정책임, 손해배상에 따른 민사책임이 따른다.

2점 [난이도 : 中]

26 편도 2차로 고속도로에서 1차로가 차량 통행량 증가 등으로 인하여 부득이하게 시속(　)킬로미터 미만으로 통행할 수밖에 없는 경우에는 앞지르기를 하는 경우가 아니더라도 통행할 수 있다. (　) 안에 기준으로 맞는 것은?

① 80　　② 90　　③ 100　　④ 110

3점 [난이도 : 中]

27 직진으로 통행하는 중이다. 안전한 운전방법 2가지는?

도로상황
- 도로유지 보수하고 있는 상황
- 흰색 자동차는 오른쪽에서 왼쪽으로 진행 중

① 흰색 자동차가 진입하지 못하도록 가속하여 통행한다.
② 흰색 자동차가 직진할 수 있으므로 서행하며 주의를 살핀다.
③ 도로유지 보수 중에 좌측을 통행할 수 있으므로 그대로 통행한다.
④ 흰색 승용차가 멈출 것이라 예측하고 반대방향 차에 주의하며 통행한다.
⑤ 반대방향 빨강색 승용차가 좌회전차로로 진입할 수 있으므로 필요한 경우 정차하여 상황을 살핀다.

도로유지 보수 공사로 인해 우측통행이 불가능 한 경우, 도로교통법에 따라 좌측을 통행할 수 있다. 이때 반대방향에서 진행하는 자동차에는 현저한 주의가 필요하다. 그림의 반대방향 빨간 승용차가 좌회전하려는 경우 충돌가능성이 높기 때문에 필요하다면 정지하여야 한다.
또 제시된 상황에서 흰색 승용차가 정차·우회전 또는 직진(중앙선 침범) 및 좌회전(중앙선 침범) 행동들 중 한 가지를 할 수 있으므로 정차하며 상황을 살펴야 한다.

2점 [난이도 : 下]

28 승용자동차에 영유아와 동승하는 경우 운전자의 행동으로 가장 올바른 것은?

① 운전석 옆좌석에 성인이 영유아를 안고 좌석안전띠를 착용한다.
② 운전석 뒷좌석에 영유아가 착석한 경우 유아보호용 장구 없이 좌석안전띠를 착용하여도 된다.
③ 운전 중 영유아가 보채는 경우 이를 달래기 위해 운전석에서 영유아와 함께 좌석안전띠를 착용한다.
④ 영유아가 탑승하는 경우 도로를 불문하고 유아보호용 장구를 장착한 후에좌석안전띠를 착용시킨다.

승용차에 영유아를 탑승시킬 때 운전석 뒷좌석에 유아보호용 장구를 장착 후 좌석안전띠를 착용시키는 것이 안전하다.

2점 [난이도 : 中]

29 다음 안전표지가 있는 도로에서 올바른 운전방법은?

① 눈길인 경우 고단 변속기를 사용한다.
② 눈길인 경우 가급적 중간에 정지하지 않는다.
③ 평지에서 보다 고단 변속기를 사용한다.
④ 짐이 많은 차를 가까이 따라간다.

오르막경사가 있음을 알리는 표지이다. 경사를 오르는 힘을 필요하므로 저단 변속기를 사용하며, 미끄럼 방지를 위해 중간에 정지하지 않는다.

2점 [난이도 : 中]

30 양보 운전에 대한 설명 중 맞는 것은?

① 계속하여 느린 속도로 운행 중일 때에는 도로 좌측 가장자리로 피하여 진로를 양보한다.
② 긴급자동차가 뒤따라올 때에는 신속하게 진행한다.
③ 교차로에서는 우선순위에 상관없이 다른 차량에 양보하여야 한다.
④ 양보 표지가 설치된 도로의 주행 차량은 다른 도로의 주행 차량에 진로를 양보하여야 한다.

긴급자동차가 뒤따라 오는 경우에도 진로를 양보하여야 한다. 양보 표지가 설치된 도로의 차량은 다른 차량에게 진로를 양보하여야 한다.

정답 21 ① 22 ② 23 ②,③ 24 ②,⑤ 25 ④ 26 ① 27 ②,⑤ 28 ④ 29 ② 30 ④

2점 [난이도 : 下]

31 가짜 석유를 주유했을 때 자동차에 발생할 수 있는 문제점이 아닌 것은?

① 연료 공급장치 부식 및 파손으로 인한 엔진 소음 증가
② 연료를 분사하는 인젝터 파손으로 인한 출력 및 연비 감소
③ 윤활성 상승으로 인한 엔진 마찰력 감소로 출력 저하
④ 연료를 공급하는 연료 고압 펌프 파손으로 시동 꺼짐

가짜석유를 자동차 연료로 사용하였을 경우, 윤활성 저하로 인한 마찰력 증가로 연료 고압 펌프 및 인젝터 파손이 발생할 수 있다.

2점 [난이도 : 中]

32 다음 안전표지가 의미하는 것은?

① 자전거 통행이 많은 지점
② 자전거 횡단도
③ 자전거 주차장
④ 자전거 전용도로

3점 [난이도 : 中]

33 도심지 이면 도로를 주행하는 상황에서 가장 안전한 운전방법 2가지는?

도로상황
- 어린이들이 도로를 횡단하려는 중
- 자전거 운전자는 애완견과 산책 중

① 자전거와 산책하는 애완견이 갑자기 도로 중앙으로 나올 수 있으므로 주의한다.
② 경음기를 사용해서 내 차의 진행을 알리고 자전거에게 양보하도록 한다.
③ 어린이가 갑자기 도로 중앙으로 나올 수 있으므로 속도를 줄인다.
④ 속도를 높여 자전거를 피해 신속히 통과한다.
⑤ 전조등 불빛을 번쩍이면서 마주 오는 차에 주의를 준다.

2점 [난이도 : 下]

34 교통약자의 이동편의 증진법에 따른 '교통약자'에 해당되지 않는 사람은?

① 고령자
② 임산부
③ 영유아를 동반한 사람
④ 반려동물을 동반한 사람

교통약자의 이동편의 증진법 제2조 '교통약자'란 장애인, 고령자, 임산부, 영·유아를 동반한 사람, 어린이 등 일상생활에서 이동에 불편함을 느끼는 사람을 말한다.

3점 [난이도 : 中]

35 다음 상황에서 가장 안전한 운전방법 2가지는?

도로상황
- 지하주차장
- 지하주차장에 보행중인 보행자

① 주차된 차량사이에서 보행자가 나타날 수 있기 때문에 서행으로 운전한다.
② 주차중인 차량이 갑자기 출발할 수 있으므로 주의하며 운전한다.
③ 지하주차장 노면표시는 반드시 지키며 운전할 필요가 없다.
④ 내 차량을 주차할 수 있는 주차구역만 살펴보며 운전한다.
⑤ 지하주차장 기둥은 운전시야를 방해하는 시설물이므로 경음기를 계속 울리면서 운전한다.

위험예측은 결국 잠재된 위험을 예측하고 대비하는 것이다. 지하주차장에서의 위험은 도로와 다른 또 다른 위험이 존재할 수 있으니 각별히 주의하며 운전해야 한다.

2점 [난이도 : 中]

36 교통약자의 이동편의 증진법에 따른 교통약자를 위한 '보행안전 시설물'로 보기 어려운 것은?

① 속도저감 시설
② 자전거 전용도로
③ 대중 교통정보 알림 시설 등 교통안내 시설
④ 보행자 우선 통행을 위한 교통신호기

3점 [난이도 : 中]

37 다음 상황에서 잘못된 운전방법 2가지는?

도로상황
- 편도 2차로 도로
- 가로형 삼색 차량신호등 적색 등화

① 직진하려면 정지선의 직전에 정지한다.
② 유턴하려면 전방에 차가 없는 경우 안전하게 2차로에서 교차로를 통해 유턴한다.
③ 탑승자를 하차시키려면 횡단보도 앞에 잠시 정차한다.
④ 우회전하려면 정지선의 직전에 일시정지한 후 서행하며 우회전한다.
⑤ 횡단보도를 이용하는 경우 자전거에서 내려 끌고 간다.

② 유턴을 허용하는 표시가 없다면 유턴은 원칙적으로 허용되지 않는다.
③ 횡단보도 5m 구간은 주정차 금지장소이다.

2점 [난이도 : 中]

38 다음 안전표지가 뜻하는 것은?

① 편도 2차로의 터널 ② 연속 과속방지턱
③ 노면이 고르지 못함 ④ 굴곡이 있는 잠수교

노면이 고르지 못함을 알리는 것

3점 [난이도 : 中]

39 다음 상황에 대한 설명 중 옳은 것 2가지는?

도로상황
- 자율주행시스템 미장착 차량

① 서행 중에는 운전자가 휴대전화를 사용할 수 있다.
② 정차 중에는 운전자가 휴대전화를 사용할 수 있다.
③ 서행 중에는 휴대전화는 사용할 수 없지만 영상표시장치는 조작해도 된다.
④ 시내도로에서 운전자는 안전띠를 매어야 할 의무가 있다.
⑤ 시내도로에서 동승자는 안전띠를 매어야 할 의무가 없다.

② 정차 이외의 주행 중 휴대전화, 네비게이션(영상표시장치)을 사용해서는 안된다.
④ 모든 도로에서는 운전자, 동승자 모두 안전띠를 매어야 할 의무가 있다.

5점 [난이도 : 中]

40 다음 영상에서 예측되는 가장 위험한 상황은?

※ 동영상 시청 : 스마트폰으로 옆 QR 코드로 검색하면 동영상 문제를 볼 수 있습니다. (카페의 동영상 문제 3번)

① 좌회전할 때 왼쪽 차도에서 우회전하는 차와 충돌 가능성
② 좌회전 할 때 맞은편에서 직진하려는 차와 충돌 가능성
③ 횡단보도를 횡단하는 보행자와 충돌 가능성
④ 오른쪽에 직진하는 검은색 승용차와 접촉사고 가능성

교차로에서 녹색등화에 비보호 좌회전을 하려는 상황에서 좌회전 시 만나는 좌측 횡단보도의 신호등이 녹색이 점등되었으므로 보행자 보호를 위해 횡단보도 진입 전에 반드시 정지해야 한다.

정답 31 ③ 32 ① 33 ①,③ 34 ④ 35 ①,② 36 ② 37 ②,③ 38 ③ 39 ②,④ 40 ③

Round 04 | 도로교통공단 운전면허학과시험 문제은행 |

실전출제문제

②점 [난이도 : 下]

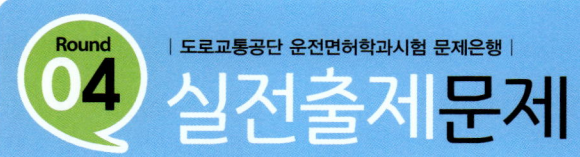

01 다음 중 도로교통법상 횡단보도를 횡단하는 방법에 대한 설명으로 옳지 않은 것은?

① 개인형 이동장치를 끌고 횡단할 수 있다.
② 보행보조용 의자차를 타고 횡단할 수 있다.
③ 자전거를 타고 횡단할 수 있다.
④ 유모차를 끌고 횡단할 수 있다.

횡단보도를 횡단할 때 자전거를 타고 횡단해서는 안되며, 자전거를 끌고 횡단해야 한다.

②점 [난이도 : 下]

02 도로교통법상 ( )의 운전자는 도로에서 2명 이상이 공동으로 2대 이상의 자동차등을 정당한 사유 없이 앞뒤로 줄지어 통행하면서 교통상의 위험을 발생하게 하여서는 아니된다. 이를 위반한 경우 ( )으로 처벌될 수 있다. ( )안에 각각 바르게 짝지어진 것은?

① 전동이륜평행차, 1년 이하의 징역 또는 500만원 이하의 벌금
② 이륜자동차, 6개월 이하의 징역 또는 300만원 이하의 벌금
③ 특수자동차, 1년 이하의 징역 또는 500만원 이하의 벌금
④ 원동기장치자전거, 6개월 이하의 징역 또는 300만원 이하의 벌금

도로에서 2명 이상이 공동으로 2대 이상의 자동차등을 정당한 사유 없이 앞뒤로 또는 좌우로 줄지어 통행하면서 다른 사람에게 위해를 끼치거나 교통상의 위험을 발생하게 하여서는 아니 된다. 또한 1년 이하의 징역 또는 500만원 이하의 벌금으로 처벌될 수 있다. 전동이륜평행차는 개인형 이동장치로서 위에 본 조항 적용이 없다.

③점 [난이도 : 中]

03 공동주택 주차장에서 좌회전 하려는 중이다. 대비해야 할 위험 요소와 거리가 먼 2가지는?

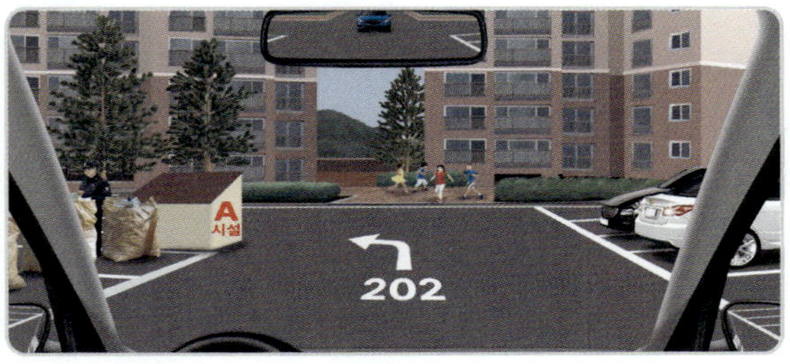

도로상황
- 왼쪽에서 재활용품 정리를 하는 사람
- 오른쪽 흰색자동차에 켜져 있는 흰색등화
- 실내후사경에 확인되는 자동차

① 공작물에 가려져 확인되지 않는 A 지역
② 후진하려는 흰색 자동차
③ 재활용수거용 마대와 충돌할 가능성
④ 놀이하고 있는 어린이의 차도 진입
⑤ 뒤쪽 자동차와의 충돌 가능성

전방의 후진하려는 흰색 차량과 어린이들, A시설 뒤의 사람이나 이륜차와의 충돌을 예상할 수 있다.

②점 [난이도 : 下]

04 다음 안전표지가 있는 도로에서의 안전운전 방법은?

① 신호기의 진행신호가 있을 때 서서히 진입 통과한다.
② 차단기가 내려가고 있을 때 신속히 진입 통과한다.
③ 철도건널목 진입 전에 경보기가 울리면 가속하여 통과한다.
④ 차단기가 올라가고 있을 때 기어를 자주 바꿔가며 통과한다.

②점 [난이도 : 下]

05 고속도로 진입 방법으로 옳은 것은?

① 반드시 일시정지하여 교통 흐름을 살핀 후 신속하게 진입한다.
② 진입 전 일시정지하여 주행 중인 차량이 있을 때 급진입한다.
③ 진입할 공간이 부족하더라도 뒤차를 생각하여 무리하게 진입한다.
④ 가속 차로를 이용하여 일정 속도를 유지하면서 충분한 공간을 확보한 후 진입한다.

②점 [난이도 : 上]

06 다음 중 도로교통법상 편도 3차로 고속도로에서 2차로를 이용하여 주행할 수 있는 자동차는?

① 화물자동차
② 특수자동차
③ 건설기계
④ 소·중형승합자동차

편도 3차로 고속도로에서 2차로는 왼쪽차로에 해당하므로 통행할 수 있는 차종은 승용자동차 및 경형·소형·중형 승합자동차이다.

③점 [난이도 : 中]

07 다음 상황에서 운전자별 잘못된 운전방법 2가지는?

도로상황
- 정체중인 도로
- 중앙버스전용차로가 설치된 도로

① 자전거 운전자 – 차도의 가장 우측으로 다른 차량들을 앞지르기 할 수 있다.
② 전동킥보드 운전자 – 운전자와 동승자 모두 안전모를 착용하여야 운행할 수 있다.
③ 이륜차 운전자 – 정체를 피해 중앙버스전용차로로 운전할 수 있다.
④ 승용차 운전자 – 정체 상황에 따른 추돌에 주의하며 운전한다.
⑤ 버스 운전자 – 전용차로가 아닌 차로로 운전 중일 때에는 중앙버스신호등이 아닌 차량신호등의 신호에 따라야 한다.

② 전동킥보드의 승차정원이 1인이며, 운행 시 안전모를 착용해야 한다.
③ 시내 중앙버스전용차는 버스만 통행할 수 있다.

②점 [난이도 : 下]

08 고속도로 본선 우측 차로에 서행하는 A차량이 있다. 이 때 B차량의 안전한 본선 진입 방법으로 가장 알맞는 것은?

① 서서히 속도를 높여 진입하되 A차량이 지나간 후 진입한다.
② 가속하여 비어있는 갓길을 이용하여 진입한다.
③ 가속 차로 끝에서 정차하였다가 A차량이 지나가고 난 후 진입한다.
④ 가속 차로에서 A차량과 동일한 속도로 계속 주행한다.

고속도로의 본선 진입 시 고속도로를 통행하고 있는 다른 자동차의 통행을 방해하여서는 아니된다.

②점 [난이도 : 下]

09 다음 안전표지가 뜻하는 것은?

① 우선도로에서 우선도로가 아닌 도로와 교차함을 알리는 표지이다.
② 일방통행 교차로를 나타내는 표지이다.
③ 동일방향통행도로에서 양측방으로 통행하여야 할 지점이 있음을 알리는 표지이다.
④ 2방향 통행이 실시됨을 알리는 표지이다.

우선도로에서 우선도로가 아닌 도로와 교차함을 알리는 것

②점 [난이도 : 中]

10 도로교통법상 신호등이 없고 좌·우를 확인할 수 없는 교차로에 진입 시 가장 안전한 운행 방법은?

① 주변 상황에 따라 서행으로 안전을 확인한 다음 통과한다.
② 경음기를 울리고 전조등을 점멸을 하면서 진입한 다음 서행하며 통과한다.
③ 반드시 일시정지 후 안전을 확인한 다음 우선순위에 따라 통과한다.
④ 먼저 진입하면 최우선이므로 주변을 살피면서 신속하게 통과한다.

신호등이 없는 교차로는 서행이 원칙이나 교통이 빈번할 경우 일시정지하여 안전을 확인한 다음 '먼저 진입한 차 → 넓은 도로의 차 → 우측 도로의 차' 순서로 통과해야 한다.

정답 01 ③ 02 ③ 03 ③,⑤ 04 ① 05 ④ 06 ④ 07 ②,③ 08 ① 09 ① 10 ③

2점 [난이도 : 下]

11 어린이가 보호자 없이 도로를 횡단할 때 운전자의 올바른 운전행위로 가장 바람직한 것은?

① 반복적으로 경음기를 울려 어린이가 빨리 횡단하도록 한다.
② 서행하여 도로를 횡단하는 어린이의 안전을 확보한다.
③ 일시정지하여 도로를 횡단하는 어린이의 안전을 확보한다.
④ 빠르게 지나가서 도로를 횡단하는 어린이의 안전을 확보한다.

2점 [난이도 : 中]

12 교차로에서 좌회전 할 때 가장 위험한 요인은?

① 우측 도로의 횡단보도를 횡단하는 보행자
② 우측 차로 후방에서 달려오는 오토바이
③ 좌측도로에서 우회전하는 승용차
④ 반대편 도로에서 우회전하는 자전거

3점 [난이도 : 中]

13 교차로 접근하고 있으며 우회전하려는 상황이다. 가장 안전한 통행방법 2가지는?

도로상황
- 오른쪽에서 왼쪽으로 통행 중인 승용차
- 반대방면에서 직진하고 있는 자동차
- 적색점멸이 등화된 신호등

① 어린이가 왼쪽으로 횡단하고 있으므로 우측공간을 이용하여 그대로 진입하여 우회전한다.
② 반대방면에서 진입해 오는 자동차가 좌회전하려는 지를 살핀다.
③ 횡단보도 직전 정지선에서 정지하여 어린이가 횡단을 완료할 때까지 대기한다.
④ 반대방면 승용차보다 교차로에 선진입하기 위해 가속하여 정지선을 통과한다.
⑤ 신호에 따라 주의하여 서행으로 진입하고 우회전한다.

2점 [난이도 : 下]

14 도로교통법에 따라 개인형 이동장치를 운전하는 사람의 자세로 가장 알맞은 것은?

① 보도를 통행하는 경우 보행자를 피해서 운전한다.
② 술을 마시고 운전하는 경우 특별히 주의하며 운전한다.
③ 횡단보도와 자전거횡단도가 있는 경우 자전거횡단도를 이용하여 운전한다.
④ 횡단보도를 횡단하는 경우 횡단보도를 이용하는 보행자를 피해서 운전한다.

자전거등(자전거와 개인형 이동장치)를 타고 자전거횡단도가 따로 있는 도로를 횡단할 때에는 자전거횡단도를 이용해야 한다.

3점 [난이도 : 中]

15 다음 상황에서 가장 안전한 운전방법 2가지는?

도로상황
- 주택가 오르막 골목길

① 주차된 차량 뒤편에서 보행자가 나타날 수 있다는 점을 유념하면서 운전한다.
② 우측에 있는 보행자와 거리를 두고 일시정지 하거나 서행하여 지나간다.
③ 눈이 쌓여 도로가 미끄러우므로 속도를 높여 빠르게 진행한다.
④ 눈이 쌓인 도로에서는 최고속도의 20 퍼센트를 가속한다.
⑤ 보행자의 돌발행동을 방지하기 위하여 경음기를 계속 울리며 주행한다.

3점 [난이도 : 上]

16 자동차에 승차하기 전 주변점검 사항으로 맞는 2가지는?

① 타이어 마모상태 ② 전·후방 장애물 유무
③ 운전석 계기판 정상작동 여부 ④ 브레이크 페달 정상작동 여부

운전석 계기판 및 브레이크 페달 정상작동 여부는 승차 후 운전석에서의 점검사항이다.

2점 [난이도 : 中]

17 다음 안전표지에 대한 설명으로 바르지 않은 것은?

① 국토의 계획 및 이용에 관한 법률에 따른 주거지역에 설치한다.
② 도시부 도로임을 알리는 것으로 시작지점과 그 밖의 필요한 구간에 설치한다.
③ 국토의 계획 및 이용에 관한 법률에 따른 계획관리구역에 설치한다.
④ 국토의 계획 및 이용에 관한 법률에 따른 공업지역에 설치한다.

3점 [난이도 : 中]

18 T자형 교차로에서 좌회전을 하려는 상황이다. 가장 안전한 운전방법 2가지는?

도로상황
- 좌회전하려는 상황
- 앞쪽 횡단보도는 신호등이 없음

① 좌회전 신호에 따라 신속하게 좌회전한다.
② 횡단보도 정지선 전에서 정지한다.
③ 서행으로 횡단보도에 진입한 후 왼쪽 차에 주의하며 좌회전한다.
④ 오른쪽 사람과 옆으로 안전한 거리를 두고 좌회전한다.
⑤ 횡단보도를 이용하는 보행자와 자전거가 횡단을 완료할 때까지 기다린다.

횡단보도를 통과할 경우 항상 일시정지하는 습관이 필요하다.

2점 [난이도 : 上]

19 자동차를 안전하고 편리하게 주행할 수 있도록 보조해 주는 기능에 대한 설명으로 잘못된 것은?

① LFA(Lane Following Assist)는 "차로유지보조"기능으로 자동차가 차로 중앙을 유지하며 주행할 수 있도록 보조해 주는 기능이다.
② ASCC(Adaptive Smart Crusise Control)는 "차간거리 및 속도유지" 기능으로 운전자가 설정한 속도로 주행하면서 앞차와의 거리를 유지하여 스스로 가·감속을 해주는 기능이다.
③ ABSD(Active Blind Spot Detection)는 "사각지대감지"기능으로 사각지대의 충돌 위험을 감지해 안전한 차로 변경을 돕는 기능이다.
④ AEB(Autonomous Emergency Braking)는 "자동긴급제동"기능으로 브레이크 제동 시 타이어가 잠기는 것을 방지하여 제동거리를 줄여주는 기능이다.

④는 눈길에서 브레이크를 밟았을 때 미끄러지는 상황에 동작되는 ABS에 대한 설명이다.
※ AEB : 차량에 장착된 레이더 또는 카메라, 라이다에 의해 선행 차량과의 거리를 감지하여 충돌을 방지하는 기능이다.

3점 [난이도 : 中]

20 다음 상황에서 가장 안전한 운전방법 2가지는?

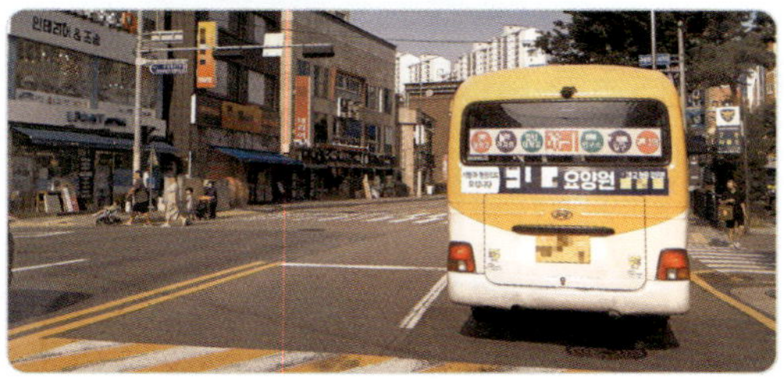

도로상황
- 편도 2차로 도로
- 전방에 마을버스 정차 중
- 2차로를 진행 중

① 버스 후방에서 경음기를 계속 울려 진행을 재촉한다.
② 주위 상황을 확인 후 1차로로 차로변경 한다.
③ 비상점멸등을 켜고 속도를 높여 1차로로 차로변경 한다.
④ 1차로로 차로변경 하려는 경우 버스 앞에서 나타나는 보행자는 주의할 필요가 없다.
⑤ 1차로 후방에 차량이 있으면 무리해서 차로변경하지 않고 버스 뒤에 대기한다.

2점 [난이도 : 下]

21 안전속도 5030 교통안전정책에 관한 내용으로 옳은 것은?

① 자동차 전용도로 매시 50킬로미터 이내, 도시부 주거지역 이면도로 매시 30킬로미터
② 도시부 지역 일반도로 매시 50킬로미터 이내, 도시부 주거지역 이면도로 매시 30킬로미터 이내
③ 자동차 전용도로 매시 50킬로미터 이내, 어린이 보호구역 매시 30킬로미터 이내
④ 도시부 지역 일반도로 매시 50킬로미터 이내, 자전거 도로 매시 30킬로미터 이내

안전속도 5030은 보행자의 통행이 잦은 도시부 지역의 일반도로 매시 50킬로미터, 주택가 등 이면도로는 매시 30킬로미터 이내로 하향 조정하는 정책이다.

2점 [난이도 : 中]

22 다음 중 도로교통법상 차마의 통행방법에 대한 설명이다. 잘못된 것은?

① 보도와 차도가 구분된 도로에서는 차도로 통행하여야 한다.
② 보도를 횡단하기 직전에 서행하여 좌·우를 살핀 후 보행자의 통행을 방해하지 않도록 횡단하여야 한다.
③ 도로의 중앙의 우측 부분으로 통행하여야 한다.
④ 도로가 일방통행인 경우 도로의 중앙이나 좌측 부분을 통행하여야 한다.

단서의 경우 차마의 운전자는 보도를 횡단하기 직전에 일시정지하여 좌측과 우측 부분 등을 살핀 후 보행자의 통행을 방해하지 아니하도록 횡단하여야 한다.

2점 [난이도 : 下]

23 도로교통법령상 다음 안전표지에 대한 설명으로 맞는 것은?

① 도로의 일변이 계곡 등 추락위험지역임을 알리는 보조표지
② 도로의 일변이 강변 등 추락위험지역임을 알리는 규제표지
③ 도로의 일변이 계곡 등 추락위험지역임을 알리는 주의표지
④ 도로의 일변이 강변 등 추락위험지역임을 알리는 지시표지

삼각형 모양에 빨간 테두리에 노랑색 바탕이므로 주의표지이다.

3점 [난이도 : 中]

24 다음 도로상황에서 가장 주의해야 할 위험상황 2가지는?

도로상황
- 다수의 보행자들 차도 통행
- 우측 후방 뒤따르는 자동차들

① 전동킥보드 운전자는 앞쪽 보행자를 피해서 갑자기 왼쪽으로 이동할 수 있다.
② 오른쪽 보행자들이 왼쪽으로 횡단할 수 있다.
③ 서행으로 통행하여 뒤차들과 충돌할 수 있다.
④ 반대방면 흰색 자동차와 충돌할 수 있다.
⑤ 전동킥보드가 버스승강장에 있는 보행자를 충돌할 수 있다.

도로상황에서는 전방의 전동킥보드 및 횡단하려는 보행자에 가장 주의해야 한다.

2점 [난이도 : 下]

25 도로교통상 음주운전 방지장치 부착 조건부 운전면허를 받은 사람에 대한 설명으로 틀린 것은?

① 자동차등을 운전하려는 경우 음주운전 방지장치를 설치하고, 시·도경찰청장에게 등록하여야 한다.
② 음주운전 방지장치가 설치되지 않은 자동차등을 운전하여서는 아니 된다.
③ 설치기준에 적합하지 아니한 음주운전 방지장치가 설치된 자동차등은 운전이 가능하다.
④ 연 2회 이상 음주운전 방지장치 부착 자동차등의 운행기록을 시·도경찰청장에게 제출하여야 한다.

음주운전 방지장치 부착 조건부 운전면허를 받은 사람은 음주운전 방지장치가 설치되지 아니하거나 설치기준에 적합하지 아니한 음주운전 방지장치가 설치된 자동차를 운전하여서는 안된다.

3점 [난이도 : 中]

26 다음 상황에서 가장 안전한 운전방법 2가지는?

도로상황
- 주택가 편도 1차로 도로
- 도로 좌우측 주차 차량

① 경음기를 계속 울리며 보행자에게 경고하고 속도를 높여 빠르게 진행한다.
② 중앙선 좌측 보행자의 돌발행동은 대비할 필요가 없다.
③ 주차된 차량 중에서 갑자기 출발하는 차가 있을 수 있으므로 전방 및 좌우를 살피며 서행한다.
④ 우측 보행자와 거리를 두고 안전에 주의하며 천천히 주행한다.
⑤ 주택가에서는 일반적으로 중앙선 좌측을 이용하는 것이 안전하다.

보행자가 횡단보도를 통행하고 있는 때에는 그 횡단보도 앞(정지선이 설치되어 있는 곳에서는 그 정지선을 말한다)에서 일시정지하여야 한다.

2점 [난이도 : 上]

27 도로교통법상 과로(졸음운전 포함)로 인하여 정상적으로 운전하지 못할 우려가 있는 상태에서 자동차를 운전한 사람에 대한 벌칙으로 맞는 것은?

① 처벌하지 않는다.
② 10만 원 이하의 벌금이나 구류에 처한다.
③ 20만 원 이하의 벌금이나 구류에 처한다.
④ 30만 원 이하의 벌금이나 구류에 처한다.

과로한 때 등의 운전 금지를 위반하면 30만원 이하의 벌금이나 구류에 처한다.

3점

28 보행자 신호등이 없는 횡단보도로 횡단하는 노인을 뒤늦게 발견한 승용차 운전자가 급제동을 하였으나 노인을 충격(2주진단)하는 교통사고가 발생하였다. 올바른 설명 2가지는?

① 보행자 신호등이 없으므로 자동차 운전자는 과실이 전혀 없다.
② 자동차 운전자에게 민사책임이 있다.
③ 횡단한 노인만 형사 처벌 된다.
④ 자동차 운전자에게 형사 책임이 있다.

3점 [난이도 : 中]

29 다음 상황에서 가장 안전한 운전방법 2가지는?

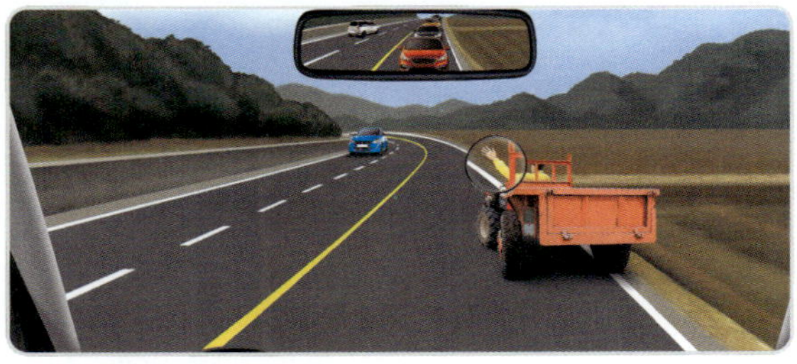

도로상황
- 현재 속도 시속 25킬로미터
- 후행하는 4대의 자동차들

① 왼쪽 방향지시기와 전조등을 작동하며 안전하게 추월한다.
② 경운기 운전자의 수신호에 따라 주의하며 안전하게 추월한다.
③ 경운기 운전자의 수신호가 끝나면 앞지른다.
④ 경운기 운전자의 손짓을 무시하고 그 뒤를 따른다.
⑤ 경운기와 충분한 안전거리를 유지한다.

농기계 운전자는 수신호를 할 수 있는 사람이 아니다. 느린 속도로 통행하고 있는 농기계 운전자가 '그냥 앞질러서 가세요'라는 의미로 손짓을 하는 경우가 있으나, 이 때의 손짓은 수신호가 아니다.

2점 [난이도 : 中]

30 운전자의 피로는 운전 행동에 영향을 미치게 된다. 피로가 운전 행동에 미치는 영향을 바르게 설명한 것은?

① 주변 자극에 대해 반응 동작이 빠르게 나타난다.
② 시력이 떨어지고 시야가 넓어진다.
③ 지각 및 운전 조작 능력이 떨어진다.
④ 치밀하고 계획적인 운전 행동이 나타난다.

피로는 지각 및 운전 조작 능력이 떨어지게 한다.

정답 21 ② 22 ② 23 ③ 24 ①,② 25 ③ 26 ③,④ 27 ④ 28 ②,④ 29 ④,⑤ 30 ③

2점 [난이도 : 上]

31 승용자동차를 음주운전한 경우 처벌 기준에 대한 설명으로 틀린 것은?

① 최초 위반 시 혈중알코올농도가 0.2퍼센트 이상인 경우 2년 이상 5년 이하의 징역이나 1천만원 이상 2천만원 이하의 벌금
② 음주 측정 거부 시 1년 이상 5년 이하의 징역이나 5백만원 이상 2천만원이하의 벌금
③ 혈중알코올농도가 0.05퍼센트로 2회 위반한 경우 1년 이하의 징역이나 5백만원 이하의 벌금
④ 최초 위반 시 혈중알코올농도 0.08퍼센트 이상 0.20퍼센트 미만의 경우 1년 이상 2년 이하의 징역이나 5백만원 이상 1천만원 이하의 벌금

③의 경우, 2년 이상 5년 이하의 징역이나 1천만원 이상 2천만원 이하의 벌금

2점 [난이도 : 上]

32 다음 중 도로교통법상 의료용 전동휠체어가 통행할 수 없는 곳은?

① 자전거전용도로 ② 길가장자리구역
③ 보도 ④ 도로의 가장자리

2점 [난이도 : 中]

33 운전자가 피로한 상태에서 운전하게 되면 속도 판단을 잘못하게 된다. 그 내용이 맞는 것은?

① 좁은 도로에서는 실제 속도보다 느리게 느껴진다.
② 주변이 탁 트인 도로에서는 실제보다 빠르게 느껴진다.
③ 멀리서 다가오는 차의 속도를 과소평가하다가 사고가 발생할 수 있다.
④ 고속도로에서 전방에 정지한 차를 주행 중인 차로 잘못 아는 경우는 발생하지 않는다.

① 좁은 도로에서는 실제 속도보다 빠르게 느껴진다.
② 주변이 탁 트인 도로에서는 실제보다 느리게 느껴진다.
④ 고속도로에서 전방에 정지한 차를 주행 중인 차로 잘못 알고 충돌 사고가 발생할 수 있다.

3점 [난이도 : 中]

34 다음 상황에서 가장 안전한 운전방법 2가지는?

도로상황
- 주택가 이면도로
- 우측 차량 출발하려는 상황

① 안전을 위해 경음기를 계속 울리며 진행한다.
② 좌측 보도를 걸어가는 보행자를 주의할 필요는 없다.
③ 비상점멸등을 켜고 속도를 높여 신속하게 진행한다.
④ 우측 출발하는 승용차와의 안전거리를 충분히 유지하며 서행한다.
⑤ 주택가 이면도로이므로 보행자가 나올 것을 대비하여 속도를 줄인다.

3점 [난이도 : 中]

35 다음 상황에서 직진할 때 가장 안전한 운전방법 2가지는?

도로상황
- 회전교차로
- 진입과 회전하는 차량

① 진입하려는 차량은 진행하고 있는 회전차량에 진로를 양보하여야 한다.
② 회전교차로에 진입하려는 경우에는 서행하거나 일시정지 하여야 한다.
③ 진입차량이 우선이므로 신속히 회전하여 가고자 하는 목적지로 진행한다.
④ 회전교차로에 진입할 때는 회전차량보다 먼저 진입한다.
⑤ 주변 차량의 움직임에 주의할 필요가 없다.

회전교차로에서는 회전하는 차량이 진입하려는 차량보다 우선이므로 양보해야 하며, 회전시 주변차량과 안전거리를 유지하며 서행한다.

3점 [난이도 : 下]

36 자동차관리법 상 자동차의 종류로 맞는 2가지는?

① 건설기계 ② 화물자동차
③ 경운기 ④ 특수자동차

자동차관리법상 자동차 : 승용자동차, 승합자동차, 화물자동차, 특수자동차, 이륜자동차

2점 [난이도 : 下]

37 다음 안전표지에 대한 설명으로 맞는 것은?

① 2방향 통행 표지이다.
② 중앙분리대 끝남 표지이다.
③ 양 측방 통행 표지이다.
④ 중앙분리대 시작 표지이다.

동일방향 통행도로에서 양 측방으로 통행하여야 할 지점이 있음을 알리는 것

3점 [난이도 : 下]

38 교차로에 진입하여 직진하려는 상황이다. 가장 안전한 운전방법 2가지는?

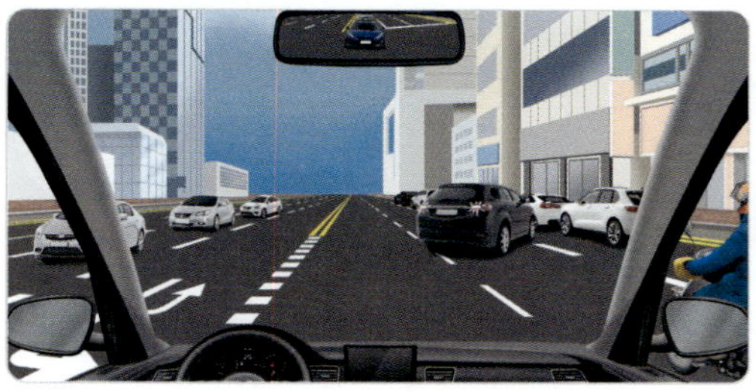

도로상황
- 신호등 없는 교차로
- 오른쪽 3차로에 주차된 자동차들
- 유턴하는 과정에 정차중인 검은색 자동차

① 검은색 자동차가 후진할 수 있으므로 감속하며 대비한다.
② 이륜차가 검은색 승용차의 왼쪽으로 진로변경할 수 있으므로 주의한다.
③ 반대방향에 비어있는 직진차로를 이용하여 직진하다가 원래 차로로 되돌아온다.
④ 정차한 검은색 자동차의 옆으로 가속하며 직진으로 통과한다.
⑤ 이륜차가 나의 앞으로 진로변경할 수 없도록 가속하며 통과한다.

검은색 차량에 의해 오토바이가 1차로(왼쪽)로 진로변경할 수 있으므로 주의해야 하며, 검은색 차량이 유턴 중 공간확보가 어려워 후진할 수 있으므로 주의해야 한다.

3점 [난이도 : 中]

39 다음 상황에서 가장 안전한 운전방법 2가지는?

도로상황
- 좌우측 주차 차량

① 안전하게 서행하거나 일시정지하여 횡단하는 보행자를 보호한다.
② 도로를 횡단하는 보행자는 보호할 의무가 없으므로 신속하게 진행한다.
③ 우측 주차된 차량의 문이 열릴 수 있으므로 대비하며 진행한다.
④ 주차공간이 부족한 경우 전방 좌측의 적색 연석 구간에 주차할 수 있다.
⑤ 주차된 차량 뒤에서 사람이 나오는 것까지 주의할 필요는 없으므로 속도를 높여 진행해도 된다.

소화전 앞 적색 연석 구간에서는 주정차가 모두 금지된다.

5점 [난이도 : 中]

40 다음 영상에서 가장 위험한 상황으로 맞는 것은?

※ 동영상 시청 : 스마트폰으로 옆 QR 코드로 검색하면 동영상 문제를 볼 수 있습니다. (카페의 동영상 문제 4번)

① 오른쪽 가장자리에서 우회전하려는 이륜차와 충돌 가능성
② 오른쪽 검은색 승용차와 충돌 가능성
③ 반대편에서 좌회전대기 중인 흰색 승용차와 충돌 가능성
④ 횡단보도 좌측에 서있는 보행자와 충돌 가능성

실전출제문제

2점 [난이도 : 上]

01 도로교통법령상 보행자에 대한 설명으로 틀린 것은?

① 너비 1미터 이하의 동력이 없는 손수레를 이용하여 통행하는 사람은 보행자가 아니다.
② 너비 1미터 이하의 보행보조용 의자차를 이용하여 통행하는 사람은 보행자이다.
③ 자전거를 타고 가는 사람은 보행자가 아니다.
④ 너비 1미터 이하의 노약자용 보행기를 이용하여 통행하는 사람은 보행자이다.

3점 [난이도 : 中]

02 전자의 하이패스 단말기 고장으로 하이패스가 인식되지 않은 경우, 올바른 조치방법 2가지는?

① 비상점멸등을 작동하고 일시정지한 후 일반차로의 통행권을 발권한다.
② 목적지 요금소에서 정산 담당자에게 진입한 장소를 설명하고 정산한다.
③ 목적지 요금소의 하이패스 차로를 통과하면 자동 정산된다.
④ 목적지 요금소에서 하이패스 단말기의 카드를 분리한 후 정산담당자에게 그 카드로 요금을 정산할 수 있다.

하이패스 차로에 이미 진입한 경우 30km/h 이내 통과하고, 목적지 요금소에서 정산담당자에게 정산한다. 다만, 현금이 없는 경우 하이패스 단말기의 카드를 빼서 요금을 정산할 수 있다.

2점 [난이도 : 中]

03 다음 안전표지가 설치된 곳에서의 운전 방법으로 맞는 것은?

① 자동차전용도로에 설치되며 차간거리를 50미터 이상 확보한다.
② 일방통행 도로에 설치되며 차간거리를 50미터 이상 확보한다.
③ 자동차전용도로에 설치되며 50미터 전방 교통정체 구간이므로 서행한다.
④ 일방통행 도로에 설치되며 50미터 전방 교통정체 구간이므로 서행한다.

3점 [난이도 : 中]

04 다음과 같은 상황에서 안전한 운전방법 2가지는?

도로상황
- 통행하고 있는 검은색, 흰색 자동차
- 정차하고 있는 어린이통학버스

① 검은색 자동차 운전자는 P공간을 이용하여 신속하게 통행한다.
② 검은색 자동차 운전자는 어린이통학버스 뒤에서 정지한다.
③ 흰색 자동차 운전자는 어린이통학버스에 주의하며 서행으로 직진한다.
④ 흰색 자동차 운전자는 어린이통학버스에 이르기 전에 정지한 후 서행한다.
⑤ 흰색 자동차 운전자는 지속적으로 경음기를 작동하여 본인이 직진 할 것을 알린다.

어린이통학버스에서 내린 어린이들의 횡단이 예상되므로 그 주변에서는 일시정지 후 서행한다.

2점 [난이도 : 下]

05 운전자의 보행자 보호에 대한 설명으로 옳지 않은 것은?

① 운전자가 보행자우선도로에서 서행·일시정지하지 않아 보행자통행을 방해한 경우에는 범칙금이 부과된다.
② 도로 외의 곳을 운전하는 운전자에게도 보행자 보호의무가 부여된다.
③ 운전자는 보행자가 횡단보도를 통행하려고 하는 때에는 그 횡단보도 앞에서 일시정지 하여야 한다.
④ 운전자는 어린보호구역 내 신호기가 없는 횡단보도 앞에서는 반드시 서행하여야 한다.

2점 [난이도 : 中]

06 운전자의 보행자 보호에 대한 설명으로 옳지 않은 것은?

① 운전자는 보행자가 횡단보도를 통행하려고 하는 때에는 그 횡단보도 앞에서 일시정지하여야 한다.
② 운전자는 차로가 설치되지 아니한 좁은 도로에서 보행자의 옆을 지나는 경우 안전한 거리를 두고 서행하여야 한다.
③ 운전자는 어린이 보호구역 내에 신호기가 설치되지 않은 횡단보도 앞에서는 보행자의 횡단이 없을 경우 일시정지하지 않아도 된다.
④ 운전자는 교통정리를 하고 있지 아니하는 교차로를 횡단하는 보행자의 통행을 방해하여서는 아니 된다.

운전자는 어린이 보호구역 내에 설치된 횡단보도 중 신호기가 설치되지 아니한 횡단보도 앞(정지선이 설치된 경우에는 그 정지선을 말한다)에서는 보행자의 횡단 여부와 관계없이 일시정지하여야 한다.

2점 [난이도 : 上]

07 피해 차량을 뒤따르던 승용차 운전자가 중앙선을 넘어 앞지르기하여 급제동하는 등 위협 운전을 한 경우에는 「형법」에 따른 보복운전으로 처벌받을 수 있다. 이에 대한 처벌기준으로 맞는 것은?

① 7년 이하의 징역 또는 1천만원 이하의 벌금에 처한다.
② 10년 이하의 징역 또는 2천만원 이하의 벌금에 처한다.
③ 1년 이상의 유기징역에 처한다.
④ 1년 6월 이상의 유기징역에 처한다.

자동차를 이용하여 협박죄를 범한 자는 7년 이하의 징역 또는 1천만원 이하의 벌금에 처한다.

3점 [난이도 : 中]

08 다음 상황에서 가장 안전한 운전방법 2가지는?

도로상황
- 보도가 없는 주택가 오르막 이면도로
- 우측에 골목길이 있는 "ㅏ"형 교차로

① 우측 골목길에서 차량 또는 보행자가 진입할 수 있으므로 주의하며 진행한다.
② 중앙선이 없으므로 보행자와 최대한 가까이 우측으로 진행한다.
③ 최고 제한속도 표지가 없으므로 속도를 높여 빠르게 진행한다.
④ 도로의 우측 부분을 주행하면서 보행자에게 계속 경음기를 울려 보행자가 길을 비켜주도록 유도한다.
⑤ 보행자의 통행에 방해가 될 때에는 서행하거나 일시정지한다.

2점 [난이도 : 中]

09 고속도로 갓길 이용에 대한 설명으로 맞는 것은?

① 졸음운전 방지를 위해 갓길에 정차 후 휴식한다.
② 해돋이 풍경 감상을 위해 갓길에 주차한다.
③ 고속도로 주행차로에 정체가 있는 때에는 갓길로 통행한다.
④ 부득이한 사유없이 갓길로 통행한 승용자동차 운전자의 범칙금액은 6만원이다.

2점 [난이도 : 下]

10 시내 도로를 매시 50킬로미터로 주행하던 중 무단횡단 중인 보행자를 발견하였다. 가장 적절한 조치는?

① 보행자가 횡단 중이므로 일단 급브레이크를 밟아 멈춘다.
② 보행자의 움직임을 예측하여 그 사이로 주행한다.
③ 속도를 줄이며 멈출 준비를 하고 비상점멸등으로 뒤차에도 알리면서 안전하게 정지한다.
④ 보행자에게 경음기로 주의를 주며 다소 속도를 높여 통과한다.

무단횡단 중인 보행자를 발견하면 속도를 줄이며 멈출 준비를 하고 비상등으로 뒤차에도 알리면서 안전하게 정지한다.

정답 01 ① 02 ②,④ 03 ① 04 ②,④ 05 ④ 06 ③ 07 ① 08 ①,⑤ 09 ④ 10 ③

2점

11 다음의 안전표지에 대한 설명으로 맞는 것은? [난이도 : 下]

① 지시표지이며, 자동차의 통행속도가 평균 매시 50킬로미터를 초과해서는 아니 된다.
② 규제표지이며, 자동차의 통행속도가 평균 매시 50킬로미터를 초과해서는 아니 된다.
③ 지시표지이며, 자동차의 최고속도가 매시 50킬로미터를 초과해서는 아니 된다.
④ 규제표지이며, 자동차의 최고속도가 매시 50킬로미터를 초과해서는 아니 된다.

표지판의 숫자는 최고속도를 지정하는 것이며, 빨간색 테두리이므로 규제표지이다.

2점

12 도로교통법상 보행자의 보호 등에 관한 설명으로 맞지 않은 것은? [난이도 : 中]

① 도로에 설치된 안전지대에 보행자가 있는 경우와 차로가 설치되지 아니한 좁은 도로에서 보행자의 옆을 지나는 경우에는 안전한 거리를 두고 서행하여야 한다.
② 보행자가 횡단보도가 설치되어 있지 아니한 도로를 횡단하고 있을 때에는 안전거리를 두고 일시정지하여 보행자가 안전하게 횡단할 수 있도록 하여야 한다.
③ 보도와 차도가 구분되지 아니한 도로 중 중앙선이 없는 도로에서 보행자의 통행에 방해가 될 때에는 서행하거나 일시정지하여 보행자가 안전하게 통행할 수 있도록 하여야 한다.
④ 어린이 보호구역 내에 설치된 횡단보도 중 신호기가 설치되지 아니한 횡단보도 앞(정지선이 설치된 경우에는 그 정지선을 말한다)에서는 보행자의 횡단 여부와 관계없이 서행하여야 한다.

어린이 보호구역 내에 설치된 횡단보도 중 신호기가 설치되지 아니한 횡단보도 앞(정지선이 설치된 경우에는 그 정지선을 말한다)에서는 보행자의 횡단 여부와 관계없이 일시정지하여야 한다.

3점

13 다음과 같은 교차로에서 가장 안전한 통행방법 2가지를 설명한 것은? [난이도 : 上]

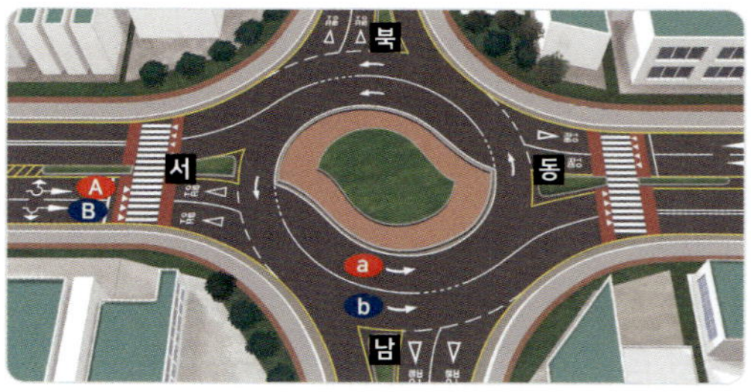

도로상황
- 나선형 회전교차로

① A차로에서 진입하려는 때에 왼쪽 방향지시기를 작동하였다.
② A차로에서 진입한 운전자가 즉시 a차로에 진입하여 회전하다가 북쪽으로 진출하였다.
③ B차로에서 진입하려는 때에 오른쪽 방향지시기를 작동하였다.
④ B차로에서 진입한 운전자가 즉시 b차로로 진입하여 회전하다가 a차로로 진로변경하여 북쪽방향으로 진출하였다.
⑤ 안쪽에서 회전하다가 진출하려는 때에 왼쪽 방향지시기를 작동하였다.

A차로에서 진입하려고 할 때 미리 왼쪽 방향지시기를 작동한 후 백색점선 구간에서 즉시 a차로로 진입해야 한다.(만약 회전하는 차량이 있으면 양보해야 한다) 진출 시 북쪽으로 빠져나간다.
B차로에서 진입하려고 할 때도 마찬가지이나 남쪽과 동쪽으로만 진출할 수 있다.(중간의 백색점선은 진입하려는 차량을 위한 것임)

3점

14 다음 상황에서 가장 안전한 운전방법 2가지는? [난이도 : 中]

도로상황
- 눈이 내리는 상황

① 도로가 한산하기 때문에 속도를 높여 진행한다.
② 기상상황에 따라 규정된 속도 이내로 진행한다.
③ 전방 공사 중이므로 교통상황을 잘 주시하며 진행한다.
④ 노면이 미끄러우므로 2개 차로를 걸쳐 주행한다.
⑤ 전방에 저속으로 진행하는 화물차를 뒤에서 바싹 붙어 진행한다.

2점

15 다음 안전표지에 대한 설명으로 맞는 것은? [난이도 : 下]

① 보행자는 통행할 수 있다.
② 보행자뿐만 아니라 모든 차마는 통행할 수 없다.
③ 도로의 중앙 또는 좌측에 설치한다.
④ 통행금지 기간은 함께 표시할 수 없다.

2점

16 도로교통법령상 도로에서 13세 미만의 어린이가 ( )를 타는 경우에는 어린이의 안전을 위해 인명보호 장구를 착용하여야 한다. ( )에 해당되지 않는 것은? [난이도 : 中]

① 킥보드 ② 외발자전거
③ 인라인스케이트 ④ 스케이트 보드

외발자전거는 도로교통법령상 안전모 착용의무는 없다.

2점

17 보행자의 보호의무에 대한 설명으로 맞는 것은? [난이도 : 中]

① 무단 횡단하는 술 취한 보행자를 보호할 필요 없다.
② 신호등이 있는 도로에서는 횡단 중인 보행자의 통행을 방해하여도 무방하다.
③ 보행자 신호기에 녹색 신호가 점멸하고 있는 경우 차량이 진행해도 된다.
④ 신호등이 있는 교차로에서 우회전할 경우 신호에 따르는 보행자를 방해해서는 아니 된다.

3점

18 다음 상황에서 우회전하고자 할 때 가장 안전한 운전방법 2가지는? [난이도 : 中]

도로상황
- 우회전 전용신호등 설치 교차로

① 전방 녹색 진행신호에 따라 신속히 우회전한다.
② 우측 보행자가 횡단보도를 통행 할 수 있으므로 일시정지 후 안전을 확인하며 우회전한다.
③ 우회전전용신호가 적색이므로 정지한다.
④ 우회전전용신호가 적색이어도 보행자 통행에 방해를 주지 않는 경우 우회전 가능하다.
⑤ 정지선에 정지하여 우회전 화살표등화로 바뀔 때까지 기다린다.

2점

19 도로의 중앙을 통행할 수 있는 사람 또는 행렬로 맞는 것은? [난이도 : 中]

① 사회적으로 중요한 행사에 따라 시가행진하는 행렬
② 말, 소 등의 큰 동물을 몰고 가는 사람
③ 도로의 청소 또는 보수 등 도로에서 작업 중인 사람
④ 기 또는 현수막 등을 휴대한 장의 행렬

사회적으로 중요한 행사에 따라 시가행진하는 행렬 등은 경찰청장의 허가를 받은 행사의 경우 도로 중앙을 통행할 수 있다.

2점

20 다음 안전표지에 대한 설명으로 가장 옳은 것은? [난이도 : 下]

① 이륜자동차 및 자전거의 통행을 금지한다.
② 이륜자동차 및 원동기장치자전거의 통행을 금지한다.
③ 이륜자동차와 자전거 이외의 차마는 언제나 통행할 수 있다.
④ 이륜자동차와 원동기장치자전거 이외의 차마는 언제나 통행 할 수 있다.

2점

21 보행자의 보도통행 원칙으로 맞는 것은? [난이도 : 中]

① 보도 내 우측통행 ② 보도 내 좌측통행
③ 보도 내 중앙통행 ④ 보도 내 통행원칙은 없음

정답 11 ④ 12 ④ 13 ①,② 14 ②,③ 15 ② 16 ② 17 ④ 18 ③,⑤ 19 ① 20 ② 21 ①

③점

[난이도 : 中]

22 다음 상황에서 가장 안전한 운전방법 2가지는?

도로상황
- 겨울철 다리 위
- 선행 화물차 1차로에서 2차로로 차로변경 중

① 겨울철에는 노면 살얼음에 주의하며 운전한다.
② 도로 상황이 한적하므로 주차해도 된다.
③ 차로를 변경하여 진행할 수 있다.
④ 다리 위를 진행할 때에는 앞지르기를 할 수 없다.
⑤ 차로변경하는 화물차에게 주의를 주기위해 화물차 뒤를 바짝 붙어 진행한다.

다리 위에서는 주정차, 앞지르기, 차선변경을 할 수 없다.

②점

23 야간에 도로 상의 보행자나 물체들이 일시적으로 안 보이게 되는 "증발 현상"이 일어나기 쉬운 위치는?

① 반대 차로의 가장자리
② 주행 차로의 우측 부분
③ 도로의 중앙선 부근
④ 보도 내 통행원칙은 없음

야간에 도로의 중앙선 부근에서 자동차 불빛 등으로 인해 보행자나 물체들이 일시적으로 안 보이게 되는 "증발 현상"이 일어나기 쉽다.

③점

[난이도 : 中]

24 다음 상황에서 가장 안전한 운전방법 2가지는?

① 전방에 보행자가 있으므로 일시정지 후 보행자의 안전을 확인 후 진행한다.
② 도로를 횡단하는 보행자는 보호할 의무가 없으므로 그대로 진행한다.
③ 우측 주차된 흰색 차량 뒤편의 보행자를 주의하며 진행한다.
④ 경음기를 크게 울려 도로를 횡단하는 보행자가 횡단하지 못하도록 한다.
⑤ 보행자 앞에서 급정지하여 보행자에게 주의를 준다.

편도 1차로의 내리막 도로이고, 우측 소로에서 진입코자 하는 승용차가 대기 중이므로 감속하여 서행으로 통과하도록 한다.

[난이도 : 下]

25 다음 상황에서 좌회전하려는 경우 가장 안전한 운전방법 2가지는?

도로상황
- 좌회전 방향 통행량 증가로 정체
- 2차로 좌회전차로 주행 중

① 녹색 진행신호에 따라 교차로에 그대로 빠르게 진입한다.
② 앞차에 바짝 붙어 따라간다.
③ 좌회전 차로가 정체상황이기 때문에 3차로를 이용해 좌회전한다.
④ 꼬리물기로 다른 차의 통행에 방해를 줄 수 있으므로 진입하지 않는다.
⑤ 교차로에 진입하려는 후행차량이 있을 수 있으므로 미리 속도를 줄여 추돌사고를 예방한다.

②점

[난이도 : 下]

26 신호등이 없는 횡단보도를 통과할 때 가장 안전한 운전 방법은?

① 횡단하는 사람이 없다 하더라도 전방을 잘 살피며 서행한다.
② 횡단하는 사람이 없으므로 그대로 진행한다.
③ 횡단하는 사람이 없을 때 빠르게 지나간다.
④ 횡단하는 사람이 있을 수 있으므로 경음기를 울리며 그대로 진행한다.

③점

[난이도 : 下]

27 사고발생 가능성이 가장 높은 요인 2가지는?

도로상황
- 신호등 없는 교차로
- 이면도로에서 직진하기 위해 멈춰있는 상황

① 후진하려는 A 화물차
② 화물차 뒤에서 횡단하는 B 보행자
③ 후방에서 진행중인 C 차량
④ 보도 통행중인 D 보행자
⑤ 좌측에서 우회전하려는 E 차량

복잡한 이면도로를 통행하려는 운전자는 차량에 가려진 보행자나 적재물 승하차가 빈번한 택배 및 화물차량 주변에 위험요인이 없는지 주의를 살필 필요가 있다.

③점

[난이도 : 中]

28 다음 상황에서 가장 안전한 운전방법 2가지는?

도로상황
- 전방 도로 공사현장
- 우측 백색 길가장자리 구역선
- 전방에서 저속화물차를 앞지르기 하는 승용차

① 공사 중 안내표지판이 있으므로 속도를 줄이고 진행한다.
② 전방에 중앙선을 넘은 차량에 경각심을 주기위해 속도를 높이고 상향등을 켜서 운전한다.
③ 비상점멸등을 켜고 속도를 높여 빠르게 진행한다.
④ 사고 방지를 위해 후방에서 진행하는 차량을 주의하며 속도를 줄이고 진행한다.
⑤ 우측 길가장자리 구역선은 정차가 허용되지 않는 장소이다.

불법으로 앞지르기하는 차량이라도 안전하게 앞지르기할 수 있도록 속도를 줄여야 하고, 커브 길은 속도를 줄여 신속하게 빠져나가는 것이 좋고, 전방의 상황을 알 수 없으므로 우측에 붙여 주행하는 것이 좋다.

③점

[난이도 : 中]

29 운전자 준수 사항으로 맞는 것 2가지는?

① 어린이 교통사고 위험이 있을 때에는 일시 정지한다.
② 물이 고인 곳을 지날 때는 피해를 주지 않기 위해 서행하며 진행한다.
③ 자동차 유리창의 밝기를 규제하지 않으므로 짙은 틴팅(선팅)을 한다.
④ 보행자가 횡단보도를 통행하고 있을 때에는 서행한다.

도로에서 어린이의 교통사고 위험이 있는 것을 발견한 경우 일시정지를 하여야 한다. 또한 보행자가 횡단보도를 통과하고 있을 때에는 일시정지하여야 하며, 안전지대에 보행자가 있는 경우에는 안전한 거리를 두고 서행하여야 한다.

③점

[난이도 : 下]

30 다음 중 고속도로에서 운전자의 바람직한 운전행위 2가지는?

① 피로한 경우 갓길에 정차하여 안정을 취한 후 출발한다.
② 평소 즐겨보는 동영상을 보면서 운전한다.
③ 주기적인 휴식이나 환기를 통해 졸음운전을 예방한다.
④ 출발 전 뿐만 아니라 휴식 중에도 목적지까지 경로의 위험 요소를 확인하며 운전한다.

정답 21 ①,④ 22 ①,④ 23 ③ 24 ①,③ 25 ④,⑤ 26 ① 27 ①,② 28 ①,④ 29 ①,② 30 ③,④

2점 [난이도 : 下]

31 철길건널목을 통과하다가 고장으로 건널목 안에서 차를 운행할 수 없는 경우 운전자의 조치요령으로 바르지 않는 것은?

① 동승자를 대피시킨다.
② 비상점멸등을 작동한다.
③ 철도공무원에게 알린다.
④ 차량의 고장 원인을 확인한다.

모든 차 또는 노면전차의 운전자는 건널목을 통과하다가 고장 등의 사유로 건널목안에서 차 또는 노면전차를 운행할 수 없게 된 경우는 즉시 승객을 대피시키고 비상신호기등을 사용하거나 그 밖의 방법으로 철도공무원이나 경찰공무원에게 그 사실을 알려야 한다.

2점 [난이도 : 中]

32 다음 중 도로교통법상 보행자의 도로 횡단 방법에 대한 설명으로 잘못된 것은?

① 모든 차의 바로 앞이나 뒤로 횡단하여서는 아니 된다.
② 지체장애인의 경우라도 반드시 도로 횡단 시설을 이용하여 도로를 횡단하여야 한다.
③ 안전표지 등에 의하여 횡단이 금지되어 있는 도로의 부분에서는 그 도로를 횡단하여서는 아니 된다.
④ 횡단보도가 설치되어 있지 아니한 도로에서는 가장 짧은 거리로 횡단하여야 한다.

지하도나 육교 등의 도로 횡단시설을 이용할 수 없는 지체장애인의 경우에는 다른 교통에 방해가 되지 아니하는 방법으로 도로 횡단시설을 이용하지 아니하고 도로를 횡단할 수 있다.

2점 [난이도 : 下]

33 보행자의 통행에 관한 설명으로 맞는 것은?

① 보행자는 도로 횡단 시 차의 바로 앞이나 뒤로 신속히 횡단하여야 한다.
② 지체 장애인은 도로 횡단시설이 있는 도로에서 반드시 그곳으로 횡단하여야 한다.
③ 보행자는 안전표지 등에 의하여 횡단이 금지된 도로에서는 신속하게 도로를 횡단하여야 한다.
④ 보행자는 횡단보도가 설치되어 있지 아니한 도로에서는 가장 짧은 거리로 횡단하여야 한다.

보행자는 보도와 차도가 구분된 도로에서는 반드시 보도로 통행하여야 한다. 지체장애인은 도로 횡단 시설을 이용하지 아니하고 횡단할 수 있다. 단, 안전표지 등에 의하여 횡단이 금지된 경우에는 횡단할 수 없다.

2점 [난이도 : 下]

34 다음 안전표지에 대한 설명으로 맞는 것은?

① 차의 진입을 금지한다.
② 모든 차와 보행자의 진입을 금지한다.
③ 위험물 적재 화물차 진입을 금지한다.
④ 진입 금지 기간 등을 알리는 보조표지는 설치할 수 없다.

차의 진입을 금지하는 구역 및 도로의 중앙 또는 우측에 설치

3점 [난이도 : 中]

35 다음 상황에서 가장 안전한 운전방법 2가지는?

도로상황
- 회전교차로
- 회전교차로 진입하려는 하얀색 화물차

① 교차로에 먼저 진입하는 것이 중요하다.
② 전방만 주시하며 운전해야 한다.
③ 1차로 화물차가 교차로 진입하던 중 2차로 쪽으로 차로변경 할 수 있으므로 대비해야 한다.
④ 좌우측 차로로부터 차량이 진입할 수 있어 주의하며 운전해야 한다.
⑤ 진입차량이 회전차량보다 우선이라는 생각으로 운전한다.

2점 [난이도 : 下]

36 차의 운전자가 보도를 횡단하여 건물 등에 진입하려고 한다. 운전자가 행해야 할 순서로 올바른 것은?

① 서행 → 방향지시등 작동 → 신속 진입
② 일시정지 → 경음기 사용 → 신속 진입
③ 서행 → 좌측과 우측부분 확인 → 서행 진입
④ 일시정지 → 좌측과 우측부분 확인 → 서행 진입

보도를 횡단하기 직전에 일시정지하여 좌·우측 등을 살핀 후 보행자의 통행을 방해하지 아니하도록 천천히 횡단하여야 한다.

3점 [난이도 : 中]

37 다음 상황에서 가장 안전한 운전방법 2가지는?

① 앞서 가는 이륜차가 갑자기 도로 중앙 쪽으로 들어올 수 있으므로 주의하며 진행한다.
② 한적한 도로이므로 속도를 높여 진행한다.
③ 이륜차와의 안전거리를 충분히 유지한다.
④ 경음기를 반복적으로 울리며 속도를 올려 앞지른다.
⑤ 중앙선을 넘지 않도록 이륜차에 바싹 붙어 진행한다.

이륜차가 도로의 중앙 쪽으로 이동할 수 있으므로 안전거리를 충분히 유지하며 감속하여야 한다.

3점 [난이도 : 下]

38 다음 상황에서 가장 안전한 운전방법 2가지는?

도로상황
- 1,2차로:좌회전차로 3,4차로:직진차로
- 차와 차 사이에서 무단횡단하려는 보행자

① 직진 신호 대기차량 사이에서 갑자기 횡단하려는 보행자를 주의한다.
② 전방 좌회전신호가 바뀌기 전 통과하기 위해 빠르게 진입한다.
③ 무단횡단 보행자를 위협하기 위해 오히려 속도를 높인다.
④ 횡단하려는 보행자를 보호하기 위해 비상등을 켜고 감속한다.
⑤ 보행자와의 충돌을 피하기 위해 1차로로 급 진로 변경한다.

무단횡단 보행자라도 운전자는 횡단하는 보행자가 안전하게 횡단할 수 있도록 주의하여야 한다.

3점 [난이도 : 中]

39 도로교통법상 다인승전용차로를 통행할 수 있는 차의 기준으로 맞는 2가지는?

① 3명 이상 승차한 승용자동차
② 3명 이상 승차한 화물자동차
③ 3명 이상 승차한 승합자동차
④ 2명 이상 승차한 이륜자동차

5점 [난이도 : 中]

40 다음 영상을 보고 확인되는 가장 위험한 상황은?

※ 동영상 시청 : 스마트폰으로 옆 QR 코드로 검색하면 동영상 문제를 볼 수 있습니다. (카페의 동영상 문제 5번)

① 앞쪽에서 선행하는 회색 승용차가 급정지 하는 상황
② 반대방향 노란색 승용차가 중앙선 침범하여 유턴하려는 상황
③ 좌회전 대기 중인 버스가 직진하기 위해 갑자기 출발하는 상황
④ 오른쪽 차로에서 흰색 승용차가 내 차 앞으로 진입 하는 상황

정답 31 ④ 32 ② 33 ④ 34 ① 35 ③,④ 36 ④ 37 ①,③ 38 ①,④ 39 ①,③ 40 ④

실전출제문제

③점 [난이도 : 下]

01 '착한운전 마일리지' 제도에 대한 설명으로 적절치 않은 2가지는?

① 교통법규를 잘 지키고 이를 실천한 운전자에게 실질적인 인센티브를 부여하는 제도이다.
② 운전자가 정지처분을 받게 될 경우 누산점수에서 공제할 수 있다.
③ 범칙금이나 과태료 미납자도 마일리지 제도의 무위반·무사고 서약에 참여할 수 있다.
④ 서약 실천기간 중에 교통사고를 유발하거나 교통법규를 위반하면 다시 서약할 수 없다.

②점 [난이도 : 上]

02 도로교통법상 운전면허의 조건 부과기준 중 운전면허증 기재방법으로 바르지 않은 것은?

① A: 수동변속기　② E: 청각장애인 표지 및 볼록거울
③ G: 특수제작 및 승인차　④ H: 우측 방향지시기

A는 자동변속기, B는 의수, C는 의족, D는 보청기, E는 청각장애인 표지 및 볼록거울, F는 수동제동기·가속기, G는 특수제작 및 승인차, H는 우측 방향지시기, I는 왼쪽 엑셀레이터이며, 신체장애인이 운전면허시험에 응시할 때 조건에 맞는 차량으로 시험에 응시 및 합격해야하며, 합격 후 해당 조건에 맞는 면허증 발급

②점 [난이도 : 下]

03 다음 안전표지에 대한 설명으로 가장 옳은 것은?

① 직진하는 차량이 많은 도로에 설치한다.
② 금지해야 할 지점의 도로 좌측에 설치한다.
③ 이런 지점에서는 반드시 유턴하여 되돌아가야 한다.
④ 좌·우측 도로를 이용하는 등 다른 도로를 이용해야 한다.

그림은 차의 직진 금지를 나타낸다.

③점

04 오른쪽으로 갔어야 하는데 길을 잘못 들었다. 이 때 가장 안전한 운전방법 2가지는?

도로상황
- 울산·양산 방면으로 가야 하는 상황
- 분기점에서 오른쪽으로 진입하려는 상황

① 안전지대로 진입하여 비상점멸등을 작동한 후 오른쪽으로 진입한다.
② 오른쪽 방향지시기를 작동하며 안전지대로 진입하여 오른쪽으로 진입한다.
③ 신속하게 가속하여 오른쪽으로 진입한다.
④ 대구방향으로 그대로 진행한다.
⑤ 다음에서 만나는 나들목 또는 갈림목을 이용한다.

무리하게 진출로로 차선변경을 시도하다가 진출로의 후속 차량과의 충돌이 예상되므로, 진로를 변경하지 말며, 진출을 포기하고 다음에 만나는 갈림목 또는 나들목을 이용하여 빠져 나가도록 한다.

②점 [난이도 : 上]

05 다음 중 교차로에 진입하여 신호가 바뀐 후에도 지나가지 못해 다른 차량 통행을 방해하는 행위인 "꼬리 물기"를 하였을 때의 위반 행위로 맞는 것은?

① 교차로 통행방법 위반　② 일시정지 위반
③ 진로 변경 방법 위반　④ 혼잡 완화 조치 위반

신호기가 있는 교차로 진입 시 진행 진로의 교통상황에 따라 교차로 내에 정지가 예상하면 다른 차의 통행에 방해가 되므로 그 교차로에 진입하지 말아야 한다.

②점 [난이도 : 上]

06 승용차 운전자가 차로 변경 시비에 분노해 상대차량 앞에서 급제동하자, 이를 보지 못하고 뒤따르던 화물차가 추돌하여 화물차 운전자가 다친 경우에는 「형법」에 따른 보복운전으로 처벌받을 수 있다. 이에 대한 처벌기준으로 맞는 것은?

① 1년 이상 10년 이하의 유기징역에 처한다.
② 1년 이상 20년 이하의 유기징역에 처한다.
③ 2년 이상 10년 이하의 유기징역에 처한다.
④ 2년 이상 20년 이하의 유기징역에 처한다.

보복운전으로 상해를 입힌 경우 1년 이상 10년 이하의 유기징역에 처한다.

②점 [난이도 : 中]

07 다음은 차로에 따른 통행차의 기준에 대한 설명이다. 잘못된 것은?

① 모든 차는 지정된 차로의 오른쪽 차로로 통행할 수 있다.
② 승용자동차가 앞지르기를 할 때에는 통행 기준에 지정된 차로의 바로 옆 오른쪽 차로로 통행해야 한다.
③ 편도 4차로 일반도로에서 승용자동차의 주행차로는 모든 차로이다.
④ 편도 4차로 고속도로에서 대형화물자동차의 주행차로는 오른쪽차로이다.

앞지르기를 할 때에는 통행 기준에 지정된 차로의 바로 옆 왼쪽 차로로 통행할 수 있다.

③점 [난이도 : 中]

08 다음 상황에서 통행방법으로 잘못된 2가지는?

① 회전교차로에서는 시계방향으로 통행하여야 안전하다.
② 회전교차로에 진입하려는 경우에는 진입하기에 앞서 서행하거나 일시정지하여야 한다.
③ 회전교차로 안에서 진행하고 있는 차가 회전교차로에 진입하려는 차에게 진로를 양보해야 한다.
④ 회전교차로 진입을 위하여 방향지시등을 켠 차가 있으면 그 뒤차는 앞차의 진행을 방해하여서는 아니 된다.
⑤ 회전교차로 내에서는 주차나 정차를 하여서는 아니 된다.

① 회전교차로에서는 반시계방향으로 통행하여야 한다.
③ 회전교차로에 진입할 때 이미 진행하고 있는 다른 차에 진로를 양보하여야 한다.

③점 [난이도 : 中]

09 운전 중 집중력에 대한 내용으로 가장 적합한 2가지는?

① 운전 중 동승자와 계속 이야기를 나누는 것은 집중력을 높여 준다.
② 운전자의 시야를 가리는 차량 부착물은 제거하는 것이 좋다.
③ 운전 중 집중력은 안전운전과는 상관이 없다.
④ TV/DMB는 뒷좌석 승차자들만 볼 수 있는 곳에 장착하는 것이 좋다.

운전 중 동승자와 계속 이야기를 나누면 집중력을 흐리게 할 수 있다.

②점 [난이도 : 下]

10 도로교통법령상 다음 안전표지에 대한 설명으로 맞는 것은?

① 차마의 유턴을 금지하는 규제표지이다.
② 차마(노면전차는 제외한다.)의 유턴을 금지하는 지시표지이다.
③ 개인형 이동장치의 유턴을 금지하는 주의표지이다.
④ 자동차등(개인형 이동장치는 제외한다.)의 유턴을 금지하는 지시표지이다.

정답 01 ③,④　02 ①　03 ④　04 ④,⑤　05 ①　06 ①　07 ②　08 ①,③　09 ②,④　10 ①

2점 [난이도 : 下]

11 도로교통법령상 '모든 차의 운전자는 교차로에서 ( )을 하려는 경우에는 미리 도로의 우측 가장자리를 서행하면서 ( )하여야 한다. 이 경우 ( )하는 차도의 운전자는 신호에 따라 정지하거나 진행하는 보행자 또는 자전거 등에 주의하여야 한다.' ( )안에 맞는 것으로 짝지어진 것은?

① 우회전 - 우회전 - 우회전
② 좌회전 - 좌회전 - 좌회전
③ 우회전 - 좌회전 - 우회전
④ 좌회전 - 우회전 - 좌회전

교차로에서 우회전 시 미리 도로의 우측 가장자리를 서행하면서 우회전하여야 한다. 이 경우 우회전하는 차의 운전자는 신호에 따라 정지하거나 진행하는 보행자 또는 자전거등에 주의하여야 한다.

2점 [난이도 : 上]

12 다음 중 도로교통법상 차로변경에 대한 설명으로 맞는 것은?

① 다리 위는 위험한 장소이기 때문에 백색 실선으로 차로변경을 제한하는 경우가 많다.
② 차로변경을 제한하고자 하는 장소는 백색 점선의 차선으로 표시되어 있다.
③ 차로변경 금지장소에서는 도로 공사 등으로 장애물이 있어 통행이 불가능한 경우라도 차로변경을 해서는 안 된다.
④ 차로변경 금지 장소이지만 안전하게 차로를 변경하면 법규위반이 아니다.

도로의 파손 등으로 진행할 수 없을 경우에는 차로를 변경하여 주행하여야 하며, 차로변경 금지장소에서는 안전하게 차로를 변경하여도 법규 위반에 해당한다. 차로변경 금지선은 실선으로 표시한다.

2점 [난이도 : 下]

13 다음 안전표지에 관한 설명으로 맞는 것은?

① 화물을 싣기 위해 잠시 주차할 수 있다.
② 승객을 내려주기 위해 일시적으로 정차할 수 있다.
③ 주차 및 정차를 금지하는 구간에 설치한다.
④ 이륜자동차는 주차할 수 있다.

차의 주차를 금지하는 구역, 도로의 구간이나 장소의 전면 또는 필요한 지점의 도로우측에 설치

3점 [난이도 : 中]

14 다음 상황에서 가장 안전한 운전방법 2가지는?

도로상황
- 눈이 쌓인 도로
- 전방 터널에 진입하려고 함

① 차간 거리를 평소보다 충분히 확보한다.
② 터널 진입 전 브레이크를 아주 강하게 밟아 속도를 미리 줄인다.
③ 터널 안은 눈이 쌓이지 않았기 때문에 가속 운행한다.
④ 눈길은 매우 미끄럽기 때문에 앞차의 바퀴자국을 따라 주행한다.
⑤ 미끄럼 방지를 위해 기어를 중립으로 변경하여 진행한다.

2점 [난이도 : 上]

15 고속도로의 가속 차로에 대한 설명 중 옳은 것은?

① 고속도로 주행 차량이 진출로로 진출하기 위해 진로 변경할 수 있도록 유도하는 차로
② 고속도로로 진입하는 차량이 충분한 속도를 낼 수 있도록 유도하는 차로
③ 고속도로에서 앞지르기하고자 하는 차량이 속도를 낼 수 있도록 유도하는 차로
④ 오르막에서 대형 차량들의 속도 감소로 인한 영향을 줄이기 위해 설치한 차로

고속도로로 진입할 때 가속 차로를 이용하여 충분히 속도를 높여 주면서 본선으로 진입하여야 본선의 주행 차량들에 영향을 최소화할 수 있다.

3점 [난이도 : 下]

16 도로교통법상 자동차(이륜자동차 제외)에 영유아를 동승하는 경우 유아보호용 장구를 사용토록 한다. 다음 중 영유아에 해당하는 나이 기준은?

① 8세 이하 ② 8세 미만
③ 6세 미만 ④ 6세 이하

2점 [난이도 : 中]

17 고속도로에 진입한 후 잘못 진입한 사실을 알았을 때 적절한 행동은?

① 갓길에 정차한 후 비상점멸등을 켜고 고속도로 순찰대에 도움을 요청한다.
② 이미 진입하였으므로 다음 출구까지 주행한 후 빠져나온다.
③ 비상점멸등을 켜고 진입했던 길로 서서히 후진하여 빠져나온다.
④ 진입 차로가 2개 이상일 경우에는 유턴하여 돌아 나온다.

고속도로에 진입한 후 잘못 진입한 경우 다음 출구까지 주행한 후 빠져나온다.

3점 [난이도 : 中]

18 기업도시, 터미널 방향으로 좌회전 하려고 한다. 가장 안전한 운전 방법 2가지는?

도로상황
- 2차로에서 시속 50km로 주행 중
- 네비게이션에서 전방 좌회전 안내
- 3차로에서 시속 60km로 주행 중인 후행 차

① 네비게이션 안내에 따라 전방에서 좌회전해야 하므로 1차로로 미리 진로를 변경한다.
② 1,2차로는 지하차도로 진입하므로 3차로로 진로를 변경한다.
③ 정확한 길안내를 위해 네비게이션을 조작한다.
④ 3차로에 후행 차량이 있으므로 우측 방향지시등을 켜 그 앞으로 빠르게 진로를 변경한다.
⑤ 선행차가 급제동 할 수 있으므로 안전거리를 확보한다.

좌회전하려면 3차로로 진행해야 하므로 차로변경을 해야 하며, 변경 시 선행차와의 안전거리를 확보해야 한다.

3점 [난이도 : 中]

19 다음 상황에서 가장 안전한 운전방법 2가지는?

① 우측의 양보표지는 진입하는 차량이 준수해야 하는 표지이다.
② 회전교차로 안에서 앞지르기 하고자 할 때는 앞 차의 좌측으로 앞지르기해야 한다.
③ 모든 차량은 제한없이 1시 방향 출구를 이용할 수 있다.
④ 회전교차로 통행중인 차량보다 진입하는 차량이 우선하므로 그대로 진입하여 통과한다.
⑤ 회전교차로 안에서 밖으로 진출하려고 할 때에는 방향지시등을 켜야 한다.

② 회전교차로에서 앞지르기는 금지한다.
③ 회전교차로에서 나갈 경우 방향지시등을 켜고 주의하며 빠져나간다.
④ 이미 회전교차로 내에 회전하는 차량이 우선이므로 진입하려는 차량이 양보해야 한다.

3점 [난이도 : 中]

20 다음 상황에서 가장 안전한 운전방법 2가지는?

도로상황
- 빗길 자동차전용도로
- 시청방향 진출 차량들로 인해 1차로 지정체

① 진로변경 차량을 피하기 위해 3차로로 급히 진로를 변경한다.
② 1차로 차량이 진입하지 못하도록 속도를 높여 운전한다.
③ 경음기와 상향등을 사용해 진로변경을 방해한다.
④ 감속을 통해 진로변경차량에게 양보한다.
⑤ 빗길에서는 평소보다 제동거리가 길어지므로 미리 감속한다.

2점 【난이도 : 中】

21 도로교통법상 도로에 설치하는 노면표시의 색이 잘못 연결된 것은?

① 안전지대 중 양방향 교통을 분리하는 표시는 노란색
② 버스전용차로표시는 파란색
③ 노면색깔유도선표시는 분홍색, 연한녹색 또는 녹색
④ 어린이보호구역 안에 설치하는 속도제한표시의 테두리선은 흰색

어린이보호구역 안에 설치하는 속도제한표시의 테두리선은 적색이다.

2점 【난이도 : 下】

22 도로교통법상 고속도로 외의 도로에서 왼쪽 차로를 통행할 수 있는 차종으로 맞는 것은?

① 승용자동차 및 경형·소형·중형 승합자동차
② 대형승합자동차
③ 화물자동차
④ 특수자동차 및 이륜자동차

고속도로 외의 도로에서 왼쪽차로는 승용자동차 및 경형 · 소형 · 중형 승합자동차가 통행할 수 있다.

2점 【난이도 : 下】

23 다음 안전표지가 뜻하는 것은?

① 차폭 제한
② 차 높이 제한
③ 차간거리 확보
④ 터널의 높이

3점 【난이도 : 下】

24 다음에서 사고발생 가능성이 가장 높은 상황 2가지는?

도로상황
- 농번기 교외도로
- 시속 60km로 주행 중

① 전방 주행중인 자동차
② 좌측으로 진입하기 위해 갑자기 회전하는 전동스쿠터
③ 우측에서 출발하려는 화물차
④ 우측에서 작업중인 사람
⑤ 전방 좌측 이륜차

도로상황에서는 전동스쿠터와 우측 화물차와의 사고발생 가능성이 가장 높다.

3점 【난이도 : 下】

25 다음 상황에서 가장 안전한 운전방법 2가지는?

① 어린이 보호구역이므로 최고 제한속도 이내로 진행하여 갑작스러운 위험에 대비한다.
② 공사 현장이더라도 작업차량이 없으면 신속하게 진행한다.
③ 안전을 위해 비상점멸등을 켜고 속도를 높여 진행한다.
④ 한적한 도로이기에 도로 상황을 주의할 필요는 없다.
⑤ 횡단보도 앞에서는 보행자가 없더라도 반드시 일시정지 후 진행한다.

2점 【난이도 : 中】

26 자동차 운전 시 유턴이 허용되는 노면표시 형식은?(유턴표지가 있는 곳)

① 도로의 중앙에 황색 실선 형식으로 설치된 노면표시
② 도로의 중앙에 백색 실선 형식으로 설치된 노면표시
③ 도로의 중앙에 백색 점선 형식으로 설치된 노면표시
④ 도로의 중앙에 청색 실선 형식으로 설치된 노면표시

도로 중앙에 백색 점선 형식의 노면표시가 설치된 구간에서 유턴이 허용된다.

2점 【난이도 : 中】

27 도로교통법령상 차로에 따른 통행구분 설명이다. 잘못된 것은?

① 차로의 순위는 도로의 중앙선쪽에 있는 차로부터 1차로로 한다.
② 느린 속도로 진행하여 다른 차의 정상적인 통행을 방해할 우려가 있는 때에는 그 통행하던 차로의 오른쪽 차로로 통행하여야 한다.
③ 일방통행 도로에서는 도로의 오른쪽부터 1차로 한다.
④ 편도 2차로 고속도로에서 모든 자동차는 2차로로 통행하는 것이 원칙이다.

왼쪽부터 1차로 한다.

3점

28 다음 도로에서 가장 안전한 통행방법 2가지는?

도로상황
- 보행자우선도로

① 보행자우선도로는 어린이에게만 적용되므로 성인 보행자 쪽으로 붙어 주행한다.
② 보행자와 안전한 거리를 두고 진행한다.
③ 나란히 통행중인 보행자 일행이 일렬로 통행하도록 경음기를 울린다.
④ 보행자 통행에 방해를 주지 않도록 서행 또는 일시정지한다.
⑤ 보행자 통행에 방해를 주지 않으면 시속 20km 이상 주행할 수 있다.

3점 【난이도 : 下】

29 다음 상황에서 가장 안전한 운전방법 2가지는?

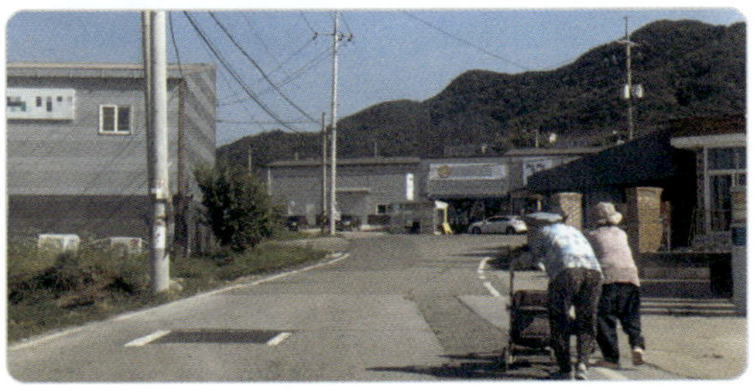

도로상황
- 중앙선이 없는 이면도로
- 보행자가 도로를 횡단하려는 상황

① 전방에 보행자가 도로를 횡단하려 하므로 일시정지 후 보행자의 안전을 확인하고 진행한다.
② 이면도로이므로 보행자를 보호할 의무가 없어 속도를 올려 진행한다.
③ 뒤따르는 차량이 있다면 비상점멸등을 켜서 위험상황을 알려준다.
④ 경음기를 반복하여 울려 보행자가 횡단하지 못하도록 한다.
⑤ 보행자 바로 앞에서 급정지하여 보행자에게 주의를 준다.

3점 【난이도 : 中】

30 운전 중 서행을 하여야 하는 경우나 장소 2가지는?

① 신호등이 없는 교차로
② 어린이가 보호자 없이 도로를 횡단하는 때
③ 앞을 보지 못하는 사람이 흰색 지팡이를 가지고 도로를 횡단하고 있는 때
④ 도로가 구부러진 부근

신호등이 없는 교차로는 서행을 하고, 어린이가 보호자 없이 도로를 횡단하는 때와 앞을 보지 못하는 사람이 흰색 지팡이를 가지고 도로를 횡단하고 있는 경우 일시정지를 하여야 한다.

정답 21 ④ 22 ① 23 ② 24 ②,③ 25 ①,⑤ 26 ③ 27 ③ 28 ②,④ 29 ①,③ 30 ①,④

2점 [난이도 : 中]

31 자동차 운전자는 폭우로 가시거리가 50미터 이내인 경우 도로교통법령상 최고속도의 (   )을 줄인 속도로 운행하여야 한다. (   )에 기준으로 맞는 것은?

① 100분의 50
② 100분의 40
③ 100분의 30
④ 100분의 20

비·안개·눈 등으로 인한 악천후 시 감속 기준

최고속도의 100분의 20을 서행해야 할 경우	최고속도의 100분의 50을 서행해야 할 경우
• 비가 내려 노면이 젖어있는 경우 • 눈이 20mm 미만 쌓인 경우	• 폭우·폭설·안개 등으로 가시거리가 100미터 이내인 경우 • 노면이 얼어 붙은 경우 • 눈이 20mm 이상 쌓인 경우

3점 [난이도 : 下]

32 운전 중 집중력에 대한 내용으로 가장 적합한 2가지는?

① 운전 중 동승자와 계속 이야기를 나누는 것은 집중력을 높여 준다.
② 운전자의 시야를 가리는 차량 부착물은 제거하는 것이 좋다.
③ 운전 중 집중력은 안전운전과는 상관이 없다.
④ TV/DMB는 뒷좌석 동승자들만 볼 수 있는 곳에 장착하는 것이 좋다.

2점 [난이도 : 下]

33 다음 안전표지가 뜻하는 것은?

① 차 높이 제한
② 차간거리 확보
③ 차폭 제한
④ 차 길이 제한

차폭의 제한을 나타낸다.

3점 [난이도 : 下]

34 다음 상황에서 가장 안전한 운전방법 2가지는?

도로상황
- 통행량이 많은 상가 앞 도로
- 전방에 무단횡단하는 보행자

① 보행자가 무단횡단을 하더라도 전방의 보행자 안전을 확인하며 진행한다.
② 무단횡단하는 보행자에 대해서는 보호할 필요가 없으므로 그대로 진행한다.
③ 경음기를 크게 울려 무단횡단자가 도로를 횡단하지 못하도록 한다.
④ 비상점멸등을 켜서 뒤따라오는 차량들에게 위험상황을 알려준다.
⑤ 무단횡단하는 보행자 바로 앞에서 급정지하여 보행자에게 훈계한다.

무단횡단을 하는 보행자라고 해도 안전거리를 두고 사고가 발생하지 않도록 주의해야 한다. 또한, 뒤따라오는 차량에게 위험을 알리기 위해 비상점멸등을 켜는 것이 안전하다.

3점 [난이도 : 下]

35 다음 상황에서 확인할 수 없는 교통안전표지 2가지는?

① 횡단보도 표지
② 좌회전 금지 표지
③ 회전형 교차로 표지
④ 정차·주차금지표지
⑤ 통행금지표지

사진에서 확인할 수 있는 교통안전표지 : 좌회전 금지 표지, 정차·주차금지표지, 횡단보도 표지, 견인지역 표지

2점 [난이도 : 中]

36 원동기 장치자전거 중 개인형 이동장치의 정의에 대한 설명으로 바르지 않은 것은?

① 오르막 각도가 25도 미만이어야 한다.
② 차체 중량이 30킬로그램 미만이어야 한다.
③ 자전거등이란 자전거와 개인형 이동장치를 말한다.
④ 시속 25킬로미터 이상으로 운행할 경우 전동기가 작동하지 않아야 한다.

"개인형 이동장치"란 전동기가 작동하지 아니하고 차체 중량이 30kg 미만의 25km/h 이상으로 운행할 있는 원동기장치자전거를 말하며, 등판각도는 규정되어 있지 않다.

2점 [난이도 : 上]

37 1·2차로가 좌회전 차로인 교차로의 통행 방법으로 맞는 것은?

① 승용차는 1차로만을 이용하여 좌회전하여야 한다.
② 승용차는 2차로만을 이용하여 좌회전하여야 한다.
③ 대형 승합차는 1차로만을 이용하여 좌회전하여야 한다.
④ 대형 승합차는 2차로만을 이용하여 좌회전하여야 한다.

좌회전 차로가 2개인 경우 승용차는 1·2차로, 대형 승합자동차, 적재 중량 1.5톤 초과 화물차, 특수자동차, 건설기계 등은 2차로를 이용하여 좌회전할 수 있다.

3점 [난이도 : 下]

38 사고발생 가능성이 가장 높은 상황 2가지는?

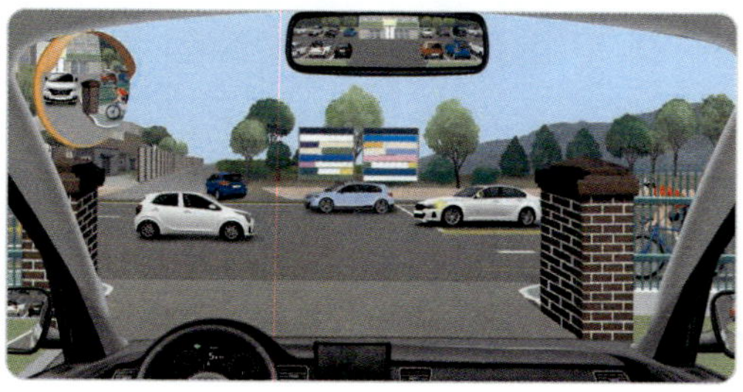

도로상황
- 도로변 건물에서 좌회전 진입하려고 함

① 보도 우측에서 진행 중인 자전거
② 건물로 진입하기 위해 좌회전 대기 중인 자동차
③ 도로 좌측에서 우측으로 주행 중인 자동차
④ 반대편 공터에 주차된 자동차
⑤ 반사경에 비친 자동차

3점 [난이도 : 下]

39 다음 중 회전교차로의 통행 방법으로 가장 적절한 2가지는?

① 회전교차로에서 이미 회전하고 있는 차량이 우선이다.
② 회전교차로에 진입하고자 하는 경우 신속히 진입한다.
③ 회전교차로 진입 시 비상점멸등을 켜고 진입을 알린다.
④ 회전교차로에서는 반시계 방향으로 주행한다.

① 모든 차의 운전자는 회전교차로에서는 반시계방향으로 통행하여야 한다.
② 모든 차의 운전자는 회전교차로에 진입하려는 경우에는 서행하거나 일시정지하여야 하며, 이미 진행하고 있는 다른 차가 있는 때에는 그 차에 진로를 양보하여야 한다.

5점 [난이도 : 中]

40 다음 영상에서 운전자가 해야 할 행동으로 맞는 것은?

※ 동영상 시청 : 스마트폰으로 옆 QR 코드로 검색하면 동영상 문제를 볼 수 있습니다. (카페의 동영상 문제 6번)

① 경찰차 뒤에서 서행으로 통행한다.
② 경찰차 운전자의 위반행동을 즉시 신고한다.
③ 왼쪽 차로에 안전한 공간이 있는 경우 앞지르기 한다.
④ 오른쪽 차로에 안전한 공간이 있는 경우 앞지르기 한다.

영상에서 경찰차가 지그재그 형태로 차도를 운전하는 경우 가상의 정체를 유발하는 신호 및 지시를 하고 있다. 이 기법은 트래픽 브레이크(traffic brake)라고 말하기도 한다. 이는 도로에 떨어진 낙하물, 교통사고 발생 후속조치 그리고 그 밖의 위험상황 등이 있는 경우 2차 또는 3차로 연결될 교통사고예방에 관한 목적이 있다. 따라서, 다른 자동차 운전자는 속도를 줄이고 서행하며, 경찰차 운전자의 행동을 위반행동으로 오인하지 않아야 하며, 신호와 지시를 따라야 한다.

정답 31 ① 32 ②,④ 33 ③ 34 ①,④ 35 ③,⑤ 36 ① 37 ④ 38 ①,② 39 ①,④ 40 ①

실전출제문제

2점 【난이도 : 上】

01 도로교통법상 차마의 통행방법 및 속도에 대한 설명으로 옳지 않은 것은?

① 신호등이 없는 교차로에서 좌회전할 때 직진하려는 다른 차가 있는 경우 직진 차에게 차로를 양보하여야 한다.
② 차도와 보도의 구별이 없는 도로에서 차량을 정차할 때 도로의 오른쪽 가장자리로부터 중앙으로 50센티미터 이상의 거리를 두어야 한다.
③ 교차로에서 앞 차가 우회전을 하려고 신호를 하는 경우 뒤따르는 차는 앞 차의 진행을 방해해서는 안 된다.
④ 자동차전용도로에서의 최저속도는 매시 40킬로미터이다.

자동차전용도로에서의 최저속도는 매시 30킬로미터이다.

2점 【난이도 : 中】

02 도로교통법상 개인형 이동장치와 관련된 내용으로 맞는 것은?

① 승차정원을 초과하여 운전
② 운전면허를 반납한 만 65세 이상인 사람이 운전
③ 만 13세 이상인 사람이 운전면허 취득 없이 운전
④ 횡단보도에서 개인형 이동장치를 끌거나 들고 횡단

2점 【난이도 : 下】

03 다음 안전표지가 있는 도로에서의 운전 방법으로 맞는 것은?

① 다가오는 차량이 있을 때에만 정지하면 된다.
② 도로에 차량이 없을 때에도 정지해야 한다.
③ 어린이들이 길을 건널 때에만 정지한다.
④ 적색등이 켜진 때에만 정지하면 된다.

3점 【난이도 : 下】

04 다음 상황에서 가장 올바른 운전방법 2가지는?

도로상황
- 양방향 통행가능한 중앙선이 없는 도로
- 반대방향에서 진행중인 택배 차량
- 승용차 탑승인원 1명

① 마주 오는 택배차량에게 진로를 양보한다.
② 승용차 운전자에게 우선권이 있으므로 그대로 진행한다.
③ 상향등을 반복 조작하여 상대운전자가 진행하지 못하도록 한다.
④ 주정차 된 차량에서 내리려는 사람을 주의한다.
⑤ 정지하여 상대운전자가 진로를 양보 때까지 기다린다.

3점 【난이도 : 中】

05 다음 상황에서 차로변경에 대한 설명으로 옳은 것 2가지는?

도로상황
- 길 우측의 진입차로에서 본선 차로로 진입하는 상황

① 2차로를 주행 중인 승용차는 1차로로 차로변경을 할 수 있다.
② 1차로를 주행 중인 승용차는 2차로로 차로변경을 할 수 없다.
③ 진입차로에서 바로 1차로로 차로변경을 할 수 있다.
④ 2차로를 주행 중인 승용차는 진입차로로 차로변경을 할 수 없다.
⑤ 모든 차로에서 차로변경을 할 수 있다.

3차로(진입차로)에서 2차로는 백색 점선이므로 차로변경이 가능하나, 1차로→2차로, 2차로→1차, 2차로→3차로는 백색 실선이므로 차로변경을 할 수 없다.

2점 【난이도 : 中】

06 도로교통법령상 전용차로의 종류가 아닌 것은?

① 버스 전용차로
② 다인승 전용차로
③ 자동차 전용차로
④ 자전거 전용차로

전용차로의 종류는 버스 전용차로, 다인승 전용차로, 자전거 전용차로 3가지로 구분된다.

2점 【난이도 : 中】

07 교차로와 딜레마 존(Dilemma Zone) 통과 방법 중 가장 거리가 먼 것은?

① 교차로 진입 전 교통 상황을 미리 확인하고 안전거리 유지와 감속운전으로 모든 상황을 예측하며 방어운전을 한다.
② 적색신호에서 교차로에 진입하면 신호위반에 해당된다.
③ 신호등이 녹색에서 황색으로 바뀔 때 앞바퀴가 정지선을 진입했다면 교차로 교통 상황을 주시하며 신속하게 교차로 밖으로 진행한다.
④ 도로교통법령상 딜레마 존(Dilemma Zone)을 인정하여 차량이 교차로에 진입하기 전에 황색의 등화로 바뀐 경우 교차로 직전에 정지할 필요가 없다.

딜레마 존(Dilemma Zone) : 교차로에 진입 전에 녹색 신호에서 황색 신호로 바뀔 때 멈추려고 해도 정지선 직전에 멈추기 어렵고, 직진을 유지시켜도 황색 신호에서 적색 신호로 바뀌 신호 위반이 되는 애매한 구간을 말한다.
도로교통법령상 딜레마존을 인정하지 않으며 교차로 진입 전에 황색 신호로 바뀌었다면 반드시 멈춰야 신호 위반이 되지 않는다.

3점 【난이도 : 下】

08 고속도로를 주행할 때 옳은 2가지는?

① 모든 좌석에서 안전띠를 착용하여야 한다.
② 고속도로를 주행하는 차는 진입하는 차에 대해 진로를 양보하여야 한다.
③ 고속도로를 주행하고 있다면 긴급자동차가 진입한다 하여도 양보할 필요는 없다.
④ 고장자동차의 표지(안전삼각대 포함)를 가지고 다녀야 한다.

3점 【난이도 : 中】

09 다음 상황에서 가장 안전한 운전방법 2가지는?

도로상황
- 1,2차로 지하차도로 연결
- 3차로에서 시속 50km 주행 중

① 흰색차 앞에서 브레이크를 밟아 급진로변경에 항의한다.
② 감속으로 흰색차량이 진로변경 할 수 있도록 안전거리를 확보한다.
③ 추돌사고를 피하기 위해 4차로로 진로변경한다.
④ 급가속을 통해 흰색차와의 추돌을 피한다.
⑤ 왼쪽으로 핸들을 돌리며 급제동한다.

전방의 흰색 차량이 진로변경을 할 수 있으므로 주의해야 하며, 안전거리 확보가 어렵다면 4차로로 진로 변경한다.

2점 【난이도 : 中】

10 다음 규제표지를 설치할 수 있는 장소는?

① 교통정리를 하고 있지 아니하고 교통이 빈번한 교차로
② 비탈길 고갯마루 부근
③ 교통정리를 하고 있지 아니하고 좌우를 확인할 수 없는 교차로
④ 신호기가 없는 철길 건널목

비탈길 고갯마루 부근은 시야가 가려져 고갯마루 너머의 전방 상태를 확인이 어려우므로 천천히 주행해야 한다.

정답 01 ④ 02 ④ 03 ② 04 ①,④ 05 ②,④ 06 ③ 07 ④ 08 ①,④ 09 ②,③ 10 ②

②점

11 차간거리에 대한 설명으로 올바르게 표현된 것은?

【난이도 : 上】

① 공주거리는 위험을 발견하고 브레이크 페달을 밟아 브레이크가 듣기 시작할 때까지의 거리를 말한다.
② 정지거리는 앞차가 급정지할 때 추돌하지 않을 정도의 거리를 말한다.
③ 안전거리는 브레이크를 작동시켜 완전히 정지할 때까지의 거리를 말한다.
④ 제동거리는 위험을 발견한 후 차량이 완전히 정지할 때까지의 거리를 말한다.

① 공주거리, ② 안전거리, ③ 제동거리, ④ 정지거리

②점

12 다음 중 앞지르기가 가능한 장소는?

【난이도 : 上】

① 교차로
② 황색실선의 국도
③ 터널 안
④ 황색점선의 지방도

교차로, 황색실선 구간, 터널 안, 다리 위, 시 · 도경찰청장이 지정한 곳은 앞지르기 금지 장소이다.

②점

13 다음 규제표지가 의미하는 것은?

【난이도 : 下】

① 위험물을 실은 차량 통행금지
② 전방에 차량 화재로 인한 교통 통제 중
③ 차량화재가 빈발하는 곳
④ 산불 발생 지역으로 차량 통행금지

위험물을 적재한 차의 통행을 금지하는 도로의 구간 우측에 설치

③점

14 고속도로 휴게소에서 휴식을 취하고 고속도로로 합류하려고 한다. 가장 안전한 운전방법 2가지는?

【난이도 : 下】

① 일시정지 후 주행 중인 차량이 없을 때 도로로 합류한다.
② 가속을 통해 한번에 1차로까지 가로 지른다.
③ 충분한 가속을 통해 좌측을 확인한 후 합류한다.
④ 갓길로 계속 주행한다.
⑤ 다른 차량의 통행을 방해하지 않도록 한다.

고속도로 진입시 자동차(긴급자동차 제외)의 운전자는 그 고속도로를 통행하고 있는 다른 자동차의 통행을 방해하여서는 안된다. 또한 고속도로를 통행중인 차량의 속도는 매우 빠르기 때문에 충분한 가속을 통해 고속도로에 진입하여야 한다.

③점

15 다음 상황에서 가장 안전한 운전방법 2가지는?

【난이도 : 中】

도로상황
- 자동차 전용도로
- 눈이 와서 노면이 미끄러운 상황
- 2차로에서 길 우측의 진출로로 차로 변경하려는 상황

① 갓길에 일시정지한 후 진출한다.
② 백색점선과 실선의 복선 구간에서 진출한다.
③ 진출로를 지나치면 차량을 후진해서라도 원래 가려던 곳으로 진출을 시도한다.
④ 노면이 미끄러우므로 충분히 감속하여 차로를 변경한다.
⑤ 진출 시 정체되면 끼어들기를 해서라도 빠르게 진출을 시도한다.

① 갓길에서는 주정차를 금지한다.
③ 후진은 매우 위험하며, 진출로를 지나치면 다음 진출로에서 빠져나간다.
⑤ 정체되더라도 끼어들기를 해서는 안된다.

②점

16 다음 중 도로교통법상 교차로에서의 서행에 대한 설명으로 가장 적절한 것은?

【난이도 : 上】

① 차가 즉시 정지시킬 수 있는 정도의 느린 속도로 진행하는 것
② 매시 30킬로미터의 속도를 유지하여 진행하는 것
③ 사고를 유발하지 않을 만큼의 속도로 느리게 진행하는 것
④ 앞차의 급정지를 피할 만큼의 속도로 진행하는 것

서행(徐行) : 운전자가 차를 즉시 정지시킬 수 있는 정도의 느린 속도로 진행하는 것

②점

17 차량 운전 중 차량 신호등과 횡단보도 보행자 신호등이 모두 고장 난 경우 횡단보도 통과 방법으로 옳은 것은?

【난이도 : 上】

① 횡단하는 사람이 있는 경우 서행으로 통과한다.
② 횡단보도에 사람이 없으면 서행하지 않고 빠르게 통과한다.
③ 신호등 고장으로 횡단보도 기능이 상실되었으므로 서행할 필요가 없다.
④ 횡단하는 사람이 있는 경우 횡단보도 직전에 일시정지한다.

모든 차의 운전자는 보행자(자전거에서 내려서 자전거를 끌고 통행하는 자전거 운전자를 포함)가 횡단보도를 통행하고 있을 때에는 보행자의 횡단을 방해하거나 위험을 주지 아니하도록 그 횡단보도 앞(정지선이 설치되어 있는 곳에서는 그 정지선을 말한다)에서 일시정지하여야 한다.

②점

18 소통이 원활한 편도 3차로 고속도로에서 승용자동차의 앞지르기 방법에 대한 설명으로 잘못된 것은?(버스전용차로 없음)

【난이도 : 上】
【난이도 : 上】

① 승용자동차가 앞지르기하려고 1차로로 차로를 변경한 후 계속해서 1차로로 주행한다.
② 3차로로 주행 중인 대형승합자동차가 2차로로 앞지르기한다.
③ 소형승합자동차는 1차로를 이용하여 앞지르기 한다.
④ 5톤 화물차는 2차로를 이용하여 앞지르기 한다.

고속도로에서 승용자동차가 앞지르기할 때에는 1차로를 추월차로로 이용하고, 앞지르기를 마친 후에는 지정된 주행 차로에서 주행하여야 한다.

③점

19 다음 설명 중 맞는 2가지는?

【난이도 : 上】

① 양보운전의 노면표시는 흰색 '△'로 표시한다.
② 양보표지가 있는 차로를 진행 중인 차는 다른 차로의 주행차량에 차로를 양보하여야 한다.
③ 일반도로에서 차로를 변경할 때에는 30미터 전에서 신호 후 차로 변경한다.
④ 원활한 교통을 위해서는 무리가 되더라도 속도를 내어 차간거리를 좁혀서 운전하여야 한다.

양보운전 노면표시는 '▽'이며, 교통흐름에 방해가 되더라도 안전이 최우선이라는 생각으로 운행하여야 한다.

③점

20 다음 상황에서 가장 안전한 운전방법 2가지는?

【난이도 : 下】

도로상황
- 터널 밖은 눈이 내리고 있어 도로가 미끄러운 상태

① 도로가 미끄러우므로 터널을 나가기 전에 3차로로 차로변경 후 감속하며 주행한다.
② 터널 밖의 상황을 알 수 없으므로 터널을 빠져나오면서 가속하며 주행한다.
③ 터널 안에서는 차로변경이 가능한 구간이기에 1차로로 차로변경 후 가속하며 신속하게 주행한다.
④ 터널 밖의 도로는 미끄러울 수 있으니 감속하며 주행한다.
⑤ 터널에서 진출 시 명순응 현상이 나타날 수 있으니 주의한다.

명순응 현상 : 어두운 곳에서 밝은 곳으로 갑자기 나오면 눈이 밝은 빛에 적응하는데 시간이 걸리는 현상이다.

2점 [난이도 : 上]

21 신호기의 신호가 있고 차량보조신호가 없는 교차로에서 우회전하려고 한다. 도로교통법령상 잘못된 것은?

① 차량신호가 적색등화인 경우, 횡단보도에서 보행자신호와 관계없이 정지선 직전에 일시정지 한다.
② 차량신호가 녹색등화인 경우, 정지선 직전에 일시정지하지 않고 우회전한다.
③ 차량신호가 녹색화살표 등화인 경우, 횡단보도에서 보행자신호와 관계없이 정지선 직전에 일시정지 한다.
④ 차량신호에 관계없이 다른 차량의 교통을 방해하지 않은 때 일시정지하지 않고 우회전한다.

교차로에서의 우회전 요령
- 적색등화 : 횡단보도에서 보행자 신호와 관계없이 정지선 직전에 일시정지 후 신호에 따라 진행하는 다른 차량의 교통을 방해하지 않고 우회전 한다.
- 녹색 등화 : 횡단보도에서 일지정지 의무는 없다.
- 녹색화살표 등화 : 횡단보도에서 보행자신호와 관계없이 정지선 직전에 일시정지 후 신호에 따라 진행하는 다른 차량의 교통을 방해하지 않고 우회전 한다.

※ 일시정지하지 않고 보행자 통행을 방해한 경우 보행자 보호의무위반으로 처벌된다.

2점 [난이도 : 中]

22 교차로에서 좌·우회전하는 방법을 가장 바르게 설명한 것은?

① 우회전을 하고자 하는 때에는 신호에 따라 정지 또는 진행하는 보행자와 자전거에 주의하면서 신속히 통과한다.
② 좌회전을 하고자 하는 때에는 항상 교차로 중심 바깥쪽으로 통과해야 한다.
③ 우회전을 하고자 하는 때에는 미리 우측 가장자리를 따라 서행하여야 한다.
④ 신호기 없는 교차로에서 좌회전을 하고자 할 경우 보행자가 횡단 중이면 그 앞을 신속히 통과한다.

우회전을 하고자 하는 때에는 미리 도로의 우측 가장자리를 서행하면서 우회전하여야 한다. 이 경우 우회전하는 차의 운전자는 신호에 따라 정지 또는 진행하는 보행자 또는 자전거에 주의하여야 한다.

2점 [난이도 : 下]

23 다음 규제표지가 설치된 지역에서 운행이 금지된 차량은?

① 이륜자동차
② 승합자동차
③ 승용자동차
④ 원동기장치자전거

3점 [난이도 : 中]

24 다음과 상황에서 가장 올바른 운전방법 2가지는?

도로상황
- 눈이 20mm 미만으로 쌓인 고속도로 주행 중

① 눈이 많이 쌓이지 않았으므로 평소대로 운전한다.
② 화물차가 눈길에 미끄러져 회전할 수 있으므로 이에 대비한다.
③ 최고 속도의 100분의 10을 줄인 속도로 운행한다.
④ 비상점멸등을 작동시키며 서행한다.
⑤ 지그재그 운전으로 속도를 줄인다.

눈이 20mm 미만으로 쌓인 경우 최고속도의 100분의 20을 서행해야 한다.

3점 [난이도 : 中]

25 도로교통법령상 개인형 이동장치에 대한 설명으로 바르지 않은 것 2가지는?

① 시속 25킬로미터 이상으로 운행할 경우 전동기가 작동하지 않아야 한다.
② 전동킥보드, 전동이륜평행차, 전동보드가 해당된다.
③ 자전거등에 속한다.
④ 전동기의 동력만으로 움직일 수 없는(PAS : Pedal Assist System) 전기자전거를 포함한다.

개인형 이동장치란 원동기장치자전거 중 시속 25킬로미터 이상으로 운행할 경우 전동기가 작동하지 아니하고 차체 중량 30킬로그램 미만의 전동킥보드, 전기이륜평행차, 전동기의 동력만으로 움직일 수 있는 자전거를 말한다.

3점 [난이도 : 中]

26 다음 상황에서 가장 안전한 운전방법 2가지는?

도로상황
- 눈이 내리고 있어 도로가 미끄러운 상태
- 자동차 전용도로
- 우측의 진출차로로 진행하는 상황

① 좌측 방향지시등을 켜고 안전거리를 확보하며 상황에 맞게 우측으로 진출한다.
② 전후방 교통상황을 살피면서 진출로로 나간다.
③ 진출로를 지나친 경우 후진을 하여 돌아온 후에 원래 가려고 했던 길로 간다.
④ 진출로에 주행하는 차량이 보이지 않으면 굳이 방향지시등을 켤 필요가 없다.
⑤ 미끄러짐 방지를 위해 평소보다 앞차와의 거리를 넓혀 진행한다.

① 우측 방향지시등을 켜고 우측으로 진출한다.
④ 진출로로 빠져나기 전에 충분한 거리를 두고 방향지시등을 켜고 진입한다.

2점 [난이도 : 上]

27 정지거리에 대한 설명으로 맞는 것은?

① 운전자가 브레이크 페달을 밟은 후 최종적으로 정지한 거리
② 앞차가 급정지 시 앞차와의 추돌을 피할 수 있는 거리
③ 운전자가 위험을 발견하고 브레이크 페달을 밟아 실제로 차량이 정지하기까지 진행한 거리
④ 운전자가 위험을 감지하고 브레이크 페달을 밟아 브레이크가 실제로 작동하기 전까지의 거리

① : 제동 거리, ② : 안전거리, ④ : 공주거리

2점 [난이도 : 中]

28 하이패스 차로 설명 및 이용방법이다. 가장 올바른 것은?

① 하이패스 차로는 항상 1차로에 설치되어 있으므로 미리 일반차로에서 하이패스 차로로 진로를 변경하여 안전하게 통과한다.
② 화물차 하이패스 차로 유도선은 파란색으로 표시되어 있고 화물차 전용차로 이므로 주행하던 속도 그대로 통과한다.
③ 다차로 하이패스구간 통과속도는 매시 30킬로미터 이내로 제한하고 있으므로 미리 감속하여 서행한다.
④ 다차로 하이패스구간은 규정된 속도를 준수하고 하이패스 단말기 고장 등으로 정보를 인식하지 못하는 경우 도착지 요금소에서 정산하면 된다.

화물차 하이패스유도선 주황색, 일반하이패스차로는 파란색이고 다차로 하이패스구간은 매시 50~80킬로미터로 구간에 따라 다르다.

3점 [난이도 : 中]

29 다음 상황에서 가장 바람직한 운전방법 2가지는?

도로상황
- 편도 3차로 고속도로
- 기후상황 : 가시거리 50미터인 안개낀 날

① 1차로로 진로변경하여 빠르게 통행한다.
② 등화장치를 작동하여 내 차의 존재를 다른 운전자에게 알린다.
③ 노면이 습한 상태이므로 속도를 줄이고 서행한다.
④ 앞차가 통행하고 있는 속도에 맞추어 앞차를 보며 통행한다.
⑤ 갓길로 진로변경하여 앞쪽 차들보다 앞서간다.

2점 [난이도 : 下]

30 교통사고 감소를 위해 도심부 최고속도를 시속 50킬로미터로 제한하고, 주거지역 등 이면도로는 시속 30킬로미터 이하로 하향 조정하는 교통안전 정책으로 맞는 것은?

① 뉴딜 정책
② 안전속도 5030
③ 교통사고 줄이기 한마음 대회
④ 지능형 교통체계(ITS)

정답 21 ④ 22 ③ 23 ② 24 ②,④ 25 ②,④ 26 ②,⑤ 27 ③ 28 ④ 29 ②,③ 30 ②

3점 [난이도 : 上]

31 교통정리가 없는 교차로에서의 양보 운전에 대한 내용으로 맞는 것 2가지는?

① 좌회전하고자 하는 차의 운전자는 그 교차로에서 직진 또는 우회전하려는 차에 진로를 양보해야 한다.
② 교차로에 들어가고자 하는 차의 운전자는 이미 교차로에 들어가 있는 좌회전 차가 있을 때에는 그 차에 진로를 양보할 의무가 없다.
③ 교차로에 들어가고자 하는 차의 운전자는 폭이 좁은 도로에서 교차로에 진입 하려는 차가 있을 경우에는 그 차에 진로를 양보해서는 안 된다.
④ 우선순위가 같은 차가 교차로에 동시에 들어가고자 하는 때에는 우측 도로의 차에 진로를 양보해야 한다.

> 교통정리가 행하여지고 있지 아니하는 교차로에서 좌회전 시 직진 또는 우회전 차량에 진로를 양보해야 하며, 우선순위가 같은 차가 동시 진입 시 우측 도로의 차에 진로를 양보해야 한다.

2점 [난이도 : 中]

32 편도 3차로 자동차전용도로의 구간에 최고속도 매시 60킬로미터의 안전표지가 설치되어 있다. 다음 중 운전자의 속도 준수방법으로 맞는 것은?

① 매시 90 킬로미터로 주행한다. ② 매시 80 킬로미터로 주행한다.
③ 매시 70 킬로미터로 주행한다. ④ 매시 60 킬로미터로 주행한다.

2점 [난이도 : 中]

33 도로교통법상 주거지역·상업지역 및 공업지역의 일반도로에서 제한할 수 있는 속도로 맞는 것은?

① 시속 20킬로미터 이내 ② 시속 30킬로미터 이내
③ 시속 40킬로미터 이내 ④ 시속 50킬로미터 이내

> 주거, 상업, 공업지역의 일반도로는 매시 50킬로미터 이내(단, 시·도경찰청장이 특히 필요하다고 인정하여 지정한 노선 또는 구간에서는 매시 60킬로미터 이내)

2점 [난이도 : 下]

34 교차로 통행 방법으로 맞는 것은?

① 신호등이 적색 점멸인 경우 서행한다.
② 신호등이 황색 점멸인 경우 일시정지한다.
③ 교차로에서는 앞지르기를 하지 않는다.
④ 교차로 접근 시 전조등을 상향으로 켜고 진행한다.

> 교차로에서는 황색 점멸인 경우 서행, 적색점멸인 경우 일시정지 한다. 교차로 접근 시 전조등을 상향으로 켜는 것은 상대방의 안전운전에 위협이 된다.

3점 [난이도 : 中]

35 다음 상황과 같이 화재 발생구간을 통과 할 경우 올바른 운전방법 2가지는?

도로상황
- 고속도로 인근 지역 화재 발생
- 화재연기가 도로를 가득 메우고 있는 상황

① 도로에 갇힐 수 있으므로 과속을 해서라도 빠져나간다.
② 전방 시야 확보가 어려우므로 비상등을 켜고 운전한다.
③ 라디오 등을 통해 우회도로에 대한 정보를 파악한다.
④ 신선한 공기순환을 위해 공조기를 외부순환 모드로 둔다.
⑤ 갓길에 주차한 후 우측 가드레일을 넘어 도로를 벗어난다.

2점 [난이도 : 中]

36 다음 안전표지의 뜻으로 맞는 것은?

① 일렬주차표지
② 상습정체구간표지
③ 야간통행주의표지
④ 차선변경구간표지

3점

37 다음 상황에서 가장 안전한 운전방법 2가지는?

도로상황
- 고속도로 2차로 주행 중

① 저속주행 중인 트레일러를 향해 경음기 눌러 가속을 재촉한다.
② 1차로를 이용하여 전방 트레일러를 안전하게 앞지르기 한다.
③ 진로를 변경할 때는 미리 방향지시등을 작동한다.
④ 주행차로인 1차로로 진입하여 정속주행한다.
⑤ 1차로는 최고속도 제한이 없기 때문에 속도를 높여 주행한다.

> ④ 1차로는 추월 차로이므로 정속주행이 아니라 앞지르기 후 다시 2차로로 차로변경해야 한다.

3점 [난이도 : 中]

38 다음 상황에서 가장 안전한 운전방법 2가지는?

도로상황
- 눈이 내리고 있어 도로가 미끄러운 상태
- 같은 차로 앞서 진행 중인 화물차가 저속으로 진행 중
- 2차로 선행 화물자동차를 앞지르려고 하는 상황

① 3차로에 진행하는 차량이 없으므로 3차로로 차로변경하여 신속하게 앞지르기 한다.
② 전방 화물차에 상향등을 연속적으로 사용하여 화물차가 양보하게 한다.
③ 전방의 저속주행하는 화물차 뒤를 바싹 붙어서 따라간다.
④ 터널 안에서는 앞지르기를 할 수 없다.
⑤ 좌측 차로에 차량이 많으므로 무리하게 앞지르기를 시도하지 않는다.

3점 [난이도 : 中]

39 다음 상황에서 가장 안전한 운전방법 2가지는?

도로상황
- 앞서 진행하는 화물차에서 눈이 흩날리는 상황
- 눈이 내리고 있어 도로가 미끄러운 상태

① 속도를 줄이며 전방 상황의 안전을 확인하며 진행한다.
② 2차로 진행 중 우측에 있는 차로로 차로변경한 후 화물차를 앞지르기 하여 진행한다.
③ 눈이 오는 상황이므로 최고 제한속도의 10퍼센트를 감속하여 진행한다.
④ 백색 점선 구간이기에 차로 변경을 할 수 없다.
⑤ 도로의 결빙 상태를 확인하고 후방의 상황도 살피면서 진행한다.

> ③ 20mm 이하로 눈이 오면 도로 최고제한속도의 20퍼센트를 감속한다.
> ④ 백색 점선 구간이기에 차로 변경이 가능하다.

5점

40 다음 중 교차로에서 횡단하는 보행자 보호를 위해 도로교통법규를 준수하는 차는?

※ 동영상 시청 : 스마트폰으로 옆 QR 코드로 검색하면 동영상 문제를 볼 수 있습니다. (카페의 동영상 문제 7번)

① 갈색 SUV차 ② 노란색 승용차
③ 주홍색 택시 ④ 검정색 승용차

정답 31 ①,④ 32 ④ 33 ④ 34 ③ 35 ②,③ 36 ② 37 ②,③ 38 ④,⑤ 39 ①,⑤ 40 ④

실전출제문제

2점 [난이도 : 下]

01 교차로에서 우회전 중 소방차가 경광등을 켜고 사이렌을 울리며 접근할 경우에 가장 안전한 운전방법은?

① 교차로를 통과하여 도로 우측 가장자리에 일시정지한다.
② 즉시 현 위치에서 정지한다.
③ 서행하면서 우회전한다.
④ 교차로를 신속하게 통과한 후 계속 진행한다.

모든 차의 운전자는 교차로 또는 그 부근에서 긴급자동차가 접근할 때에는 교차로를 피하여 도로의 우측가장자리로 일시정지하여야 한다.

2점 [난이도 : 中]

02 도로교통법상 보행자전용도로 통행이 허용된 차마의 운전자가 통행하는 방법으로 맞는 것은?

① 보행자가 있는 경우 서행으로 진행한다.
② 경음기를 울리면서 진행한다.
③ 보행자의 걸음 속도로 운행하거나 일시정지하여야 한다.
④ 보행자가 없는 경우 신속히 진행한다.

보행자전용도로의 통행이 허용된 차마의 운전자는 보행자를 위험하게 하거나 보행자의 통행을 방해하지 아니하도록 차마를 보행자의 걸음 속도로 운행하거나 일시정지하여야 한다.

2점 [난이도 : 下]

03 다음 규제표지가 의미하는 것은?

① 커브길 주의
② 자동차 진입금지
③ 앞지르기 금지
④ 과속방지턱 설치 지역

차의 앞지르기를 금지하는 도로의 구간이나 장소의 전면 또는 필요한 지점의 도로우측에 설치

3점 [난이도 : 中]

04 다음 상황에서 가장 안전한 운전 방법 2가지는?

도로상황
- 편도 4차로
- 버스가 3차로에서 4차로로 차로 변경 중
- 도로구간 일부 공사 중

① 전방에 공사 중임을 알리는 화물차가 정차 중일 수 있다.
② 2차로의 버스가 안전운전을 위해 속도를 낮출 수 있다.
③ 4차로로 진로 변경한 버스가 계속 진행할 수 있다.
④ 1차로 차량이 속도를 높여 주행할 수 있다.
⑤ 다른 차량이 내 앞으로 앞지르기 할 수 있다.

항상 보이지 않는 곳에 위험이 있을 것이라는 생각하는 자세가 필요하다. 운전 중일 때는 눈앞에 위험뿐만 아니라 멀리 있는 위험까지도 예측해야 하며 위험을 대비할 수 있는 안전속도와 안전거리 유지가 중요하다.

3점 [난이도 : 上]

05 자동차를 운행할 때 공주거리에 영향을 줄 수 있는 경우로 맞는 2가지는?

① 비가 오는 날 운전하는 경우
② 술에 취한 상태로 운전하는 경우
③ 차량의 브레이크액이 부족한 상태로 운전하는 경우
④ 운전자가 피로한 상태로 운전하는 경우

공주거리는 운전자의 심신의 상태에 따라 영향을 주게 된다.

2점 [난이도 : 下]

06 다음 중 소화기를 의무적으로 설치하거나 비치해야 하는 자동차가 아닌 것은?

① 5인승 이상의 승용자동차
② 승합자동차
③ 화물자동차
④ 이륜자동차

2점 [난이도 : 上]

07 일반도로의 버스전용차로로 통행할 수 있는 경우로 맞는 것은?

① 12인승 승합자동차가 6인의 동승자를 싣고 가는 경우
② 내국인 관광객 수송용 승합자동차가 25명의 관광객을 싣고 가는 경우
③ 노선을 운행하는 12인승 통근용 승합자동차가 직원들을 싣고 가는 경우
④ 택시가 승객을 태우거나 내려주기 위하여 일시 통행하는 경우

버스전용차로에서 버스운행에 장해를 주지 않는 범위에서는 승객의 승하차를 위해 택시의 일시 통행을 허용한다.

2점 [난이도 : 中]

08 소방차와 구급차 등이 앞지르기 금지 구역에서 앞지르기를 시도하거나 속도를 초과하여 운행 하는 등 특례를 적용 받으려면 어떤 조치를 하여야 하는가?

① 경음기를 울리면서 운행하여야 한다.
② 자동차관리법에 따른 자동차의 안전 운행에 필요한 구조를 갖추고 사이렌을 울리거나 경광등을 켜야 한다.
③ 전조등을 켜고 운행하여야 한다.
④ 특별한 조치가 없다 하더라도 특례를 적용 받을 수 있다.

긴급자동차가 특례를 받으려면 자동차관리법에 따른 자동차의 안전 운행에 필요한 구조를 갖추고 사이렌을 울리거나 경광등을 켜야 한다.

2점 [난이도 : 下]

09 다음 안전표지에 대한 설명으로 맞는 것은?

① 중량 5.5t 이상 차의 횡단을 제한하는 것
② 중량 5.5t 초과 차의 횡단을 제한하는 것
③ 중량 5.5t 이상 차의 통행을 제한하는 것
④ 중량 5.5t 초과 차의 통행을 제한하는 것

표지판에 표시한 중량을 초과하는 차의 통행을 제한하는 것

3점 [난이도 : 下]

10 다음 상황에서 가장 안전한 운전방법 2가지는?

도로상황
- 자동차 전용도로
- 우측의 진입로에서 본선 차로로 진입하는 상황

① 차로변경이 가능한 차로에서는 방향지시등을 켜지 않고 차로변경해도 된다.
② 1차로에서 주행 중인 승용차는 2차로로 차로변경 할 수 있다.
③ 진입차로에서 바로 1차로로 차로변경 할 수 있다.
④ 2차로에서 주행 중인 승용차는 1차로로 차로변경 할 수 있다.
⑤ 2차로에서 진입차로로 차로변경 할 수 있다.

백색 점선 구간에서는 차로변경이 가능하지만 백색 실선 구간에서는 차로변경을 하면 안 된다. 또한 점선과 실선이 복선일 때도 점선이 있는 쪽에서만 차로변경이 가능하다.

정답 01 ① 02 ③ 03 ③ 04 ①,⑤ 05 ②,④ 06 ④ 07 ④ 08 ② 09 ④ 10 ②,④

2점 [난이도 : 下]

11 도로교통법상 긴급자동차 특례 적용대상이 아닌 것은?

① 자동차등의 속도제한 ② 앞지르기의 금지
③ 끼어들기의 금지 ④ 보행자 보호

긴급자동차 특례 적용대상 : 자동차등의 속도제한, 앞지르기의 금지, 끼어들기의 금지

2점 [난이도 : 中]

12 일반자동차가 생명이 위독한 환자를 이송 중인 경우 긴급자동차로 인정받기 위한 조치는?

① 관할 경찰서장의 허가를 받아야 한다.
② 전조등 또는 비상등을 켜고 운행한다.
③ 생명이 위독한 환자를 이송 중이기 때문에 특별한 조치가 필요 없다.
④ 반드시 다른 자동차의 호송을 받으면서 운행하여야 한다.

구급차를 부를 수 없는 상황에서 일반자동차로 긴급한 상황에서 운행해야 할 경우에 긴급자동차로 특례를 적용 받기 위해서는 전조등 또는 비상등을 켜 표시하여야 한다.

2점 [난이도 : 下]

13 다음 안전표지에 대한 설명으로 맞는 것은?

① 승용자동차의 통행을 금지하는 것이다.
② 위험물 운반 자동차의 통행을 금지하는 것이다.
③ 승합자동차의 통행을 금지하는 것이다.
④ 화물자동차의 통행을 금지하는 것이다.

3점 [난이도 : 中]

14 다음 상황에서 가장 안전한 운전 방법 2가지는?

도로상황
- 자동차전용도로 분류구간
- 자동차전용도로로부터 진출하고자 차로변경을 하려는 운전자
- 진로변경제한선 표시

① 진로변경제한선 표시와 상관없이 우측차로로 진로변경 한다.
② 우측 방향지시기를 켜서 주변 운전자에게 알린다.
③ 급가속하며 우측으로 진로변경 한다.
④ 진로변경은 진출로 바로 직전에서 속도를 낮춰 시도한다.
⑤ 다른 차량 통행에 장애를 줄 우려가 있을 때에는 진로변경을 해서는 안 된다.

3점 [난이도 : 中]

15 사진에 나타난 교통안전시설과 이에 따른 해석으로 잘못된 것 2가지는?

도로상황
- 사거리 교차로 및 자동차전용도로 입구
- 차량 신호등은 적색등화의 점멸

① 차폭제한 표지 – 표지판에 표시한 폭이 초과된 차(적재한 화물의 폭을 포함)의 통행을 제한
② 이륜자동차 및 원동기장치자전거 통행금지 표지 – 이륜자동차 및 원동기장치자전거의 통행을 금지
③ 자동차 전용도로 표지 – 자동차 전용도로 또는 전용구역임을 지시하는 것
④ 차량신호등(적색등화의 점멸) – 다른 교통 또는 안전표지의 표시에 주의하면서 서행할 수 있다.
⑤ 중앙선 – 설치된 곳의 우측으로 통행할 것을 나타내는 선

2점 [난이도 : 下]

16 어린이통학버스 운전자 및 운영자의 의무에 대한 설명으로 맞지 않은 것은?

① 어린이통학버스 운전자는 어린이나 영유아가 타고 내리는 경우에만 점멸등을 작동하여야 한다.
② 어린이통학버스 운전자는 승차한 모든 어린이나 영유아가 좌석안전띠를 매도록 한 후 출발한다.
③ 어린이통학버스 운영자는 어린이통학버스에 보호자를 함께 태우고 운행하는 경우에는 보호자 동승표지를 부착할 수 있다.
④ 어린이통학버스 운영자는 어린이통학버스에 보호자가 동승한 경우에는 안전운행 기록을 작성하지 않아도 된다.

2점 [난이도 : 上]

17 어린이통학버스로 신고할 수 있는 자동차의 승차정원 기준으로 맞는 것은?

① 11인승 이상 ② 16인승 이상 ③ 17인승 이상 ④ 9인승 이상

어린이통학버스로 신고할 수 있는 자동차는 승차정원 9인승 이상의 자동차로 한다.

3점 [난이도 : 中]

18 고속도로를 운행중인 차량 중 지정차로를 위반한 차량 2대는?

도로상황
- 편도4차로 고속도로

① A (앞지르기 중인 승용차)
② B (36인승 대형승합차)
③ C (1톤 화물차)
④ D (26인승 대형승합차)
⑤ E (주행중인 승용차)

- 추월(앞지르기 차로) : 1차로
- 승용차 : 2~4차로
- 화물차, 특수차 및 대형 승합차 : 3~4차로

3점 [난이도 : 上]

19 음주 운전자에 대한 처벌 기준으로 맞는 2가지는?

① 혈중알코올농도 0.08퍼센트 이상의 만취 운전자는 운전면허 취소와 형사처벌을 받는다.
② 경찰관의 음주 측정에 불응하거나 혈중알코올농도 0.03퍼센트 이상의 상태에서 인적 피해의 교통사고를 일으킨 경우 운전면허 취소와 형사처벌을 받는다.
③ 혈중알코올농도 0.03퍼센트 이상 0.08퍼센트 미만의 단순 음주운전일 경우에는 120일간의 운전면허 정지와 형사처벌을 받는다.
④ 처음으로 혈중알코올농도 0.03퍼센트 이상 0.08퍼센트 미만의 음주 운전자가 물적 피해의 교통사고를 일으킨 경우에는 운전면허가 취소된다.

0.08% 이상에서는 사고유무에 관계없이 면허취소가 되며, 혈중알코올농도 0.03% 이상에서 대인사고시 형사상 면허취소가 된다.

3점 [난이도 : 中]

20 다음 상황에서 가장 안전한 운전방법 2가지는?

도로상황
- 자동차 전용도로
- 2차로에서 우측 진출로로 진로를 변경하려는 상황

① 진출로에 차량이 정체되면 안전지대를 통과하여 빠르게 진출한다.
② 진출로로 진로를 변경한 후에는 다른 차가 앞으로 끼어들지 못하도록 앞 차량에 바싹 붙어 진행한다.
③ 백색실선과 점선의 복선 구간이므로 점선이 있는 쪽에서 진로변경하여 진출한다.
④ 우측의 진출로로 진로변경 후에 길을 잘못 들었다고 판단되면 다시 좌측의 본선 차로로 진로변경하여 주행한다.
⑤ 진출로로 진로변경 시에 우측 방향지시등을 작동한다.

정답 11 ④ 12 ② 13 ④ 14 ②,⑤ 15 ①,④ 16 ④ 17 ④ 18 ②,③ 19 ①,② 20 ③,⑤

2점 [난이도 : 下]

21 편도 2차로 도로에서 1차로로 어린이 통학버스가 어린이나 영유아를 태우고 있음을 알리는 표시를 한 상태로 주행 중이다. 가장 안전한 운전 방법은?

① 2차로가 비어 있어도 앞지르기를 하지 않는다.
② 2차로로 앞지르기하여 주행한다.
③ 경음기를 울려 전방 차로를 비켜 달라는 표시를 한다.
④ 반대 차로의 상황을 보다 중앙선을 넘어 앞지르기한다.

어린이나 영유아를 태우고 있다는 표시를 한 상태로 주행하는 어린이통학버스를 앞지르지 못한다.

2점 [난이도 : 下]

22 다음 중 보행자의 통행에 여부에 관계없이 반드시 일시정지 하여야 할 장소는?

① 보도와 차도가 구분되지 아니한 도로 중 중앙선이 없는 도로
② 어린이 보호구역 내 신호기가 설치되지 아니한 횡단보도 앞
③ 보행자우선도로
④ 도로 외의 곳

2점 [난이도 : 中]

23 다음에서 "차량경고등" 표시내용으로 틀린 것은?

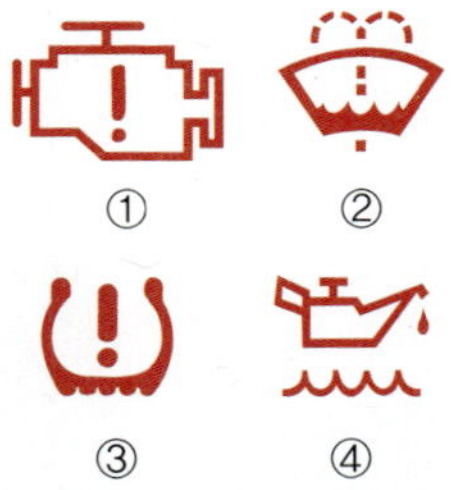

① 그림 ①은 엔진 제어 장치 및 배기가스 제어와 관련 센서 이상을 알리는 경고등
② 그림 ②는 워셔액 부족 시 보충을 알리는 경고등
③ 그림 ③은 타이어 공기압이 낮을시 표준공기압으로 보충 또는 타이어 파손상태를 알리는 경고등
④ 그림 ④는 ABS 브레이크 기능과 관련 경고등

① 엔진경고등 ② 워셔액 부족 경고등 ③ 타이어 공기압 부족 경고등 ④ 엔진오일 부족 경고등

3점 [난이도 : 中]

24 다음 상황에서 가장 안전한 운전방법 2가지는?

도로상황
- 최고속도 100km/h 고속도로
- 폭우로 가시거리가 100미터 이내임

① 비로 인해 노면이 젖어 있어 시속 80km/h 이하로 주행한다.
② 우측 대형버스가 물웅덩이를 지나갈 때 물이 튀면서 시야를 가릴 수 있음을 주의하며 운전한다.
③ 뒷 차량 운전자에게 나의 위치를 알려주기 위해 비상등을 점등하고 주행한다.
④ 우측 전방 차량이 진로변경 할 가능성이 있기에 1차로로 진로 변경 후 지속하여 주행한다.
⑤ 물웅덩이가 갑자기 튀어 시야확보가 어려울 경우 안전확보를 위해 급정지를 한다.

① 최고속도 100km/h 고속도로에서 폭우로 가시거리가 100미터 이내이면 100분의 50 속도, 즉 시속 50km/h 이하로 주행한다.
④ 1차로는 추월차로이므로 지속적으로 주행해서는 안된다.

3점 [난이도 : 中]

25 다음 상황에서 가장 안전한 운전방법 2가지는?

도로상황
- 자동차 전용도로
- 좌측 진출로로 나가는 상황

① 백색실선과 점선의 복선 구간이므로 점선이 있는 쪽에서 차로변경하여 진출한다.
② 좌측 갓길에 일시정지한 후 진출한다.
③ 진출로를 지나치면 차량을 후진해서라도 원래의 진출로에서 진출을 시도한다.
④ 후방 교통상황을 감안하여 좌측 진출로로 주행한다.
⑤ 진출로에 들어선 후 다시 우측 차로로 차로변경할 수 있다.

2점 [난이도 : 上]

26 다음 중 교통사고처리특례법상 어린이 보호구역 내에서 매시 40킬로미터로 주행 중 어린이를 다치게 한 경우의 처벌로 맞는 것은?

① 피해자가 형사 처벌을 요구할 경우에만 형사 처벌된다.
② 피해자의 처벌 의사에 관계없이 형사 처벌된다.
③ 종합보험에 가입되어 있는 경우에는 형사 처벌되지 않는다.
④ 피해자와 합의하면 형사 처벌되지 않는다.

어린이 보호구역 내에서 주행 중 어린이를 다치게 한 경우 피해자의 처벌 의사에 관계없이 형사 처벌된다.

2점 [난이도 : 中]

27 어린이 보호구역에 관한 설명 중 맞는 것은?

① 유치원이나 중학교 앞에 설치할 수 있다.
② 시장 등은 차의 통행을 제한하거나 금지할 수 있다.
③ 어린이 보호구역에서의 어린이는 12세 미만인 자를 말한다.
④ 차량의 운행 속도를 매시 30킬로미터 이내로 제한할 수 없다.

어린이 보호구역에서의 어린이는 13세 미만인 자를 말한다. 어린이 보호구역에서는 차량의 운행속도를 매시 30킬로미터 이내로 제한할 수 있다.

3점 [난이도 : 中]

28 다음눈길 교통상황에서 안전한 운전방법 2가지는?

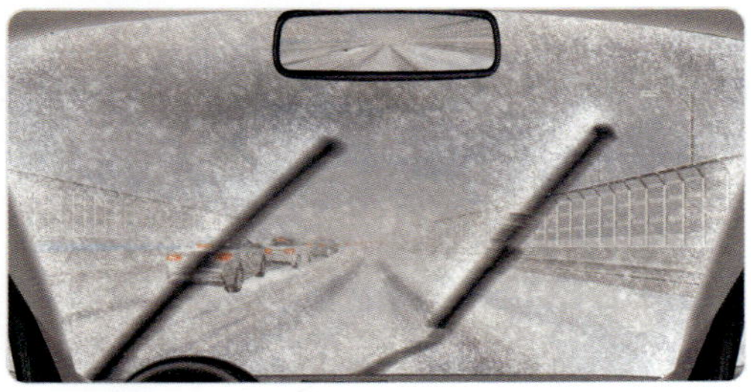

도로상황
- 터널을 막 통과하여 전방상황을 확인함
- 폭설이 내려 시야확보가 어려운 상황

① 폭설로 인해 차선이 보이지 않을 경우 앞 차의 바퀴자국을 따라서 주행한다.
② 눈길이나 빙판길에서는 제동거리가 짧아지므로 평소보다 안전거리를 더 유지한다.
③ 폭설 시 터널 진·출입구는 상습결빙구간으로 미끄러짐 사고로 인한 연쇄추돌사고를 대비한다.
④ 노면이 얼어붙은 도로에서는 최고속도의 100분의 20을 줄여야 한다.
⑤ 터널을 통과 후 암순응으로 인해 일시적 시력상실을 겪을 수 있어 주의해야 한다.

② 눈길이나 빙판길에서는 제동거리가 길어진다.
④ 노면이 얼어붙은 도로에서는 최고속도의 100분의 50을 줄여야 한다.
⑤ 터널을 통과 후에는 명순응 현상이 나타날 수 있다.

3점 [난이도 : 上]

29 음주운전 관련 내용 중 맞는 2가지는?

① 호흡 측정에 의한 음주 측정 결과에 불복하는 경우 다시 호흡 측정을 할 수 있다.
② 도로교통법상 음주측정방해행위를 처벌하는 규정은 없다.
③ 술에 취한 상태로 자전거를 운전한 후 음주측정방해행위를 한 사람은 처벌이 가능하다.
④ 술에 취한 상태에 있다고 인정할 만한 상당한 이유가 있음에도 경찰공무원의 음주측정에 응하지 않은 사람은 운전면허가 취소된다.

2점 [난이도 : 上]

30 다음 안전표지의 설치장소에 대한 기준으로 바르지 않는 것은?

A 표지　B 표지　C 표지　D 표지

① A 표지는 노면전차 교차로 전 50미터에서 120미터 사이의 도로 중앙 또는 우측에 설치한다.
② B 표지는 회전교차로 전 30미터 내지 120미터의 도로 우측에 설치한다.
③ C 표지는 내리막 경사가 시작되는 지점 전 30미터 내지 200미터의 도로 우측에 설치한다.
④ D 표지는 도로 폭이 좁아지는 지점 전 30미터 내지 200미터의 도로 우측에 설치한다.

D. 도로 폭이 좁아짐 표지 – 도로 폭이 좁아지는 지점 전 50미터 내지 200미터의 도로 우측에 설치

정답 21 ① 22 ② 23 ④ 24 ②,③ 25 ①,④ 26 ② 27 ② 28 ①,③ 29 ③,④ 30 ④

2점 [난이도 : 上]

31 승용차 운전자가 08:30경 어린이 보호구역에서 제한속도를 매시 25킬로미터 초과하여 위반한 경우 벌점으로 맞는 것은?

① 10점 ② 15점 ③ 30점 ④ 60점

어린이 보호구역 안에서 오전 8시부터 오후 8시까지 사이에 속도위반을 한 운전자에 대해서는 벌점의 2배에 해당하는 벌점을 부과한다.

2점 [난이도 : 上]

32 승용차 운전자가 어린이나 영유아를 태우고 있다는 표시를 하고 도로를 통행하는 어린이통학버스를 앞지르기한 경우 몇 점의 벌점이 부과되는가?

① 10점 ② 15점 ③ 30점 ④ 40점

3점 [난이도 : 下]

33 다음 도로상황에서 가장 안전한 운전방법 2가지는?

도로상황
- 터널 밖은 야간 폭설이 내리는 중
- 전방 차량과 안전거리를 유지한 상태
- 전방 트럭에 제동등과 비상등이 점등됨

① 터널 내부는 눈이 쌓여있지 않으므로 최고속도를 낮춰서 주행할 필요가 없다.
② 터널 밖에 돌발상황이 발생하였음을 알 수 있어, 이에 대비해야 한다.
③ 전방 차량과의 추돌사고를 막기 위해 3차로로 급차로변경을 실시한다.
④ 터널을 통과할 경우, 명순응으로 인해 일시적 시력상실을 겪을 수 있어 주의해야 한다.
⑤ 터널내부와 터널외부의 갑작스런 도로환경 변화에 미리 대비하여야 한다.

마주오는 차량이 상향등일 경우 시야를 방해하는 현혹현상으로 안전상 위험할 수 있으므로 속도를 줄이고 차량 불빛을 비껴보며, 1차로보다는 2차로로 주행하는 것이 좀 더 안전하다.

3점 [난이도 : 下]

34 다음 상황에서 가장 안전한 운전방법 2가지는?

도로상황
- 자동차 전용도로
- 지하차도 입구

① 지하차도 진입 전 백색실선 구간에서 2차로로 차로변경 할 수 있다.
② 지하차도 안에서는 전조등을 켜고 전방 상황을 주의하며 안전한 속도로 진행한다.
③ 지하차도 안에서는 백색실선 구간이더라도 속도가 느린 다른 차를 앞지르기할 수 있다.
④ 지하차도 안에서는 앞차와 안전거리를 유지한다.
⑤ 자동차 전용도로에 잘못 진입한 경우 안전하게 후진하여 진행한다.

3점 [난이도 : 下]

35 다음과 같은 상황에서 잘못된 운전방법 2가지는?

① 하이패스 이용자는 미리 하이패스 전용차로로 차로를 변경한다.
② 하이패스 차로에서는 정차하지 않으므로 전방 진행차량의 상황에 주의를 기울이며 운전하지 않아도 된다.
③ 현금이나 카드로 요금을 계산하려면 미리 해당 차로로 진로를 변경한다.
④ 현금으로 요금을 계산하려 했으나 다른 차로로 진입하게 된 때에는 후진하여 차로를 찾아간다.
⑤ 톨게이트를 통행할 때에는 시속 30 킬로미터 이내의 속도로 통과한다.

2점 [난이도 : 上]

36 도로교통법상 어린이 통학버스 안전교육 대상자의 교육시간 기준으로 맞는 것은?

① 1시간 이상 ② 3시간 이상
③ 5시간 이상 ④ 6시간 이상

어린이통학버스의 안전교육은 3시간 이상 실시한다

2점 [난이도 : 上]

37 도로교통법상 어린이 및 영유아 연령기준으로 맞는 것은?

① 어린이는 13세 이하인 사람
② 영유아는 6세 미만인 사람
③ 어린이는 15세 미만인 사람
④ 영유아는 7세 미만인 사람

• 어린이 : 13세 미만, • 영유아 : 6세 미만

3점 [난이도 : 中]

38 피로 및 과로, 졸음운전과 관련된 설명 중 맞는 2가지는?

① 피로한 상황에서는 졸음운전이 빈번하므로 카페인 섭취를 늘리고 단조로운상황을 피하기 위해 진로변경을 자주한다.
② 변화가 적고 위험 사태의 출현이 적은 도로에서는 주의력이 향상되어 졸음운전 행동이 줄어든다.
③ 감기약 복용 시 졸음이 올 수 있기 때문에 안전을 위해 운전을 지양해야 한다.
④ 음주운전을 할 경우 대뇌의 기능이 비활성화되어 졸음운전의 가능성이 높아진다.

3점 [난이도 : 下]

39 다음의 도로를 통행하려는 경우 가장 올바른 운전방법 2가지는?

도로상황
- 중앙선이 없는 도로
- 도로 좌우측 불법주정차된 차들

① 자전거에 이르기 전 일시정지한다.
② 횡단보도를 통행할 때는 정지선에 일시정지한다.
③ 뒤차와의 거리가 가까우므로 가속하여 거리를 벌린다.
④ 횡단보도 위에 사람이 없으므로 그대로 통과한다.
⑤ 경음기를 반복하여 작동하며 서행으로 통행한다.

전방 좌측에 어린이 자전거가 보이므로 자전거에 이르기 전에 일시정지해야 하며, 횡단보도 앞에는 보행자의 유무와 관계없이 일시정지해야 한다.

5점 [난이도 : 中]

40 다음 영상에서 예측되는 가장 위험한 상황은?

※ 동영상 시청 : 스마트폰으로 옆 QR 코드로 검색하면 동영상 문제를 볼 수 있습니다. (카페의 동영상 문제 8번)

① 주차금지 장소에 주차된 차가 1차로에서 통행하는 상황
② 역방향으로 주차한 차의 문이 열리는 상황
③ 진행방향에서 역방향으로 통행하는 자전거를 충돌하는 상황
④ 횡단 중인 보행자가 넘어지는 상황

편도 1차로의 도로에 불법으로 주차된 차량들로 인해 중앙선을 넘어 주행할 수밖에 없다. 이 경우 운전자는 진행방향이나 반대방향에서 주행하는 차마에 주의하면서 운전하여야 한다. 특히 어린이보호구역에서는 도로교통법을 위반하는 어린이 및 청소년이 운전자하는 자전거 등에 유의해야 한다.

정답 31 ③ 32 ③ 33 ②,⑤ 34 ②,④ 35 ②,④ 36 ② 37 ② 38 ③,④ 39 ①,② 40 ③

Round 09

| 도로교통공단 운전면허학과시험 문제은행 |

실전출제문제

2점 [난이도 : 上]

01 승용차 운전자가 13:00경 어린이 보호구역에서 신호위반을 한 경우 범칙금은?

① 5만원 ② 7만원 ③ 12만원 ④ 15만원

어린이 보호구역 안에서 오전 8시부터 오후 8시 사이에 신호위반 시 12만원의 범칙금을 부과한다.

2점 [난이도 : 下]

02 어린이가 보호자 없이 도로에서 놀고 있는 경우 가장 올바른 운전방법은?

① 어린이 잘못이므로 무시하고 지나간다.
② 경음기를 울려 겁을 주며 진행한다.
③ 일시정지하여야 한다.
④ 어린이에 조심하며 급히 지나간다.

어린이가 보호자 없이 도로에서 놀고 있는 경우 일시정지하여 어린이를 보호한다.

2점 [난이도 : 下]

03 다음 안전표지의 명칭으로 맞는 것은?

① 양측방 통행 표지
② 양측방 통행금지 표지
③ 중앙 분리대 시작 표지
④ 중앙 분리대 종료 표지

3점 [난이도 : 中]

04 도로교통법상 다음 교통안전시설에 대한 설명으로 맞는 2가지는?

도로상황
- 어린이보호구역
- 좌·우측에 좁은 도로
- 비보호좌회전 표지
- 신호 및 과속 단속 카메라

① 제한속도는 매시 50킬로미터이며 속도 초과 시 단속될 수 있다.
② 전방의 신호가 녹색화살표일 경우에만 좌회전 할 수 있다.
③ 모든 어린이보호구역의 제한속도는 매시 50킬로미터이다.
④ 신호순서는 적색-황색-녹색-녹색화살표이다.
⑤ 전방의 신호가 녹색일 경우 반대편 차로에서 차가 오지 않을 때 좌회전할 수 있다.

도로에는 정지한 것도 있고 움직이는 것도 있다. 움직이는 것은 어디로 움직일 것인지, 정지한 것은 계속 정지할 것인지를 예측해야한다. 또한 도로의 원칙과 상식은 안전을 위해 필요한만큼 실행하는 운전행동이 중요하다. 참고로 비보호 좌회전은 말 그대로 '보호받지 못하는 좌회전'인 만큼 운전자의 판단이 매우 중요하다.

3점 [난이도 : 下]

05 다음 상황에서 가장 안전한 운전 방법 2가지는?

① 전방에 교통 정체 상황이므로 안전거리를 확보하며 주행한다.
② 상대적으로 진행이 원활한 차로로 변경한다.
③ 음악을 듣거나 담배를 피운다.
④ 내 차 앞으로 다른 차가 끼어들지 못하도록 앞차와의 거리를 좁힌다.
⑤ 앞차의 급정지 상황에 대비해 전방 상황에 더욱 주의를 기울이며 주행한다.

서행(徐行) : 운전자가 차를 즉시 정지시킬 수 있는 정도의 느린 속도로 진행하는 것

2점 [난이도 : 上]

06 도로교통법령상 고속도로 버스전용차로를 통행할 수 있는 9인승 승용자동차는 ( )명 이상 승차한 경우로 한정한다. ( )안에 기준으로 맞는 것은?

① 3 ② 4 ③ 5 ④ 6

2점 [난이도 : 中]

07 다음 중 도로교통법상 난폭운전 적용 대상이 아닌 것은?

① 최고속도의 위반
② 횡단·유턴·후진 금지 위반
③ 끼어들기
④ 연속적으로 경음기를 울리는 행위

끼어들기는 난폭운전 위반대상이 아니다.

3점 [난이도 : 中]

08 어린이 보호구역 내에 설치된 횡단보도 중 신호기가 설치되지 아니한 횡단보도 앞(정지선이 설치된 경우에는 그 정지선을 말한다)에서 운전자의 행동으로 맞는 것 2가지는?

① 보행자가 횡단보도를 통행하려고 하는 때에는 보행자의 안전을 확인하고 서행하며 통과한다.
② 보행자가 횡단보도를 통행하려고 하는 때에는 일시정지하여 보행자의 횡단을 보호한다.
③ 보행자의 횡단 여부와 관계없이 서행하며 통행한다.
④ 보행자의 횡단 여부와 관계없이 일시정지한다.

2점 [난이도 : 下]

09 차의 운전자가 운전 중 '어린이를 충격한 경우' 가장 올바른 행동은?

① 이륜차운전자는 어린이에게 다쳤냐고 물어보았으나 아무 말도 하지 않아 안 다친 것으로 판단하여 계속 주행하였다.
② 승용차운전자는 바로 정차한 후 어린이를 육안으로 살펴본 후 다친 곳이 없다고 판단하여 계속 주행하였다.
③ 화물차운전자는 어린이가 넘어졌다 금방 일어나는 것을 본 후 안 다친 것으로 판단하여 계속 주행하였다.
④ 자전거운전자는 넘어진 어린이가 재빨리 일어나 뛰어가는 것을 본 후 경찰관서에 신고하고 현장에 대기하였다.

3점 [난이도 : 中]

10 다음 도로상황에서 가장 안전한 운전방법 2가지는?

도로상황
- 우측 전방에 정차 중인 어린이통학버스
- 어린이 통학버스에는 적색 점멸등이 작동 중

① 경음기로 어린이에게 위험을 알리며 지나간다.
② 전조등으로 어린이통학버스 운전자에게 위험을 알리며 지나간다.
③ 비상등을 켜서 뒤차에게 위험을 알리며 일시정지 한다.
④ 어린이통학버스에 이르기 전에 일시정지하였다가 서행으로 지나간다.
⑤ 비상등을 켜서 뒤차에게 위험을 알리며 지나간다.

서행(徐行) : 운전자가 차를 즉시 정지시킬 수 있는 정도의 느린 속도로 진행하는 것

정답 01 ③ 02 ③ 03 ① 04 ①,⑤ 05 ①,⑤ 06 ④ 07 ③ 08 ②,④ 09 ④ 10 ③,④

2점 [난이도 : 下]

11 골목길에서 갑자기 뛰어나오는 어린이를 자동차가 충격하였다. 어린이는 외견상 다친 곳이 없어 보였고, "괜찮다"고 말하고 있다. 이런 경우 운전자의 행동으로 맞는 것은?

① 반의사불벌죄에 해당하므로 운전자는 가던 길을 가면 된다.
② 어린이의 피해가 없어 교통사고가 아니므로 별도의 조치 없이 현장을 벗어난다.
③ 부모에게 연락하는 등 반드시 필요한 조치를 다한 후 현장을 벗어난다.
④ 어린이의 과실이므로 운전자는 어린이의 연락처만 확인하고 귀가한다.

교통사고로 어린이를 다치게 한 운전자는 부모에게 연락하는 등 최선의 조치를 다해야 한다.

2점 [난이도 : 下]

12 도로교통법령상 고령운전자 표지에 대한 설명으로 맞는 것은?

① 고령운전자 표지란 운전면허를 받은 65세 이상인 사람이 운전하는 차임을 나타내는 표지이다.
② 바탕은 청색, 글씨는 노란색으로 한다.
③ 앞면은 탈부착이 가능하도록 고무자석으로 제작하고, 뒷면은 반사지로 제작한다.
④ 차의 앞면 중 안전운전에 지장을 주지 않고, 시인성을 확보할 수 있는 장소에 부착한다.

2점 [난이도 : 下]

13 다음 안전표지의 명칭은?

① 양측방 통행 표지
② 좌·우회전 표지
③ 중앙 분리대 시작 표지
④ 중앙 분리대 종료 표지

3점 [난이도 : 中]

14 어린이보호구역을 안전하게 통행하는 운전방법 2가지는?

도로상황
- 어린이보호구역 교차로 직진하려는 상황
- 신호등 없는 횡단보도 및 교차로
- 실내후사경 속의 후행 차량 존재

① 앞쪽 자동차를 따라 서행으로 A횡단보도를 통과한다.
② 뒤쪽 자동차와 충돌을 피하기 위해 속도를 유지하고 앞쪽 차를 따라간다.
③ A횡단보도 정지선 앞에서 일시정지한 후 통행한다.
④ B횡단보도에 보행자가 없으므로 서행하며 통행한다.
⑤ B횡단보도 앞에서 일시정지한 후 통행한다.

어린이 보호구역 내에 설치된 횡단보도 중 신호기가 설치되지 아니한 횡단보도 앞(정지선이 설치된 경우에는 그 정지선을 말한다.)에서는 보행자의 횡단 여부와 관계없이 일시 정지하여야 한다.

3점 [난이도 : 中]

15 다음과 같은 상황에서 잘못된 운전방법 2가지는?

도로상황
- 감속차로 제외 편도 3개차로가 설치된 도로
- 고속도로 휴게소 진입로로 완전히 들어선 상황

① 서서히 감속한다.
② 전방 공사안내차량을 주시한다.
③ 앞선 차량과 안전거리를 유지한다.
④ 휴대전화 사용을 위해 공사안내차량 뒤편에 잠시 정차한다.
⑤ 휴게소에 들르지 않기로 했다면 좌측 후사경을 주시하면서 방향지시등을 켠 채 3차로로 즉시 차로를 변경한다.

④ 갓길의 주정차는 금지사항이다.
⑤ 백색실선이 있기 때문에 3차로로 차로 변경은 제한된다.

2점 [난이도 : 中]

16 「노인 보호구역」에서 노인을 위해 시·도경찰청장이나 경찰서장이 할 수 있는 조치가 아닌 것은?

① 차마의 통행을 금지하거나 제한할 수 있다.
② 이면도로를 일방통행로로 지정·운영할 수 있다.
③ 차마의 운행속도를 시속 30킬로미터 이내로 제한할 수 있다.
④ 주출입문 연결도로에 노인을 위한 노상주차장을 설치할 수 있다.

어린이·노인 및 장애인 보호구역의 지정 및 관리 : 차마의 통행을 금지 또는 제한, 차마의 정차 또는 주차 금지, 운행속도를 30km/h 이내로 제한, 이면도로를 일방통행로로 지정·운영

2점 [난이도 : 上]

17 도로교통법상 노인보호구역에서 통행을 금지할 수 있는 대상으로 바른 것은?

① 개인형 이동장치, 노면전차
② 트럭적재식 천공기, 어린이용 킥보드
③ 원동기장치자전거, 보행보조용 의자차
④ 노상안정기, 노약자용보행기

3점 [난이도 : 中]

18 다음 상황에서 가장 안전한 운전방법 2가지는?

도로상황
- 편도 1차로
- 오른쪽 보행보조용 의자차

① 전동휠체어와 옆쪽으로 안전한 거리를 유지하기 위해 좌측통행한다.
② 전동휠체어에 이르기 전에 감속하여 행동을 살핀다.
③ 전동휠체어가 차로에 진입하기 전이므로 가속하여 통행한다.
④ 전동휠체어가 차로에 진입하지 않고 멈추도록 경음기를 작동한다.
⑤ 전동휠체어가 차도에 진입했으므로 일시정지한다.

전동휠체어 또는 노인 보행자가 확인되는 경우 그 전동휠체어 또는 노인 보행자에 이르기 전 감속을 해야 하며, 주의해야 한다. 또한 전동휠체어가 이미 차도에 진입하여 횡단하려고 하는 때이므로 횡단 시설 여부 관계없이 일시정지하여 보행자를 보호해야 한다.

3점 [난이도 : 中]

19 도로교통법상 보행자 보호에 대한 설명 중 맞는 2가지는?

① 자전거를 끌고 걸어가는 사람은 보행자에 해당하지 않는다.
② 교통정리가 행하여지고 있지 않는 교차로에 먼저 진입한 차량은 보행자에 우선하여 통행할 권한이 있다.
③ 시·도경찰청장은 보행자의 통행을 보호하기 위해 도로에 보행자 전용 도로를 설치할 수 있다.
④ 보행자 전용 도로에는 유모차를 끌고 갈 수 있다.

3점 [난이도 : 中]

20 다음과 같은 상황에서 가장 잘못된 운전방식2가지는?

도로상황
- 편도 3차로 고속도로
- 평일 오후 경부고속도로 서울방면 청주 옥산IC 인근
- 도로의 가장 우측은 가변차로
- 사진상의 모든 자동차는 90~100km/h의 속도로 진행 중

① 버스전용차로는 버스만 통행할 수 있다.
② 승용차는 앞선 화물차를 앞지르기 위해서 1차로로 통행할 수 있다.
③ 전방 화물차와 안전거리를 유지하며 낙하물에 주의한다.
④ 가변차로로 통행하던 차량은 3차로로 진로를 변경해야 한다.
⑤ 5t 화물차는 옥산IC로 진출할 수 없다.

① 고속도로 버스 전용 차로는 9인승 이상, 12인승 이하의 승용차 및 승합차의 경우 이용 가능하며 승용자동차 또는 12인승 이하의 승합자동차는 6인 이상이 승차한 경우에만 가능하다.
② 고속도로의 1차로는 앞지르기를 하려는 승용자동차 및 앞지르기를 하려는 경형·소형·중형 승합자동차가 1차로로 통행할 수 있다.

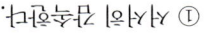

정답 11 ③ 12 ① 13 ② 14 ③,⑤ 15 ④,⑤ 16 ④ 17 ① 18 ②,⑤ 19 ③,④ 20 ①,②

2점 [난이도 : 上]

21 도로교통법상 노인보호구역에서 오전 10시경 발생한 법규위반에 대한 설명으로 맞는 것은?

① 덤프트럭 운전자가 신호위반을 하는 경우 범칙금은 13만원이다.
② 승용차 운전자가 노인보행자의 통행을 방해하면 범칙금은 7만원이다.
③ 자전거 운전자가 횡단보도에서 횡단하는 노인보행자의 횡단을 방해하면 범칙금은 5만원이다.
④ 경운기 운전자가 보행자보호를 불이행하는 경우 범칙금은 3만원이다.

신호위반(덤프트럭 13만원), 횡단보도보행자 횡단방해(승용차 12만원, 자전거 6만원), 보행자통행방해 또는 보호불이행(승용차 8만원, 자전거 4만원)의 범칙금이 부과된다.

2점 [난이도 : 下]

22 시장 등이 노인 보호구역으로 지정 할 수 있는 곳이 아닌 곳은?

① 고등학교 ② 노인복지시설
③ 도시공원 ④ 생활체육시설

2점 [난이도 : 下]

23 도로교통법령상 다음 안전표지에 대한 설명으로 맞는 것은?

① 차가 좌회전 후 유턴할 것을 지시하는 안전표지이다.
② 차가 좌회전 또는 유턴할 것을 지시하는 안전표지이다.
③ 좌회전 차가 유턴차 보다 우선임을 지시하는 안전표지이다.
④ 좌회전 차보다 유턴차가 우선임을 지시하는 안전표지이다.

3점 [난이도 : 中]

24 다음 도로상황에서 가장 안전한 운전방법 2가지는?

도로상황
- 어린이 보호구역
- 어린이 통학버스 뒤 초등학교 정문

① 어린이 통학버스 뒤에서 갑자기 튀어나오는 어린이가 있을 수 있으므로 주의한다.
② 전방 신호등이 없는 횡단보도에 보행자가 없으므로 서행하여 통과한다.
③ 우측의 뛰어가고 있는 아이들이 갑자기 횡단보도로 튀어나올 수 있기에 횡단보도 앞에서 일시정지 하여야 한다.
④ 해당 구역의 경우, 어린이통학버스에 한해 주·정차를 할 수 있도록 허용한 곳이다.
⑤ 전방 우측의 어린이 통학버스에서 아이들이 승·하차하고 있기 때문에 통학버스 옆을 통과 전 일시정지 후 통과하여야 한다.

전방 시야가 확보되지 않은 상태에서 무리한 앞지르기는 예상치 못한 위험을 만날 수 있다. 전방 우측 보도 위의 자전거가 손수레 앞으로 도로를 횡단하거나 맞은편의 이륜차가 손수레를 피해 좌측으로 진행해 올 수 있다. 어린이 보호구역에서는 어린이들의 행동 특성을 고려하여 제한속도 내로 운전하여야 하고 주정차 금지 구역에 주차된 위반 차들로 인해 키가 작은 어린이들이 가려 안 보일 수 있으므로 주의하여야 한다.

3점 [난이도 : 中]

25 다음과 같은 상황에서 안전한 운행방법이 아닌 것2가지는?

도로상황
- 가변차로 포함 편도 4개 차로가 설치된 고속도로

① 가변차로로 통행할 수 없다.
② 1km 앞에 안개 잦은 지역이므로 주의하며 운전한다.
③ 곧 구간단속 시점이므로 단속 카메라를 피해 갓길로 주행한다.
④ 화물차가 앞지르기 하려면 2차로로 통행할 수 있다.
⑤ 고속도로에서 화물차 동승자는 안전띠를 매어야 할 의무가 없다.

③ 갓길은 사고, 차량 고장 등 불가피한 상황에서만 주정차가 가능하며, 도로정비차, 경찰차 등만 주행 또는 주정차가 가능하다.
⑤ 모든 도로에서는 운전자와 동승자 모두 안전띠는 매야 한다.

2점

26 다음 중 노인보호구역을 지정할 수 없는 자는?

① 특별시장 ② 광역시장
③ 특별자치도지사 ④ 시·도경찰청장

2점 [난이도 : 下]

27 교통약자인 고령자의 일반적인 특징에 대한 설명으로 올바른 것은?

① 반사 신경이 둔하지만 경험에 의한 신속한 판단은 가능하다.
② 시력은 약화되지만 청력은 발달되어 작은 소리에도 민감하게 반응한다.
③ 돌발 사태에 대응능력은 미흡하지만 인지능력은 강화된다.
④ 신체상태가 노화될수록 행동이 원활하지 않다.

3점 [난이도 : 上]

28 보행자의 통행에 대한 설명 중 맞는 것 2가지는?

① 보행자는 예외적으로 차도를 통행하는 경우 차도의 좌측으로 통행해야 한다.
② 보행자는 사회적으로 중요한 행사에 따라 행진 시에는 도로의 중앙으로 통행할 수 있다.
③ 도로횡단시설을 이용할 수 없는 지체장애인은 도로횡단시설을 이용하지 않고 도로를 횡단할 수 있다.
④ 도로횡단시설이 없는 경우 보행자는 안전을 위해 가장 긴 거리로 도로를 횡단 하여야 한다.

보행자는 차도의 우측으로 통행하여야 하며, 도로횡단시설이 없는 경우 보행자는 안전을 위해 가장 짧은 거리로 도로를 횡단하여야 한다.

3점 [난이도 : 中]

29 다음 도로상황에서 가장 안전한 운전행동 2가지는?

도로상황
- 어린이 보호구역 주행 중
- 신호등이 없는 교차로 입구 주·정차 차량 존재

① 교차로 진입 전 일시정지 후 통과한다.
② 경음기를 사용하며 속도를 높여 통과한다.
③ 전동보장구를 탄 고령보행자가 차량의 통행을 기다리고 있기에 신속히 교차로를 통과한다.
④ 주·정차 차량 사이에 어린이 보행자가 있을 수 있어 주의한다.
⑤ 직진하려는 차량이 우선이므로 좌측으로 붙어 그대로 통과한다.

3점 [난이도 : 中]

30 다음과 같은 상황에서 가장 안전한 운전방법 2가지는?

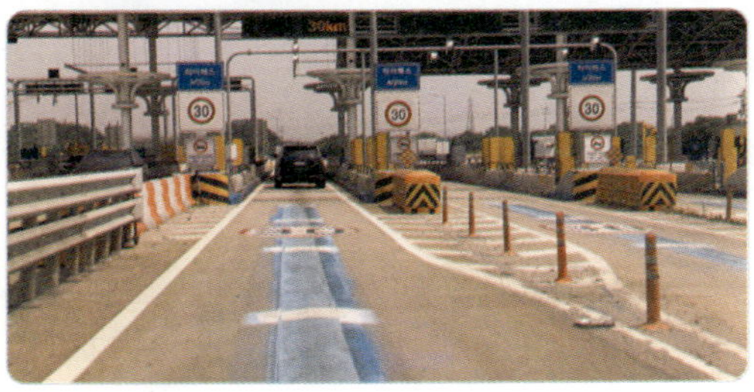

도로상황
- 고속도로 통과 중
- 하이패스 차로에서 진행 중

① 하이패스 차로 진입 후 다른 차로로 진행하려면 후진하여 해당 차로를 찾아간다.
② 하이패스 단말기를 장착하지 않으면 하이패스 차로에서 반드시 정차하여 결제 후 통과해야 한다.
③ 현금이나 카드로 요금을 계산하려면 미리 해당 차로로 진로를 변경한다.
④ 하이패스 차로에서는 정차하지 않으므로 전방 진행차량의 상황에 주의를 기울이며 운전하지 않아도 된다.
⑤ 하이패스 차로를 통행할 때에는 시속 30 킬로미터 이내의 속도로 통과하는 것이 안전하다.

② 하이패스 단말기를 장착하지 않을 경우 현금이나 카드 결제가 가능한 차로로 진입한다. 만약 하이패스 차로로 진행했다면 무정차 통과 후 사후 정산이 가능하다.

정답 21 ① 22 ① 23 ② 24 ①,③ 25 ③,⑤ 26 ④ 27 ④ 28 ②,③ 29 ①,④ 30 ③,⑤

2점 [난이도 : 上]

31 도로교통법상 시장등이 노인보호구역에서 할 수 있는 조치로 옳은 것은?

① 차마와 노면전차의 통행을 제한하거나 금지할 수 있다.
② 대형승합차의 통행을 금지할 수 있지만 노면전차는 제한할 수 없다.
③ 이륜차의 통행은 금지할 수 있으나 자전거는 제한할 수 없다.
④ 건설기계는 통행을 금지할 수는 없지만 제한할 수 있다.

시장 등은 보호구역으로 각각 지정하여 차마와 노면전차의 통행을 제한하거나 금지하는 등 필요한 조치를 할 수 있다.

2점 [난이도 : 上]

32 주행 보조장치가 장착된 자동차의 운전방법으로 바르지 않은 것은?

① 주행 보조장치를 사용하는 경우 주행 보조장치 작동 유지 여부를 수시로 확인하며 주행한다.
② 운전 개입 경고 시 주행 보조장치가 해제될 때까지 기다렸다가 개입해야 한다.
③ 주행 보조장치의 일부 또는 전체를 해제하는 경우 작동 여부를 확인한다.
④ 주행 보조장치가 작동되고 있더라도 즉시 개입할 수 있도록 대기하면서 운전한다.

주행 보조장치 작동 중 운전자가 핸들이나 가속페달, 브레이크 등을 조작하면 주행 보조장치의 작동은 해제된다.

2점 [난이도 : 下]

33 다음 안전표지에 대한 설명으로 맞는 것은?

① 주차장에 진입할 때 화살표 방향으로 통행할 것을 지시하는 것
② 좌회전이 금지된 지역에서 우회 도로로 통행할 것을 지시하는 것
③ 회전형 교차로이므로 주의하여 회전할 것을 지시하는 것
④ 좌측면으로 통행할 것을 지시하는 것

차의 좌회전이 금지된 지역에서 우회도로로 통행할 것을 지시하는 것

3점 [난이도 : 中]

34 다음 도로상황에서 발생할 수 있는 가장 위험한 요인 2가지는?

도로상황
- 어린이 보호구역 주행 중
- 반대방향 어린이 통학버스 적색점멸등 작동

① 전방 어린이 통학버스가 정지할 수 있어 안전거리를 유지한다.
② 속도를 줄이면 뒤차에게 추돌사고를 당할 수 있어 통학버스를 앞지른다.
③ 좌측 어린이가 횡단보도로 진입할 수 있으므로 어린이 행동을 살핀다.
④ 전방 좌측 주·정차된 이륜차와의 사고를 주의하며, 천천히 어린이 통학버스를 앞지른다.
⑤ 전방 어린이 통학버스에서 어린이가 승·하차하고 있으므로 서서히 앞질러 주행한다.

어린이 보호구역은 보이지 않는 곳에서 위험이 발생할 수 있으므로 위험을 예측하고 미리 속도를 줄인 상태로 주행하면서 어린이의 돌발행동에 주의하여야 한다. ⑤ 어린이 통학버스의 황색점멸등은 도로에 정지하려는 때와 출발하기 위하여 승강구가 닫혔을 때 사용된다.

3점 [난이도 : 中]

35 비보호좌회전 교차로에서 좌회전하고자 할 때 설명으로 맞는 2가지는?

① 마주오는 차량이 없을 때 반드시 녹색등화에서 좌회전하여야 한다.
② 마주오는 차량이 모두 정지선 직전에 정지하는 적색등화에서 좌회전하여야 한다.
③ 녹색등화에서 비보호 좌회전할 때 사고가 나면 안전운전의무 위반으로 처벌받는다.
④ 적색등화에서 비보호 좌회전할 때 사고가 나면 안전운전의무 위반으로 처벌받는다.

2점 [난이도 : 上]

36 승용자동차 운전자가 노인보호구역에서 교통사고로 노인에게 3주간의 상해를 입힌 경우 형사처벌에 대한 설명으로 틀린 것은?

① 종합보험에 가입되어 있으면 형사처벌되지 않는다.
② 노인보호구역을 알리는 안전표지가 있는 경우 형사처벌된다.
③ 피해자가 처벌을 원하지 않으면 형사처벌되지 않는다.
④ 합의하면 형사처벌되지 않는다.

보험 또는 공제에 가입 된 경우에는 공소를 제기할 수 없으며, 피해자의 명시적인 의사가 있으면 공소를 제기할 수 없다.

2점 [난이도 : 上]

37 승용자동차 운전자가 노인보호구역에서 15:00경 규정속도 보다 시속 60킬로미터를 초과하여 운전한 경우 범칙금과 벌점은(가산금은 제외)?

① 6만원, 60점
② 9만원, 60점
③ 12만원, 120점
④ 15만원, 120점

2점 [난이도 : 下]

38 다음 안전표지에 대한 설명으로 맞는 것은?

① 신호에 관계없이 차량 통행이 없을 때 좌회전할 수 있다.
② 적색 신호에 다른 교통에 방해가 되지 않을 때에는 좌회전 할 수 있다.
③ 비보호이므로 좌회전 신호가 없으면 좌회전할 수 없다.
④ 녹색 신호에서 다른 교통에 방해가 되지 않을 때에는 좌회전할 수 있다.

비보호좌회전 지시표지로 진행신호 시 반대방면에서 오는 차량에 방해가 되지 아니하도록 좌회전할 수 있다.

3점 [난이도 : 下]

39 다음과 같은 상황에서 가장 안전한 운전방법 2가지는?

도로상황
- 편도 3차로 고속도로
- 1차로에 공사안내차량 정차 중
- 2차로로 주행 중

① 1차로에 공사안내차량이 있으므로 속도를 높여 빠르게 진행한다.
② 서서히 속도를 줄이고 전방 상황에 주의하며 진행한다.
③ 비상 점멸등을 점등하여 뒤따라오는 차량에 위험 상황을 알린다.
④ 공사안내차량을 피하여 3차로로 급차로 변경한다.
⑤ 공사안내차량보다는 고속도로를 통행하는 차가 우선권이 있으므로 계속 경음기를 울려 주의를 주고 그대로 통과한다.

④ 변경하려는 차로에 후속 차량에 가까이 있거나 고속에서 급하게 차로 변경시 전복 사고를 초래할 수 있다.
⑤ 공사안내차량을 통과할 때 예상할 수 없는 사고방지를 위해 서행하며 안전주행한다.

5점 [난이도 : 上]

40 다음 영상을 보고 확인되는 가장 위험한 상황은?

※ 동영상 시청 : 스마트폰으로 옆 QR 코드로 검색하면 동영상 문제를 볼 수 있습니다. (카페의 동영상 문제 9번)

① 교차로에 대기 중이던 1차로의 승용자동차가 좌회전하는 상황
② 2차로로 진로변경 하는 중 2차로로 주행하는 자동차와 부딪치게 될 상황
③ 입간판 뒤에서 보행자가 무단횡단하기 위해 갑자기 도로로 나오는 상황
④ 횡단보도에 대기 중이던 보행자가 신호등 없는 횡단보도 진입하려는 상황

입간판이나 표지판 뒤에 있는 보행자는 장애물에 의한 사각지대에 있으므로 운전자가 확인하기 어렵다. 이 때 보행자는 멀리에서 오는 자동차의 존재에 관심이 없거나 또는 그 자동차를 발견했을지라도 상당히 먼 거리이므로 횡단을 할 수 있다고 오판하여 무단횡단을 할 가능성이 있다. 또한 횡단보도의 앞뒤에서 무단 횡단이 많은 편이다.

정답 31 ① 32 ② 33 ② 34 ①,③ 35 ①,③ 36 ② 37 ④ 38 ④ 39 ②,③ 40 ③

실전출제문제

②점 [난이도 : 上]

01 장애인주차구역에 대한 설명이다. 잘못된 것은?

① 장애인전용주차구역 주차표지가 붙어 있는 자동차에 장애가 있는 사람이 탑승하지 않아도 주차가 가능하다.
② 장애인전용주차구역 주차표지를 발급받은 자가 그 표지를 양도·대여하는 등 부당한 목적으로 사용한 경우 표지를 회수하거나 재발급을 제한할 수 있다.
③ 장애인전용주차구역에 물건을 쌓거나 통행로를 막는 등 주차를 방해하는 행위를 하여서는 안 된다.
④ 장애인전용주차구역 주차표지를 붙이지 않은 자동차를 장애인전용주차구역에 주차한 경우 10만원의 과태료가 부과된다.

②점 [난이도 : 上]

02 장애인 전용 주차구역 주차표지 발급 기관이 아닌 것은?

① 국가보훈처장
② 특별자치시장·특별자치도지사
③ 시장·군수·구청장
④ 보건복지부장관

내리막길의 경우 앞으로 미끄러지는 것을 방지하기 위해 후진 기어를 넣고 주차 브레이크를 당겨놓는다.

②점 [난이도 : 下]

03 다음 안전표지가 의미하는 것은?

① 자전거 횡단이 가능한 자전거횡단도가 있다.
② 자전거 횡단이 불가능한 것을 알리거나 지시하고 있다.
③ 자전거와 보행자가 횡단할 수 있다.
④ 자전거와 보행자의 횡단에 주의한다.

③점 [난이도 : 中]

04 다음 도로상황에서 가장 안전한 운전방법 2가지는?

도로상황
- 우회전 후 횡단보도
- 횡단보도는 신호는 녹색점멸, 5초 남음
- 횡단보도 우측에 초등학교 정문

① 횡단보도에 있는 어린이와 충돌 가능성이 없으므로 우회전한다.
② 갑작스레 튀어나올 수 있는 아이들의 행동에 대비한다.
③ 횡단보도 위 어린이가 횡단을 완료한 후 우회전한다.
④ 어린이의 횡단을 재촉하기 위해 경음기를 사용한다.
⑤ 횡단보도 위에 정지하여 다른 아이들의 진입을 막는다.

횡단보도 보행신호가 거의 끝난 상태이거나 차량신호가 녹색으로 바뀌어도 횡단하려는 보행자가 있을 수 있으므로 보행자의 유무를 확인한 후 진행한다. 또한 차량신호가 적색인 상태에서 좌측도로에서 좌회전이 가능할 수 있으므로 예측출발은 하지 않아야 한다.

②점 [난이도 : 上]

05 도로교통법령상 원동기장치자전거(개인형 이동장치 제외)의 난폭운전 행위로 볼 수 없는 것은?

① 신호 위반행위를 3회 반복하여 운전하였다.
② 속도 위반행위와 지시 위반행위를 연달아 위반하여 운전하였다.
③ 신호 위반행위와 중앙선 침범행위를 연달아 위반하여 운전하였다.
④ 중앙선 침범행위와 보행자보호의무 위반행위를 연달아 위반하여 운전하였다.

보행자보호의무위반은 난폭운전의 행위에 포함되지 않는다.

②점 [난이도 : 上]

06 밤에 자동차(이륜자동차 제외)의 운전자가 고장 그 밖의 부득이한 사유로 도로에 정차할 경우 켜야 하는 등화로 맞는 것은?

① 전조등 및 미등
② 실내 조명등 및 차폭등
③ 번호등 및 전조등
④ 미등 및 차폭등

도로교통법규상 밤에 주행 또는 정차시 미등 및 차폭등을 반드시 켜져 있어야 한다.

②점 [난이도 : 上]

07 편도 3차로 고속도로에서 통행차의 기준으로 맞는 것은?

① 승용자동차의 주행차로는 1차로이므로 1차로로 주행하여야 한다.
② 주행차로가 2차로인 소형승합자동차가 앞지르기할 때에는 1차로를 이용하여야 한다.
③ 1차로가 버스전용차로인 경우 승용자동차는 2차로로 주행하여야 한다.
④ 적재중량 1.5톤 이하인 화물자동차는 1차로로 주행하여야 한다.

편도 3차로 고속도로에서 승용자동차 및 경형·소형·중형 승합자동차의 주행차로는 왼쪽인 2차로이며, 2차로에서 앞지르기 할 때는 1차로를 이용하여 앞지르기를 해야 한다.

③점 [난이도 : 上]

08 중앙 버스전용차로가 운영 중인 시내 도로를 주행하고 있다. 가장 안전한 운전방법 2가지는?

① 다른 차가 끼어들지 않도록 경음기를 계속 사용하며 주행한다.
② 우측의 보행자가 무단 횡단할 수 있으므로 주의하며 주행한다.
③ 좌측의 버스정류장에서 보행자가 나올 수 있어 서행한다.
④ 적색신호로 변경될 수 있으므로 신속하게 통과한다.

③점 [난이도 : 中]

09 다음과 같은 상황에서 가장 안전한 운전방법 2가지는?

도로상황
- 편도 3차로 고속도로
- 터널 입구

① 터널 안에서는 주차는 금지되나 일정한 장소에 비상정차는 가능하다.
② 터널 내부가 어둡더라도 선글라스를 착용한 채로 그대로 진행한다.
③ 터널 내 백색실선 구간이더라도 좌우차로의 소통이 원활하면 차로변경 할 수 있다.
④ 터널 내에서는 최고 제한속도가 적용되지 않아 속도를 높여 빠르게 통과한다.
⑤ 터널 주변에서는 바람이 불 수 있으니 주의하며 속도를 줄인다.

② 터널 내부가 어두우므로 선글라스를 벗는 것이 좋다.
③ 터널 내에서는 차로변경 및 앞지르기가 금지된다.
④ 터널 내에서도 최고제한속도가 적용되며, 과속은 금물이다.

②점 [난이도 : 中]

10 다음 안전표지가 의미하는 것은?

① 백색화살표 방향으로 진행하는 차량이 우선 통행할 수 있다.
② 적색화살표 방향으로 진행하는 차량이 우선 통행할 수 있다.
③ 백색화살표 방향의 차량은 통행할 수 없다.
④ 적색화살표 방향의 차량은 통행할 수 없다.

백색 화살표 방향으로 진행하는 차량이 우선 통행할 수 있도록 표시하는 것

②점 [난이도 : 中]

11 전기자동차가 아닌 자동차를 환경친화적 자동차 충전시설의 충전구역에 주차했을 때 과태료는 얼마인가?

① 3만원 ② 5만원 ③ 7만원 ④ 10만원

정답 01 ① 02 ④ 03 ① 04 ②,③ 05 ④ 06 ④ 07 ② 08 ②,③ 09 ①,⑤ 10 ① 11 ④

2점 [난이도 : 中]

12 자동차에서 하차할 때 문을 여는 방법인 '더치 리치(Dutch Reach)'에 대한 설명으로 맞는 것은?

① 자동차 하차 시 창문에서 먼 쪽 손으로 손잡이를 잡아 뒤를 확인한 후 문을 연다.
② 자동차 하차 시 창문에서 가까운 쪽 손으로 손잡이를 잡아 앞을 확인한 후 문을 연다.
③ 개문발차사고를 예방한다.
④ 영국에서 처음 시작된 교통안전 캠페인이다.

더치리치(Dutch Reach)는 운전자나 동승자가 승용차에서 내리기 위해서 차문을 열 때 창문에서 먼 쪽 손으로 손잡이를 잡아서 차문을 여는 방법으로, 네덜란드에서 승용차 측면 뒤쪽에서 접근하는 자전거와의 사고를 예방하기 위해서 시작된 교통안전 캠페인이다.
개문발차사고는 운전자 등이 자동차 문을 열고 출발하는 과정에 발생하는 사고를 말한다.

2점 [난이도 : 下]

13 다음 안전표지가 의미하는 것은?

① 좌측 도로는 일방통행 도로이다.
② 우측 도로는 일방통행 도로이다.
③ 모든 도로는 일방통행 도로이다.
④ 직진 도로는 일방통행 도로이다.

3점 [난이도 : 中]

14 다음 도로상황에서 가장 올바른 운전방법 2가지는?

도로상황
- 어린이 보호구역
- 전방 적색점멸등 등화

① 시속 20km 이내로 주행한다.
② 횡단보도 앞에서 서행하고 그대로 통과한다.
③ 학교 정문을 피해 우측 길가에 정차한다.
④ 아이들이 도로로 튀어나올 수 있어 주의하며 통과한다.
⑤ 학교 정문 앞 차량을 주차 후 자녀를 기다린다.

② 어린이 보호구역 내 신호등이 없는 횡단보도 앞에서는 보행자유무에 상관없이 일시정지 후 통과하여야 한다.
⑤ 주·정차 금지선이 황색점선일 경우 5분이내 정차가 가능하며, 실선일 경우 주·정차가 금지된다.

3점 [난이도 : 下]

15 다음 상황에서 가장 안전한 운전방법 2가지는?

도로상황
- 편도 3차로 고속도로
- 3차로에 화물차 진행 중
- 2차로 진행 중 3차로로 차로변경 하려는 상황

① 화물차는 저속으로 주행하므로 차간 거리에 상관없이 차로를 변경하면 된다.
② 화물차의 정상적인 통행에 장애를 줄 수 있으므로 안전거리를 유지하며 차로를 변경한다.
③ 차로변경 시에는 무조건 속도를 최대한 높여 주행한다.
④ 화물차의 위치나 속도를 확인 후에 주의하여 차로를 변경한다.
⑤ 충분한 안전거리가 확보되면 방향지시등은 안 켜도 된다.

2점 [난이도 : 上]

16 회전교차로에 대한 설명으로 맞는 것은?

① 회전교차로는 신호교차로에 비해 상충지점 수가 많다.
② 회전교차로 내에 여유 공간이 있을 때까지 양보선에서 대기하여야 한다.
③ 신호등 설치로 진입차량을 유도하여 교차로 내의 교통량을 처리한다.
④ 회전 중에 있는 차는 진입하는 차량에게 양보해야 한다.

회전교차로는 신호교차로에 비해 상충지점 수가 적고, 회전중인 차량에 대해 진입하고자 하는 차량이 양보해야 하며, 회전교차로 내에 여유 공간이 없는 경우에는 진입하면 안 된다.

2점 [난이도 : 上]

17 도로교통법상 경사진 곳에서의 정차 및 주차 방법과 그 기준에 대한 설명으로 올바른 것은?

① 경사의 내리막 방향으로 바퀴에 고임목, 고임돌 등 자동차의 미끄럼 사고를 방지할 수 있는 것을 설치해야 하며 비탈진 내리막길은 주차금지 장소이다.
② 조향장치를 자동차에서 멀리 있는 쪽 도로의 가장자리 방향으로 돌려 놓아야 하며 경사진 장소는 정차금지 장소이다.
③ 운전자가 운전석에 대기하고 있는 경우에는 조향장치를 도로 쪽으로 돌려놓아야 하며 고장이 나서 부득이 정지하고 있는 것은 주차에 해당하지 않는다.
④ 도로 외의 경사진 곳에서 정차하는 경우에는 조향장치를 자동차에서 가까운 쪽 도로의 가장자리 방향으로 돌려놓아야 하며 정차는 5분을 초과하지 않는 주차외의 정지 상태를 말한다.

자동차의 운전자는 경사진 곳에 정차하거나 주차(도로 외의 경사진 곳에서 정차하거나 주차하는 경우를 포함한다)하려는 경우 자동차의 주차 제동장치를 작동한 후에 다음 각 호의 어느 하나에 해당하는 조치를 취하여야 한다. 다만, 운전자가 운전석을 떠나지 아니하고 직접 제동장치를 작동하고 있는 경우는 제외한다.
1. 경사의 내리막 방향으로 바퀴에 고임목, 고임돌, 그 밖에 고무, 플라스틱 등 자동차의 미끄럼 사고를 방지할 수 있는 것을 설치할 것
2. 조향장치를 도로의 가장자리(자동차에서 가까운 쪽을 말한다) 방향으로 돌려 놓을 것
3. 그 밖에 미끄럼 사고의 발생 방지를 위한 조치를 취할 것

3점 [난이도 : 中]

18 다음 상황에서 가장 올바른 운전방법 2가지로 맞는 것은?

도로상황
- 긴급차 싸이렌 및 경광등 작동
- 긴급차가 역주행 하려는 상황

① 긴급차가 도로교통법 위반을 하므로 무시하고 통행한다.
② 긴급차가 위반행동을 하지 못하도록 상향등을 수회 작동한다.
③ 뒤 따르는 운전자에게 알리기 위해 브레이크페달을 여러 번 나누어 밟는다.
④ 긴급차가 역주행할 수 있도록 거리를 두고 정지한다.
⑤ 긴급차가 진행할 수 없도록 그 앞에 정차한다.

모든 차와 노면전차의 운전자는 긴급자동차가 우선통행할 수 있도록 진로를 양보해야 한다. 이 때 브레이크페달을 여러 번 짧게 반복하여 작동하는 등의 정차를 예고한다.

3점 [난이도 : 上]

19 다음 중 도로교통법상 차로를 변경할 때 안전한 운전방법으로 맞는 2가지는?

① 차로를 변경할 때 최대한 빠르게 해야 한다.
② 백색실선 구간에서만 할 수 있다.
③ 진행하는 차의 통행에 지장을 주지 않을 때 해야 한다.
④ 백색점선 구간에서만 할 수 있다.

차로 변경은 차로변경이 가능한 구간에서 안전을 확인한 후 차로를 변경해야 한다.

3점 [난이도 : 下]

20 다음과 같은 상황에서 가장 안전한 운전방법 2가지는?

도로상황
- 고속도로 진출입로 부근

① 전방에 무인 과속 단속 중이므로 급제동하여 감속한다.
② 미리 속도를 줄이고 안전하게 진행한다.
③ 차로를 착각하였다면 안전지대를 이용하여 진로를 변경할 수 있다.
④ 무인 단속 장비를 피하여 우측 차로로 급차로 변경한다.
⑤ 주행 속도를 시속 50 킬로미터 이내로 유지한다.

2점 [난이도 : 下]

21 교통정리가 행하여지지 않는 교차로를 좌회전하려고 할 때 가장 안전한 운전 방법은?

① 먼저 진입한 다른 차량이 있어도 서행하며 조심스럽게 좌회전한다.
② 폭이 넓은 도로의 차에 진로를 양보한다.
③ 직진 차에는 차로를 양보하나 우회전 차보다는 우선권이 있다.
④ 미리 도로의 중앙선을 따라 서행하다 교차로 중심 바깥쪽을 이용하여 좌회전한다.

교차로 좌회전 방법 : 1. 진입한 차량에 차로를 양보 2. 직진 및 우회전 차량에게 우선권을 양보 3. 교차로 중심 안쪽을 이용하여 좌회전

2점 [난이도 : 中]

22 교차로에서 좌회전 시 가장 적절한 통행 방법은?

① 중앙선을 따라 서행하면서 교차로 중심 안쪽으로 좌회전한다.
② 중앙선을 따라 빠르게 진행하면서 교차로 중심 안쪽으로 좌회전한다.
③ 중앙선을 따라 빠르게 진행하면서 교차로 중심 바깥쪽으로 좌회전한다.
④ 중앙선을 따라 서행하면서 운전자가 편리한 대로 좌회전한다.

모든 차의 운전자는 교차로에서 좌회전을 하고자 하는 때에는 미리 도로의 중앙선을 따라 서행하면서 교차로의 중심 안쪽을 이용하여 좌회전하여야 한다.

2점 [난이도 : 下]

23 도로교통법령상 다음 안전표지가 설치된 차로 통행방법으로 올바른 것은?

① 전동킥보드는 이 표지가 설치된 차로를 통행할 수 있다.
② 전기자전거는 이 표지가 설치된 차로를 통행할 수 없다.
③ 자전거인 경우만 이 표지가 설치된 차로를 통행할 수 있다.
④ 자동차는 이 표지가 설치된 차로를 통행할 수 있다.

3점 [난이도 : 中]

24 다음 도로상황에서 가장 올바른 운전방법 2가지는?

도로상황
- 전방 차량신호는 녹색
- 교차로 통과 중인 구급차

① 구급차가 지나갈 수 있도록 3차로로 속도를 높여 통과한다.
② 전방 차량신호가 녹색이라도 구급차에게 통행을 양보한다.
③ 구급차가 통과한 뒤 후행 긴급자동차가 있는지 확인한다.
④ 빨간색 차량을 따라 가속하여 주행한다.
⑤ 구급차 운전자에게 경음기를 사용하며 그대로 통과한다.

신호등 없는 교차로를 진행할 때에는 여러 방향에서 나타날 수 있는 위험 상황에 대비해야 한다.

3점 [난이도 : 中]

25 가속페달이 운전석 매트에 끼여 되돌아오지 않아 가속될 경우, 운전자가 안전하게 정차 또는 감속할 수 있는 방법 2가지는?

① 제동페달을 힘껏 세게 밟는다.
② 비상점멸표시등 버튼을 지속 조작한다.
③ 경음기를 강하게 누르며 주행한다.
④ 전자식 주차브레이크(EPB)를 지속 조작한다.
⑤ 조향핸들을 강하게 좌우로 조작한다.

① 최근 차량에는 가속페달과 제동페달을 동시에 깊이 밟을 경우 제동신호를 우선으로 하여 감속 또는 정차시키는 기능이 있다.
④ 제동페달이 작동되지 않을 경우 주차브레이크를 이용하여 감속시킨다.

2점 [난이도 : 中]

26 신호등이 없는 교차로에 선진입하여 좌회전하는 차량이 있는 경우에 옳은 것은?

① 직진 차량은 주의하며 진행한다.
② 우회전 차량은 서행으로 우회전한다.
③ 직진 차량과 우회전 차량 모두 좌회전 차량에 차로를 양보한다.
④ 폭이 좁은 도로에서 진행하는 차량은 서행하며 통과한다.

교통정리가 행하여지고 있지 않은 교차로에서는 비록 좌회전 차량이라 할지라도 교차로에 이미 선진입한 경우에는 통행 우선권이 있다.

2점 [난이도 : 下]

27 다음 중 회전교차로 통행방법에 대한 설명으로 잘못된 것은?

① 진입할 때는 속도를 줄여 서행한다.
② 양보선에 대기하여 일시정지한 후 서행으로 진입한다.
③ 진입차량에 우선권이 있어 회전 중인 차량이 양보한다.
④ 반시계방향으로 회전한다.

회전교차로 내에서는 회전 중인 차량에 우선권이 있기 때문에 진입차량이 회전차량에게 양보해야 한다.

3점 [난이도 : 中]

28 다음 도로상황에서 가장 올바른 운전방법 2가지는?

도로상황
- 전방 좌측에 산불 발생
- 산불로 인해 시야확보가 어려운 상황임

① 화재여부와 상관없이 직진한다.
② 공조기를 외부순환 모드로 신속하게 전환한다.
③ 주행 중인 차로에 주차 후 문을 잠그고 도망간다.
④ 차량 창문을 닫고 유독가스 흡입을 차단한다.
⑤ 불길이 심한 곳으로 진입하지 않고, 경찰관의 수신호에 따른다.

3점 [난이도 : 中]

29 교차로에서 우회전할 때 가장 안전한 운전 행동으로 맞는 2가지는?

① 방향지시등은 우회전하는 지점의 30미터 이상 후방에서 작동한다.
② 백색 실선이 그려져 있으면 주의하며 우측으로 진로 변경한다.
③ 진행 방향의 좌측에서 진행해 오는 차량에 방해가 없도록 우회전한다.
④ 다른 교통에 주의하며 신속하게 우회전한다.

② 백색 실선 : 진로 변경 불가능 ④ 다른 교통에 주의하며 서행하며 우회전한다.

3점 [난이도 : 下]

30 다음과 같은 구간에 대한 설명으로 가장 옳은 것 2가지는?

도로상황
- 어린이 보호구역

① 어린이 보호구역에서는 주정차를 할 수 있다.
② 어린이 보호구역에 설치된 울타리가 있다면 어린이가 차도에 진입할 수 없으므로 주의하지 않아도 된다.
③ 교통사고의 위험으로부터 어린이를 보호하기 위해 어린이 보호구역을 지정할 수 있다.
④ 눈이 쌓인 상황을 고려하여 통행속도를 준수하고 어린이의 안전에 주의하면서 운행하여야 한다.
⑤ 어린이 보호구역에서는 어린이들이 주의하기 때문에 사고가 발생할 우려가 없다.

정답 21 ② 22 ① 23 ① 24 ②,③ 25 ①,④ 26 ③ 27 ③ 28 ④,⑤ 29 ①,③ 30 ③,④

2점 [난이도 : 上]

31 교통정리가 없는 교차로 통행 방법으로 알맞은 것은?

① 좌우를 확인할 수 없는 경우에는 서행하여야 한다.
② 좌회전하려는 차는 직진차량보다 우선 통행해야 한다.
③ 우회전하려는 차는 직진차량보다 우선 통행해야 한다.
④ 통행하고 있는 도로의 폭보다 교차하는 도로의 폭이 넓은 경우 서행하여야 한다.

> 좌우를 확인할 수 없는 경우에는 일시정지 하여야 하며, 해당 차가 통행하고 있는 도로의 폭보다 교차하는 도로의 폭이 넓은 경우에는 서행하여야 한다.

2점 [난이도 : 上]

32 도로의 원활한 소통과 안전을 위하여 회전교차로의 설치가 필요한 곳은?

① 교차로에서 직진하거나 회전하는 자동차에 의한 사고가 빈번한 곳
② 교차로에서 하나 이상의 접근로가 편도 3차로 이상인 곳
③ 회전교차로의 교통량 수준이 처리용량을 초과하는 곳
④ 신호연동이 필요한 구간 중 신호교차로이면 연동효과가 감소되는 곳

> 신호연동이 필요한 구간 중 신호교차로이면 연동효과가 감소되는 곳은 회전교차로의 설치가 필요하지만 나머지 3가지 곳은 필요하지 않다.

2점 [난이도 : 下]

33 다음 안전표지에 대한 설명으로 맞는 것은?

① 자전거만 통행하도록 지시한다.
② 자전거 및 보행자 겸용 도로임을 지시한다.
③ 어린이보호구역 안에서 어린이 또는 유아의 보호를 지시한다.
④ 자전거횡단도임을 지시한다.

3점 [난이도 : 中]

34 다음 상황에서 가장 바람직한 운전방법 2가지는?

도로상황
- 편도 3차로 도로
- 경찰차 긴급출동 상황(경광등, 싸이렌 작동)

① 차의 등화가 녹색이므로 교차로에 그대로 진입한다.
② 긴급차가 우선 통행할 교차로이므로 교차로 진입 전에 정지하여야 한다.
③ 2차로에 있는 차가 갑자기 좌측으로 변경할 수도 있으므로 미리 충분히 속도를 감속한다.
④ 긴급차보다 차의 신호가 우선이므로 그대로 진입한다.
⑤ 긴급차보다 먼저 통과할 수 있도록 가속하며 진입한다.

3점 [난이도 : 中]

35 다음 중 장애인·노인·임산부 등의 편의증진 보장에 관한 법령상 '장애인전용주차구역 주차 방해 행위'로 바르지 않은 2가지는?

① 장애인전용주차구역 내에 물건 등을 쌓아 주차를 방해하는 행위
② 장애인전용주차구역 앞이나 뒤, 양 측면에 물건 등을 쌓거나 주차하는 행위
③ 장애인전용주차구역 주차표지가 붙어 있지 아니한 자동차를 장애인전용주차구역에 주차하는 행위
④ 장애인전용주차구역 선과 장애인전용표시 등을 지우거나 훼손하여 주차를 방해하는 행위
⑤ 장애인전용주차구역 주차표지가 붙어 있지만 보행에 장애가 있는 사람이 타지 아니한 자동차를 장애인전용주차구역에 주차하는 행위

> 장애인전용주차구역 주차표지가 있는 차량만 주차가 가능하며, 장애인이 탑승하지 않은 차량은 주차가 불가능하다.

2점 [난이도 : 中]

36 전기자동차 또는 외부충전식 하이브리드자동차는 급속충전시설의 충전구역에서 얼마나 주차할 수 있는가?

① 1시간 ② 2시간 ③ 3시간 ④ 4시간

> 1시간이 지난 후에도 계속 주차하는 행위는 환경친화적 자동차에 대한 충전 방해행위이다.

2점 [난이도 : 中]

37 운전자가 좌회전 시 정확하게 진행할 수 있도록 교차로 내에 백색점선으로 한 노면표시는 무엇인가?

① 유도선 ② 연장선
③ 지시선 ④ 규제선

3점 [난이도 : 中]

38 다음 상황에서 가장 안전한 운전방법 2가지는?

도로상황
- 1차로 전방 공사 중인 도로
- 좌측에 가벽이 설치되어 있음

① '2차로 없어짐'표지에 따라 1차로로 계속 주행한다.
② 공사구역을 피하기 위해 급정지한다.
③ 전방 차로 폭이 좁아지므로 미리 2차로로 진로를 변경한다.
④ 공사 중임을 알리기 위해 비상점멸등을 켠다.
⑤ 1차로로 주행하다 공사구간 직전에 2차로로 끼어든다.

> 공사로 인해 차로 폭이 좁아질 경우 비상점멸등을 켜 후방 차량에게 주의를 환기시키고, 충분한 거리를 두고 2차로로 진로를 변경한다.

3점 [난이도 : 中]

39 앞지르기할 때의 운전 방법으로 옳은 2가지는?

① 앞지르기를 시작할 때에는 좌측 공간을 충분히 확보하여야 한다.
② 고속도로에서 앞지르기할 때에는 그 도로의 제한속도 내에 한다.
③ 안전이 확인된 경우에는 우측으로 앞지르기할 수 있다.
④ 앞차의 좌측으로 통과한 후 후사경에 우측 차량이 보이지 않을 때 빠르게 진입한다.

> 다른 차를 앞지르고자 하는 때에는 앞차의 좌측으로 통행하며, 반대 방향의 교통과 앞차 앞쪽의 교통에도 주의를 기울여야 하며, 앞차의 속도·진로와 그 밖의 도로 상황에 따라 방향지시기·등화 또는 경음기를 사용하는 등 안전한 속도와 방법으로 앞지르기한다.

5점 [난이도 : 中]

40 다음 영상에서 예측되는 가장 위험한 상황은?

※ 동영상 시청 : 스마트폰으로 옆 QR 코드로 검색하면 동영상 문제를 볼 수 있습니다. (카페의 동영상 문제 10번)

① 우측 정차 중인 대형차량이 출발 하려고 하는 상황
② 반대방향 노란색 승용차가 신호위반을 하는 상황
③ 우측도로에서 우회전하는 검은색 승용차가 1차로로 진입하는 상황
④ 반대방향 하얀색 승용차가 외륜차를 고려하지 않고 우회전하는 상황

> 우회전하려는 자동차가 직진하는 차의 속도를 느림으로 추정하는 경우 주차된 차들을 피해서 1차로로 한 번에 진입하는 사례가 많다. 따라서 우회전하는 자동차가 있는 경우 직진이 우선이라는 절대적 판단을 삼가고 우회전 자동차 운전자가 무리하게 진입하는 수도 있다.

정답 31 ④ 32 ④ 33 ② 34 ②,③ 35 ③,⑤ 36 ① 37 ① 38 ③,④ 39 ①,② 40 ③

실전출제문제

2점 [난이도 : 中]

01 일시정지하여야 할 장소로 맞는 것은?

① 도로의 구부러진 부근
② 가파른 비탈길의 내리막
③ 비탈길의 고갯마루 부근
④ 교통정리가 없는 교통이 빈번한 교차로

①~③는 서행해야 할 장소에 해당한다.

3점 [난이도 : 中]

02 도로를 주행할 때 안전 운전 방법으로 맞는 2가지는?

① 주차를 위해서는 되도록 안전지대에 주차를 하는 것이 안전하다.
② 황색 신호가 켜지면 신호를 준수하기 위하여 교차로 내에 정지한다.
③ 앞 차량이 급제동할 때를 대비하여 추돌을 피할 수 있는 거리를 확보한다.
④ 앞지르기할 경우 앞 차량의 좌측으로 통행한다.

2점 [난이도 : 中]

03 다음 안전표지가 설치된 교차로의 설명 및 통행방법으로 올바른 것은?

① 교차로 중심에는 화물차 턱(Truck Apron)이 있다.
② 이 안전표지가 설치된 교차로는 교통 서클(Traffic circle)이라고 한다.
③ 교차로 진입 시는 방향지시등을 작동하고 진출 시는 작동하지 않는다.
④ 교차로 안에 진입하려는 차가 화살표방향으로 회전하는 차보다 우선이다.

3점 [난이도 : 中]

04 다음 상황에서 가장 안전한 운전방법 2가지는?

도로상황
- 한적한 시골길
- 노인보호구역

① 자전거의 좌측으로 주행하여 좌회전하지 못하도록 위협한다.
② 중앙선을 넘어 자전거를 앞지르기한다.
③ 자전거가 안전하게 도로를 벗어날 때까지 서행하며 기다려준다.
④ 자전거가 좌회전할 수 있기 때문에 안전거리를 유지한다.
⑤ 자전거 통행을 재촉하기 위해 경음기를 사용한다.

2점 [난이도 : 中]

05 가변형 속도제한 구간에 대한 설명으로 옳지 않은 것은?

① 상황에 따라 규정 속도를 변화시키는 능동적인 시스템이다.
② 규정 속도 숫자를 바꿔서 표현할 수 있는 전광표지판을 사용한다.
③ 가변형 속도제한 표지로 최고속도를 정한 경우에는 이에 따라야 한다.
④ 가변형 속도제한 표지로 정한 최고속도와 안전표지 최고속도가 다를 때는 안전표지 최고속도를 따라야 한다.

2점 [난이도 : 中]

06 도로교통법상 반드시 일시정지하여야 할 장소로 맞는 것은?

① 교통정리가 행하여지고 있지 아니하고 좌우를 확인할 수 없는 교차로
② 녹색등화가 켜져 있는 교차로
③ 교통이 빈번한 다리 위 또는 터널 내
④ 도로의 구부러진 부근 또는 비탈길의 고갯마루 부근

교통정리를 하고 있지 아니하고 좌우를 확인할 수 없거나 교통이 빈번한 교차로에서는 일시정지하여야 한다.

2점 [난이도 : 中]

07 도로교통법상 ( )의 운전자는 철길 건널목을 통과하려는 경우 건널목 앞에서 ( )하여 안전한지 확인한 후에 통과하여야 한다. ( ) 안에 맞는 것은?

① 모든 차, 서행
② 모든 자동차등 또는 건설기계, 서행
③ 모든 차 또는 모든 전차, 일시정지
④ 모든 차 또는 노면 전차, 일시정지

모든 차 또는 노면전차의 운전자는 철길건널목을 통과하려는 경우 건널목 앞에서 일시정지하여 안전을 확인한 후 통과하여야 한다.

3점 [난이도 : 中]

08 다음과 같은 상황에서 가장 안전한 운전방법 2가지는?

도로상황
- 어린이 보호구역

① 진행방향에 차량이 없으므로 도로 우측에 정차할 수 있다.
② 어린이 보호구역이라도 어린이가 없을 경우에는 최고 제한속도를 준수하지 않아도 된다.
③ 안전표지가 표시하는 최고 제한속도를 준수하며 진행한다.
④ 어린이가 갑자기 나올 수 있으므로 주위를 잘 살피며 진행한다.
⑤ 어린이 보호구역으로 지정된 구간은 최대한 속도를 내어 신속하게 통과한다.

어린이 보호구역 내이므로 최고속도는 30km/h 이내를 준수한다.
어린이를 발견할 때에는 어린이의 움직임에 주의하면서 전방을 잘 살펴야 한다. 어린이 보호구역내 사고는 안전운전 불이행, 보행자 보호의무위반, 불법 주·정차, 신호위반 등 법규를 지키지 않는 것이 원인이다. 그리고 보행자가 횡단할 때에는 반드시 일시정지한 후 보행자의 횡단이 끝나면 안전을 확인하고 통과하여야 한다.

2점 [난이도 : 中]

09 도로교통법에서 규정한 일시정지를 해야 하는 장소는?

① 터널 안 및 다리 위
② 신호등이 없는 교통이 빈번한 교차로
③ 가파른 비탈길의 내리막
④ 도로가 구부러진 부근

2점 [난이도 : 上]

10 도로교통법상 자동차등의 속도와 관련하여 옳지 않은 것은?

① 자동차등의 속도가 높아질수록 교통사고의 위험성이 커짐에 따라 차량의 과속을 억제하려는 것이다.
② 자동차전용도로 및 고속도로에서 도로의 효율성을 제고하기 위해 최저속도를 제한하고 있다.
③ 경찰청장 또는 시·도경찰청장은 교통의 안전과 원활한 소통을 위해 별도로 속도를 제한할 수 있다.
④ 고속도로는 시·도경찰청장이, 고속도로를 제외한 도로는 경찰청장이 속도 규제권자이다.

고속도로는 경찰청장, 고속도로를 제외한 도로는 시·도경찰청장이 속도 규제권자이다.

정답 01 ④ 02 ③,④ 03 ① 04 ③,④ 05 ④ 06 ① 07 ④ 08 ③,④ 09 ② 10 ④

2점

[난이도 : 下]

11 다음 중 고속도로 나들목에서 가장 안전한 운전 방법은?

① 나들목에서는 차량이 정체되므로 사고 예방을 위해서 뒤차가 접근하지 못하도록 급제동한다.
② 나들목에서는 속도에 대한 감각이 둔해지므로 일시정지한 후 출발한다.
③ 진출하고자 하는 나들목을 지나친 경우 다음 나들목을 이용한다.
④ 급가속하여 나들목으로 진출한다.

진출해야 하는 나들목을 지나친 경우 다음 나들목을 이용하여 빠져 나와야 한다.

2점

[난이도 : 下]

12 앞차의 운전자가 왼팔을 수평으로 펴서 차체의 좌측 밖으로 내밀었을 때 취해야 할 조치로 가장 올바른 것은?

① 앞차가 우회전할 것이 예상되므로 서행한다.
② 앞차가 횡단할 것이 예상되므로 상위 차로로 진로변경한다.
③ 앞차가 유턴할 것이 예상되므로 앞지르기한다.
④ 앞차의 차로 변경이 예상되므로 서행한다.

차로를 왼쪽으로 바꾸고자 할 때 그 행위를 하고자 하는 지점에 이르기 전 30미터(고속도로에서는 100미터) 이상의 지점에 이르렀을 때 왼팔을 수평으로 펴서 차체의 좌측 밖으로 내밀거나 오른팔을 차체의 우측 밖으로 내어 팔꿈치를 굽혀 수직으로 올리거나 좌측의 방향 지시기 또는 등을 조작한다.

2점

[난이도 : 下]

13 다음 안전표지에 대한 설명으로 맞는 것은?

① 자전거횡단도 표지이다.
② 자전거우선도로 표지이다.
③ 자전거 및 보행자 겸용도로 표지이다.
④ 자전거 및 보행자 통행구분 표지이다.

자전거 및 보행자 겸용도로에서 자전거와 보행자를 구분하여 통행하도록 지시하는 것

3점

[난이도 : 中]

14 다음 상황에서 가장 안전한 운전방법 2가지는?

도로상황
- 횡단보도 진입 전
- 왼쪽에 비상점멸하며 정차하고 있는 차

① 원활한 소통을 위해 앞차를 따라 그대로 통행한다.
② 자전거의 횡단보도 진입속도보다 빠르므로 가속하여 통행한다.
③ 횡단보도 직전 정지선에서 정지한다.
④ 보행자가 횡단을 완료했으므로 신속히 통행한다.
⑤ 정차한 자동차의 갑작스러운 출발을 대비하여 감속한다.

3점

[난이도 : 中]

15 다음 상황에서 가장 안전한 운전방법 2가지는?

도로상황
- 노인 보호구역

① 경음기를 계속 울리며 빠르게 주행한다.
② 미리 충분히 감속하여 안전에 주의한다.
③ 보행하는 노인이 보이지 않더라도 서행으로 주행한다.
④ 가급적 앞 차의 후미를 바싹 따라 주행한다.
⑤ 전방에 횡단보도가 있으므로 속도를 높여 신속히 노인보호구역을 벗어난다.

서행(徐行) : 운전자가 차를 즉시 정지시킬 수 있는 정도의 느린 속도로 진행하는 것

2점

[난이도 : 上]

16 운전자가 우회전하고자 할 때 사용하는 수신호는?

① 왼팔을 좌측 밖으로 내어 팔꿈치를 굽혀 수직으로 올린다.
② 왼팔은 수평으로 펴서 차체의 좌측 밖으로 내민다.
③ 오른팔을 차체의 우측 밖으로 수평으로 펴서 손을 앞뒤로 흔든다.
④ 왼팔을 차체 밖으로 내어 45°밑으로 편다.

운전자가 우회전하고자 할 때 왼팔을 좌측 밖으로 내어 팔꿈치를 굽혀 수직으로 올린다.

2점

[난이도 : 下]

17 신호기의 신호에 따라 교차로에 진입하려는데, 경찰공무원이 정지하라는 수신호를 보냈다. 다음 중 가장 안전한 운전 방법은?

① 정지선 직전에 일시정지 한다.
② 급제동하여 정지한다.
③ 신호기의 신호에 따라 진행한다.
④ 교차로에 서서히 진입한다.

교통안전시설이 표시하는 신호 또는 지시와 교통정리를 위한 경찰공무원 등의 신호 또는 지시가 다른 경우에는 경찰공무원 등의 신호 또는 지시에 따라야 한다.

3점

[난이도 : 上]

18 다음 상황에서 가장 안전한 운전방법 2가지로 맞는 것은?

도로상황
- 편도 1차로
- (실내후사경)뒤에서 후행하는 차

① 자전거와의 충돌을 피하기 위해 좌측통행한다.
② 자전거 위치에 이르기 전 충분히 감속한다.
③ 뒤 따르는 자동차의 소통을 위해 가속한다.
④ 보행자의 차도진입을 대비하여 감속하고 보행자를 살핀다.
⑤ 보행자를 보호하기 위해 길가장자리구역을 통행한다.

자전거가 보행자를 앞지르기 위해 차쪽으로 진입할 우려가 크며, 보행자 또한 자전거를 피해기 위해 차로쪽으로 진입할 우려가 있으므로 충분히 감속한다.

3점

[난이도 : 中]

19 다음 중 도로교통법상 긴급자동차로 볼 수 있는 것 2가지는?

① 고장 수리를 위해 자동차 정비 공장으로 가고 있는 소방차
② 생명이 위급한 환자 또는 부상자나 수혈을 위한 혈액을 운송 중인 자동차
③ 퇴원하는 환자를 싣고 가는 구급차
④ 시·도경찰청장으로부터 지정을 받고 긴급한 우편물의 운송에 사용되는 자동차

응급 환자를 후송하는 구급차와 시·도경찰청장으로부터 지정을 받고 우편물의 운송에 사용 중인 자동차는 긴급자동차로 볼 수 있다.

3점

[난이도 : 中]

20 다음과 같은 상황에서 가장 안전한 운전방법2가지는?

도로상황
- 어린이 보호구역 내 주행 중

① 시속 30 킬로미터 이내로 서행한다.
② 전방에 진행하는 앞차가 없으므로 빠르게 주행한다.
③ 주차는 할 수 없으나 정차는 할 수 있다.
④ 횡단보도를 통행할 때에는 어린이 유무와 상관없이 경음기를 사용하며 빠르게 주행한다.
⑤ 무단횡단 방지 울타리가 설치되어 있다 하더라도 갑자기 나타날 수 있는 어린이에 주의하며 운전한다.

- 어린이 보호구역은 시속 30킬로미터 이내로 제한
- 유치원 초등학교 또는 특수학교의 주변도로를 지정
- 어린이집 주변도로의 통행속도를 시속 30킬로미터 이내로 제한

2점 [난이도 : 上]

21 중앙선이 황색 점선과 황색 실선의 복선으로 설치된 때의 앞지르기에 대한 설명으로 맞는 것은?

① 황색 실선과 황색 점선 어느 쪽에서도 중앙선을 넘어 앞지르기할 수 없다.
② 황색 점선이 있는 측에서는 중앙선을 넘어 앞지르기할 수 있다.
③ 안전이 확인되면 황색 실선과 황색 점선 상관없이 앞지르기할 수 있다.
④ 황색 실선이 있는 측에서는 중앙선을 넘어 앞지르기할 수 있다.

황색점선이 있는 측에서는 중앙선을 넘어 앞지르기할 수 있으나 황색 실선이 있는 측에서는 중앙선을 넘어 앞지르기할 수 없다.

2점 [난이도 : 下]

22 운전 중 철길건널목에서 가장 바람직한 통행방법은?

① 기차가 오지 않으면 통과한다.
② 일시정지 하여 안전을 확인하고 통과한다.
③ 제한속도 이상으로 통과한다.
④ 차단기가 내려지려고 하는 경우는 빨리 통과한다.

2점 [난이도 : 中]

23 도로교통법령상 다음의 안전표지에 따른 교차로 통행방법으로 맞는 것은?

① 우회전을 하려는 경우 미리 도로의 중앙선을 따라 서행한다.
② 좌회전을 하려는 경우 미리 도로의 중앙선을 따라 서행한다.
③ 가장 오른쪽 차로에서 직진하려는 차보다 우회전하려는 차가 우선이다.
④ 가장 오른쪽 차로에서 우회전하려는 차보다 직진하려는 차가 우선이다.

3점 [난이도 : 中]

24 다음 상황에서 가장 안전한 운전방법 2가지는?

도로상황
- 차량 신호등은 황색에서 적색으로 바뀌려는 순간

① 차량신호가 적색으로 바뀌기 전에 신속히 통과한다.
② 횡단보도 직전 정지선에 정지한다.
③ 자전거 횡단이 가능한 고원식 횡단보도가 있어 주의하며 통과한다.
④ 안전지대를 경유하여 신속히 진행한다.
⑤ 트럭 뒤 어린이가 뛰어나올 수 있으므로 주의한다.

교차로에서 우회전 시 일시정지하여 측면과 뒤쪽의 안전을 반드시 확인하고 사각에 주의하며 서행하며 우회전해야 한다. 신호에 따라 직진하는 자동차 운전자는 측면 교통을 방해하지 않는 한 녹색 또는 적색에서 우회전할 수 있으나 내륜차(內輪差)와 사각에 주의하여야 한다.

2점 [난이도 : 下]

25 편도 3차로 고속도로에서 승용자동차가 2차로로 주행 중이다. 앞지르기할 수 있는 차로로 맞는 것은?

① 1차로 ② 2차로
③ 3차로 ④ 1, 2, 3차로 모두

1차로가 추월차로이다.

2점 [난이도 : 下]

26 고속도로 주행 중 차량의 적재물이 주행차로에 떨어졌을 때 운전자의 조치요령으로 가장 바르지 않는 것은?

① 후방 차량의 주행을 확인하면서 안전한 장소에 정차한다.
② 고속도로 관리청이나 관계 기관에 신속히 신고한다.
③ 안전한 곳에 정차 후 화물적재 상태를 확인한다.
④ 화물 적재물을 떨어뜨린 차량의 운전자에게 보복운전을 한다.

3점 [난이도 : 中]

27 다음과 같은 상황에서 운전자나 동승자가 범칙금 또는 과태료 부과 처분을 받지 않는 행위 2가지는?

도로상황
- 도로 좌측은 보도
- 모범운전자가 지시 중

① 승용차는 미리 시속 30 킬로미터 이내로 감속한다.
② 시동을 끈 이륜차를 끌고 보도로 통행하였다.
③ 개인형 이동장치 운전자가 모범운전자의 지시에 따르지 아니하였다.
④ 승용차 운전자가 어린이 보호구역에 주차하였다.
⑤ 보호자가 지켜보는 가운데 안전모를 쓰지 않은 어린이가 자전거를 타고 보도를 통행하였다.

3점 [난이도 : 中]

28 다음 중 대비해야 할 가장 위험한 상황 2가지는?

도로상황
- 이면 도로
- 대형버스 주차중
- 거주자우선주차구역에 주차 중
- 자전거 운전자가 도로를 횡단 중

① 주차중인 버스가 출발할 수 있으므로 주의하면서 통과한다.
② 왼쪽에 주차중인 차량사이에서 보행자가 나타날 수 있다.
③ 좌측 후사경을 통해 도로의 주행상황을 확인한다.
④ 대형버스 옆을 통과하는 경우 서행으로 주행한다.
⑤ 몇몇 자전거가 도로를 횡단한 이후에도 뒤따르는 자전거가 나타날 수 있다.

3점 [난이도 : 中]

29 도로교통법상 긴급한 용도로 운행되고 있는 구급차 운전자가 할 수 있는 2가지는?

① 교통사고를 일으킨 때 사상자 구호 조치 없이 계속 운행할 수 있다.
② 횡단하는 보행자의 통행을 방해하면서 계속 운행할 수 있다.
③ 도로의 중앙이나 좌측으로 통행할 수 있다.
④ 정체된 도로에서 끼어들기를 할 수 있다.

구급차라해도 사고 시 사상자 구호 조치 및 횡단 보행자의 통행 보호를 해야 한다.

3점 [난이도 : 上]

30 다음과 같은 상황에서 교통안전표지에 대한 설명으로 맞는 것 2가지는?

도로상황
- 어린이 보호구역

① 노면에 표시된 30은 도로의 최고 제한속도가 시속 30 킬로미터임을 의미한다.
② 횡단보도는 백색으로만 표시해야 하므로 황색 횡단보도 표시는 잘못된 시설물이다.
③ 지그재그 형태의 백색실선은 서행을 뜻하며 그 구간에서 진로변경이 가능하다.
④ 차량신호기에 부착된 지시표지는 횡단보도가 있다는 의미이다.
⑤ 적색으로 포장된 아스팔트는 어린이 보호구역에만 쓰인다.

② 어린이 보호구역에서 횡단보도는 황색으로 표시할 수 있다.
③ 지그재그 형태의 백색실선 표시는 진로변경 제한과 서행의 뜻을 동시에 지닌다.
⑤ 적색 아스팔트는 어린이 보호구역뿐만 아니라 노인 보호구역, 장애인 보호구역에도 사용된다.

정답 21 ② 22 ② 23 ② 24 ②,⑤ 25 ① 26 ④ 27 ①,② 28 ②,⑤ 29 ③,④ 30 ①,④

2점 【난이도 : 下】

31 다음 안전표지에 대한 설명으로 맞는 것은?

① 자전거도로에서 2대 이상 자전거의 나란히 통행을 허용한다.
② 자전거의 횡단도임을 지시한다.
③ 자전거만 통행하도록 지시한다.
④ 자전거 주차장이 있음을 알린다.

2점 【난이도 : 上】

32 도로교통법상 자동차등의 속도와 관련하여 옳지 않은 것은?

① 일반도로, 자동차전용도로, 고속도로와 총 차로 수에 따라 별도로 법정속도를 규정하고 있다.
② 일반도로에는 최저속도 제한이 없다.
③ 이상기후 시에는 감속운행을 하여야 한다.
④ 가변형 속도제한표지로 정한 최고속도와 그 밖의 안전표지로 정한 최고속도가 다를 경우 그 밖의 안전표지에 따라야 한다.

가변형 속도제한표지를 따라야 한다.

2점 【난이도 : 上】

33 수막현상에 대한 설명으로 가장 적절한 것은?

① 수막현상을 줄이기 위해 기본 타이어보다 폭이 넓은 타이어로 교환한다.
② 빗길보다 눈길에서 수막현상이 더 발생하므로 감속운행을 해야 한다.
③ 트레드가 마모되면 접지력이 높아져 수막현상의 가능성이 줄어든다.
④ 타이어의 공기압이 낮아질수록 고속주행 시 수막현상이 증가된다.

3점 【난이도 : 上】

34 다음 중 가장 안전한 운전방법 2가지는?

도로상황
- 검정색 차량 저속주행
- 이륜차 고양방향 주행
- 전방 300m 앞에 진·출입로가 존재함

① 검정색 차량 우측으로 앞지르기한다.
② 검정색 차량과 같은 차로에서 나란히 주행한다.
③ 고양방향으로 진출할 수 있도록 즉시 3차로로 차로변경을 한다.
④ 흰색차량이 진로변경 할 수 있으므로 감속하여 안전거리를 확보한다.
⑤ 차로변경이 가능한 백색점선 구간까지 주행하여 3차로로 진입한다.

흰색실점선복선의 경우 도로가 분리·합류되는 구간 또는 장소 내의 필요한 지점에 설치하며, 차가 점선이 있는 쪽에서는 진로를 변경할 수 있으나, 실선이 있는 쪽에서는 진로변경을 제한한다.

3점 【난이도 : 中】

35 다음과 같은 상황에서 가장 안전한 운전방법 2가지는?

도로상황
- 어린이 보호구역
- 좌로 굽은 오르막 도로
- 왕복 2차로 도로

① 좌로 굽은 도로이므로 우측에 설치된 도로반사경을 이용해서 전방 상황을 확인하며 진행하는 것이 안전하다.
② 오르막 도로이므로 최고 제한속도를 조금 넘더라도 속도를 올려 진행하는 것이 좋다.
③ 우측 길가장자리에 황색실선이 표시되어 있으므로 주차는 불가하나 정차는 가능하다.
④ 신호기가 없는 횡단보도에서는 보행자가 없더라도 횡단보도 앞에서 반드시 일시정지 후 진행한다.
⑤ 좌로 굽은 도로에서는 중앙선을 넘더라도 좌측으로 붙어 진행하는 것이 안전하다.

2점 【난이도 : 下】

36 다음 안전표지에 대한 설명으로 맞는 것은?

① 차가 회전 진행할 것을 지시한다.
② 차가 좌측면으로 통행할 것을 지시한다.
③ 차가 우측면으로 통행할 것을 지시한다.
④ 차가 유턴할 것을 지시한다.

2점 【난이도 : 上】

37 차로를 왼쪽으로 바꾸고자 할 때의 방법으로 맞는 것은?

① 그 행위를 하고자 하는 지점에 이르기 전 30미터(고속도로에서는 100미터) 이상의 지점에 이르렀을 때 좌측 방향지시기를 조작한다.
② 그 행위를 하고자 하는 지점에 이르기 전 10미터(고속도로에서는 100미터) 이상의 지점에 이르렀을 때 좌측 방향지시기를 조작한다.
③ 그 행위를 하고자 하는 지점에 이르기 전 20미터(고속도로에서는 80미터) 이상의 지점에 이르렀을 때 좌측 방향지시기를 조작한다.
④ 그 행위를 하고자 하는 지점에서 좌측 방향지시기를 조작한다.

방향을 변경하고자 하는 경우는 그 지점에 이르기 전 30미터 이상의 지점에 이르렀을 때 방향지시기를 조작한다.

3점 【난이도 : 中】

38 다음 상황에서 가장 안전한 운전 방법 2가지는?

도로상황
- 좌로 굽은 언덕길
- 전방을 향해 이륜차 운전 중
- 도로로 진입하려는 농기계

① 좌측 후사경을 통하여 1차로에 주행 중인 차량을 확인한다.
② 전방의 승용차가 1차로로 진로변경을 못하도록 상향등을 미리 켜서 경고한다.
③ 농기계가 도로로 진입할 수 있어 1차로로 신속히 차로변경 한다.
④ 오르막차로이기 때문에 속도를 높여 운전한다.
⑤ 전방의 이륜차가 1차로로 진로 변경할 수 있어 안전거리를 유지한다.

안전거리를 확보하지 않았을 경우에는 전방 차량의 급제동이나 급차로 변경 시에 적절한 대처하기 어렵다. 특히 언덕길의 경우 고갯마루 너머의 상황이 보이지 않아 더욱 위험하므로 속도를 줄이고 앞 차량과의 안전거리를 충분히 둔다.

3점 【난이도 : 下】

39 도로교통법령상 본래의 용도로 운행되고 있는 소방차 운전자가 긴급자동차에 대한 특례를 적용받을 수 없는 것은?

① 좌석안전띠 미착용
② 음주 운전
③ 중앙선 침범
④ 신호위반

①, ③, ④는 긴급자동차의 특례(허용사항)에 해당하며, 긴급자동차라고 해도 음주운전은 해서는 안 된다.

5점 【난이도 : 中】

40 다음 영상에서 나타난 가장 위험한 상황은?

※ 동영상 시청 : 스마트폰으로 옆 QR 코드로 검색하면 동영상 문제를 볼 수 있습니다. (카페의 동영상 문제 11번)

① 안전지대에 진입한 자동차의 갑작스러운 오른쪽 차로 진입
② 내 차의 오른쪽에 직진하는 자동차와 충돌 가능성
③ 안전지대에 정차한 자동차의 후진으로 인한 교통사고
④ 진로변경 금지장소에서 진로변경으로 인한 접촉사고

실전출제문제

2점 [난이도 : 下]

01 도로교통법령상 영문운전면허증에 대한 설명으로 옳지 않은 것은? (제네바협약 또는 비엔나협약 가입국으로 한정)

① 영문운전면허증 인정 국가에서 운전할 때 별도의 번역공증서 없이 운전이 가능하다.
② 영문운전면허증 인정 국가에서는 체류기간에 상관없이 사용할 수 있다.
③ 영문운전면허증 불인정 국가에서는 한국운전면허증, 국제운전면허증, 여권을 지참해야 한다.
④ 운전면허증 뒤쪽에 영문으로 운전면허증의 내용을 표기한 것이다.

영문운전면허증 안내(도로교통공단) 운전할 수 있는 기간이 국가마다 상이하며, 대부분 3개월 정도의 단기간만 허용하고 있으므로 장기체류를 하는 경우 해당국 운전면허를 취득해야 한다.

2점 [난이도 : 中]

02 도로에서 2명 이상이 공동으로 2대 이상의 자동차 등을 정당한 사유 없이 앞뒤로 또는 좌우로 줄지어 통행하면서 다른 사람에게 위해(危害)를 끼치거나 교통상의 위험을 발생하게 하는 행위를 도로교통법상 무엇이라고 하나?

① 공동 위험행위　② 교차로 꼬리 물기 행위
③ 끼어들기 행위　④ 질서위반 행위

도로에 2명 이상이 공동으로 2대 이상의 자동차등을 정당한 사유 없이 앞뒤로 또는 좌우로 줄지어 통행하면서 다른 사람에게 위해(危害)를 끼치거나 교통상의 위험을 발생하게 하여서는 아니 된다.

2점 [난이도 : 下]

03 다음 안전표지에 대한 설명으로 맞는 것은?

① 회전형 교차로표지
② 유턴 및 좌회전 차량 주의표지
③ 비신호 교차로표지
④ 좌로 굽은도로

3점 [난이도 : 下]

04 다음 사진과 같은 "차로축소형 회전교차로"에서 우회전 통행방법에 대한 설명으로 올바른 2가지는?

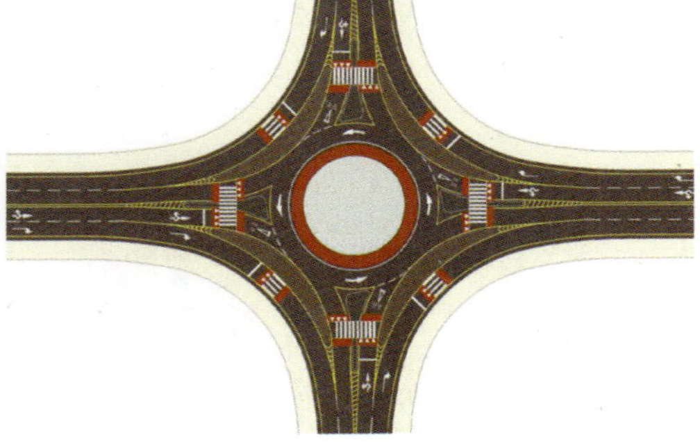

도로상황
- 차로축소형 회전교차로

① 회전교차로 진입 후 안전하게 우회전방향으로 빠져나간다.
② 회전교차로 내로 진입하지 않고 미리 도로의 우측 가장자리 차로를 이용하여 서행하면서 우회전한다.
③ 회전교차로 진입 후 바로 우회전을 할 경우"교차로 통행방법위반"이다.
④ 우회전 차로에 있는 횡단보도는 보행자 여부와 관계없이 일시 정지해야 한다.
⑤ 회전교차로 진입 후 시계방향으로 크게 회전하여 우회전하여야 한다.

2점 [난이도 : 上]

05 일반적인 무보수(MF : Maintenance Free)배터리 수명이 다한 경우, 점검창에 나타나는 색깔은?

① 황색　② 백색
③ 검은색　④ 녹색

제조사에 따라 점검창의 색깔을 달리 사용하고 있으나, 일반적인 무보수(MF : Maintenance Free)배터리는 정상인 경우 녹색(청색), 전해액의 비중이 낮다는 의미의 검은색은 충전 및 교체, 백색(적색)은 배터리 수명이 다한 경우를 말한다.

3점 [난이도 : 中]

06 다음 상황에서 운전자의 가장 바람직한 운전방법 2가지는?

도로상황
- 편도 2차로 도로
- 우측 사이드미러로 2차로에 출동 중인 긴급자동차 발견
- 차량 통행량이 많아 정체 상황

① 진로 양보는 2차로만 가능하므로 1차로에서 진행 중인 경우는 후방의 긴급자동차를 주의할 필요는 없다.
② 전방에 교차로가 있는 경우 교차로를 피해 진로를 양보한다.
③ 2차로로 빠르게 차로변경하여 비상등을 켜고 긴급자동차 보다 앞서서 주행한다.
④ 긴급자동차의 앞에 진행하는 경우라면 도로 좌우측으로 피양하여 진로를 양보한다.
⑤ 긴급자동차의 뒤를 따라 진행하면 더욱 빨리 운행할 수 있으므로 긴급자동차가 지나간 뒤 2차로로 차로변경하여 바싹 뒤따른다.

모든 자동차는 긴급자동차에 우선 양보하되 뒤에 긴급자동차가 따라오는 경우 좌·우측으로 양보하여야 한다. 긴급자동차는 앞지르기 규제 적용 대상이 아니다.

2점 [난이도 : 上]

07 다음 중 자동차를 매매한 경우 이전등록 담당기관은?

① 도로교통공단　② 시·군·구청
③ 한국교통안전공단　④ 시·도경찰청

2점 [난이도 : 上]

08 도로교통법령상 개인형 이동장치에 대한 규정과 안전한 운전방법으로 틀린 것은?

① 운전자는 밤에 도로를 통행할 때에는 전조등과 미등을 켜야 한다.
② 개인형 이동장치 중 전동킥보드의 승차정원은 1인이므로 2인이 탑승하면 안된다.
③ 개인형 이동장치는 전동이륜평행차, 전동킥보드, 전기자전거, 전동휠, 전동스쿠터 등 개인이 이동하기에 적합한 이동장치를 포함하고 있다.
④ 전동기의 동력만으로 움직일 수 있는 자전거의 경우 승차정원은 2인이다.

자전거등의 운전자는 밤에 도로를 통행하는 때에는 전조등과 미등을 켜거나 야광띠 등 발광장치를 착용하여야 한다. 제10항 개인형 이동장치의 운전자는 행정안전부령으로 정하는 승차 정원을 초과하여 동승자를 태우고 개인형 이동장치를 운전하여서는 아니 된다.
- 전동킥보드 및 전동이륜평행차의 경우 : 승차정원 1명
- 전동기의 동력만으로 움직일수 있는 자전거의 경우 : 승차정원 2명

3점 [난이도 : 中]

09 다음 중 긴급자동차에 해당하는 2가지는?

① 경찰용 긴급자동차에 의하여 유도되고 있는 자동차
② 수사기관의 자동차이지만 수사와 관련 없는 기능으로 사용되는 자동차
③ 사고차량을 견인하기 위해 출동하는 구난차
④ 생명이 위급한 환자 또는 부상자나 수혈을 위한 혈액을 운송 중인 자동차

긴급자동차의 종류
- 경찰용 긴급자동차에 의하여 유도되고 있는 자동차
- 국군 및 주한 국제연합군용의 긴급자동차에 의하여 유도되고 있는 국군 및 주한 국제연합군의 자동차

2점 [난이도 : 下]

10 다음 안전표지가 설치되는 장소로 가장 알맞은 곳은?

① 도로가 좌로 굽어 차로이탈이 발생할 수 있는 도로
② 눈·비 등의 원인으로 자동차등이 미끄러지기 쉬운 도로
③ 도로가 이중으로 굽어 차로이탈이 발생할 수 있는 도로
④ 내리막경사가 심하여 속도를 줄여야 하는 도로

도로 결빙 등에 의해 자동차등이 미끄러운 도로에 설치한다.

정답 01 ② 02 ① 03 ① 04 ②,③ 05 ② 06 ②,④ 07 ② 08 ③ 09 ①,④ 10 ②

2점 [난이도 : 下]

11 도로교통법상 차의 운전자가 그 차의 바퀴를 일시적으로 완전히 정지시키는 것은?

① 서행 ② 정차
③ 주차 ④ 일시정지

'일시정지'란 차의 운전자가 그 차의 바퀴를 일시적으로 완전히 정지시키는 것을 말한다.

2점 [난이도 : 中]

12 보복운전으로 구속되었다. 운전면허 행정처분은?

① 면허 취소 ② 면허 정지 100일
③ 면허 정지 60일 ④ 할 수 없다.

자동차를 이용하여 보복운전으로 구속 된 때는 면허를 취소한다. 형사 입건된 때는 벌점 100점이 부과된다.

2점 [난이도 : 下]

13 다음 안전표지에 대한 설명으로 맞는 것은?

① 차의 우회전 할 것을 지시하는 표지이다.
② 차의 직진을 금지하게 하는 주의표지이다.
③ 전방 우로 굽은 도로에 대한 주의표지이다.
④ 차의 우회전을 금지하는 주의표지이다.

전방 우로 굽은 도로에 대한 주의표지이다.

3점 [난이도 : 中]

14 다음 상황에서 가장 안전한 운전방법 2가지는?

도로상황
- 어린이보호구역의 'ㅏ'자형 교차로
- 교통정리가 이루어지지 않는 교차로
- 좌우가 확인되지 않는 교차로
- 통행하려는 보행자가 없는 횡단보도

3점

① 우회전하려는 경우 서행으로 횡단보도를 통행한다.
② 우회전하려는 경우 횡단보도 앞에서 반드시 일시정지한다.
③ 직진하려는 경우 다른 차보다 우선이므로 서행하며 진입한다.
④ 직진 및 우회전하려는 경우 모두 일시정지한 후 진입한다.
⑤ 우회전하려는 경우만 일시정지한 후 진입한다.

보기의 상황은 오른쪽의 확인이 어려운 장소로서 일시정지하여할 장소이며, 이 때는 직진 및 우회전하려는 경우 모두 일시정지하여야 한다.

3점 [난이도 : 中]

15 다음 상황에서 가장 안전한 운전방법 2가지는?

도로상황
- 전방 차량신호등 적색등화
- 좌측 어린이 보호구역 해제 표지
- 1차로 유턴 및 좌회전 차로
- 3차로 직진 및 우회전 차로

① 전방 차량신호등이 적색등화이므로 정지선 전에 미리 속도를 줄이고 안전하게 정차한다.
② 전방 좌측 어린이 보호구역 해제 표지가 있어 현재 진행하는 도로에서는 특별히 어린이의 안전에 주의할 필요는 없다.
③ 좌회전하려는 경우 미리 1차로로 진행하는 후행차량을 잘 살피고 안전하게 차로를 변경한다.
④ 우회전하려는 경우 3차로에 신호대기 중인 차량을 피해 보도를 통해 우회전 한다.
⑤ 도로 우측의 황색실선은 정차는 허용하나 주차는 금지하는 표지이므로 잠시 정차하는 것은 가능하다.

② 어린이 보호구역 해제 표지가 있더라도 어린이의 안전에 주의해야 한다.
④ 우회전하려는 경우 3차로에 신호대기 중인 차량 뒤에 정차 후 진행한다.
⑤ 황색실선에서는 주정차를 금지한다.

2점 [난이도 : 下]

16 교통사고를 일으킬 가능성이 가장 높은 운전자는?

① 운전에만 집중하는 운전자
② 급출발, 급제동, 급차로 변경을 반복하는 운전자
③ 자전거나 이륜차에게 안전거리를 확보하는 운전자
④ 조급한 마음을 버리고 인내하는 마음을 갖춘 운전자

2점 [난이도 : 中]

17 다음 중 도로교통법상 난폭운전에 해당하지 않는 운전자는?

① 급제동을 반복하여 교통상의 위험을 발생하게 하는 운전자
② 계속된 안전거리 미확보로 다른 사람에게 위협을 주는 운전자
③ 고속도로에서 지속적으로 앞지르기 방법 위반을 하여 교통상의 위험을 발생하게 하는 운전자
④ 심야 고속도로 갓길에 미등을 끄고 주차하여 다른 사람에게 위협을 주는 운전자

3점 [난이도 : 下]

18 다음 상황에서 12시 방향으로 진출하려는 경우 가장 안전한 운전방법 2가지는?

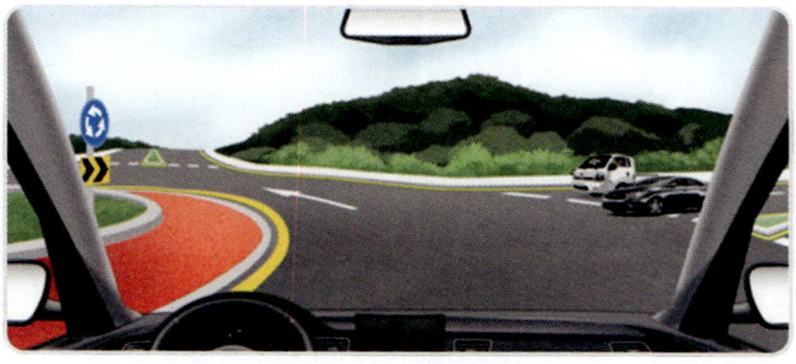

도로상황
- 회전교차로 안에서 회전 중
- 우측에서 회전교차로에 진입하려는 상황

① 회전교차로에 진입하려는 승용자동차에 양보하기 위해 정차한다.
② 좌측방향지시기를 작동하며 화물차턱으로 진입한다.
③ 우측방향지시기를 작동하며 12시 방향으로 통행한다.
④ 진출 시기를 놓친 경우 한 바퀴 회전하여 진출한다.
⑤ 12시 방향으로 직진하려는 경우이므로 방향지시기를 작동하지 아니 한다.

승용자동차나 화물자동차가 양보없이 무리하게 진입하려는 경우 12시 방향 진출을 삼가고 다시 반시계 방향으로 360도 회전하여 12시로 진출한다.

3점 [난이도 : 上]

19 자동차 등록의 종류가 아닌 것 2가지는?

① 경정등록 ② 권리등록
③ 설정등록 ④ 말소등록

자동차등록은 신규, 변경, 이전, 말소, 압류, 경정, 예고등록이 있고, 특허등록은 권리등록, 설정등록 등이 있다.

3점 [난이도 : 中]

20 다음 상황에서 가장 안전한 운전방법 2가지는?

도로상황
- 신호기 없는 사거리 교차로
- 왕복 2차로 중앙선이 있는 도로
- 횡단보도 신호기 없음
- 전방 도로반사경에 좌회전 대기 차량이 보임

① 좌회전하려는 경우 방향지시등을 켜고 맞은편 차량이 통과한 후 안전하게 진입한다.
② 좌우측 확인이 안 되는 교차로이므로 일시정지 한 후 안전하게 교차로에 진입한다.
③ 좌회전하고자 하는 경우 맞은편에서 주행하는 차량 사이로 속도를 높여 좌회전한다.
④ 도로반사경에 보이는 좌회전 대기 차량보다 먼저 좌회전하기 위해 재빨리 진입한다.
⑤ 뒤따르는 차량이 있는 경우 상향등과 경음기를 조작하면서 무리하더라도 좌회전을 시도한다.

정답 11 ④ 12 ① 13 ③ 14 ②,④ 15 ①,③ 16 ② 17 ④ 18 ③,④ 19 ②,③ 20 ①,②

2점 [난이도 : 中]

21 수소가스 누출을 확인할 수 있는 방법이 아닌 것은?

① 가연성 가스검지기 활용 측정 ② 비눗물을 통한 확인
③ 가스 냄새를 맡아 확인 ④ 수소검지기로 확인

수소는 무색, 무취, 무독한 특징을 가지고 있어 냄새를 통한 감지가 어렵다.

2점 [난이도 : 上]

22 다음 중 수소차량에서 누출을 확인하지 않아도 되는 곳은?

① 밸브와 용기의 접속부 ② 조정기
③ 가스 호스와 배관 연결부 ④ 연료전지 부스트 인버터

수소차량은 연료전지스택(수소와 산소의 반응)에서 전기를 발생하여 모터를 구동시킨다. 이때 ①~③은 연료전지스택에 관한 것이다.
수소연료전지 부스트 인버터는 연료전지에서 발생된 직류 전류를 모터 구동에 필요한 교류 전류로 변환시키는 전기장치이므로 수소누출과는 무관하다.

2점 [난이도 : 中]

23 다음 규제표지가 설치된 지역에서 운행이 허가되는 차량은?

① 화물자동차
② 경운기
③ 트랙터
④ 손수레

경운기·트랙터 및 손수레의 통행을 규제하는 표지이다.

3점 [난이도 : 下]

24 다음 중 가장 안전한 운전방법 2가지는?

도로상황
- 자전거 우선도로 진입 중

① 자전거의 통행을 방해하지 않고 우측 길가에 정차한다.
② 전방에 횡단보도가 있어 보행자를 주의하며 서행으로 주행한다.
③ 앞지르기 시 과속이 허용되므로 시속 50km로 주행한다.
④ 1차로로 차로변경 후 자전거와의 안전거리를 확보한다.
⑤ 경음기를 사용하여 자전거의 길가장자리 주행을 재촉한다.

자전거와 공유하는 도로에서는 자전거는 도로 우측으로 통행하며 자전거의 통행이 우선된다.

3점 [난이도 : 上]

25 다음 상황에서 법령을 위반한 운전방법 2가지는?

도로상황
- A – 촬영차, B – 소방차
- 뒤 차 A의 앞 유리를 통해 소방차 B를 촬영
- 빗방울 떨어지며 노면 젖음
- 전방 300 미터에 사거리 교차로 및 신호기
- 1차로로 소방차가 경광등과 사이렌을 켠 채 진행

① B 운전자 – 시속 100 킬로미터로 주행한다.
② A 운전자 – 시속 70 킬로미터로 주행한다.
③ B 운전자 – 교차로에서 앞지르기한다.
④ A 운전자 – 교차로에서 앞지르기한다.
⑤ B 운전자 – 앞차와 안전거리를 확보하지 않는다.

①,③,⑤ 긴급자동차(소방차)는 속도 제한, 앞지르기 금지, 안전거리 확보 등에서 자유롭다.
② 긴급자동차를 제외한 모든 차량은 노면이 젖은 경우 100분의 20 이하로 감속해야 한다.
즉, 70km/h×(1/5) = 14km/h이므로 70 – 14 = 56km/h 이하로 감속시킨다.
④ 긴급자동차를 제외한 모든 차량은 교차로에서는 앞지르기가 금지된다.

2점 [난이도 : 中]

26 도로교통법상, 고령자 면허 갱신 및 적성검사의 주기가 3년인 사람의 연령으로 맞는 것은?

① 만 65세 이상 ② 만 70세 이상
③ 만 75세 이상 ④ 만 80세 이상

2점 [난이도 : 下]

27 운전자가 갖추어야 할 올바른 자세로 가장 맞는 것은?

① 소통과 안전을 생각하는 자세
② 사람보다는 자동차를 우선하는 자세
③ 다른 차보다는 내 차를 먼저 생각하는 자세
④ 교통사고는 준법운전보다 운이 좌우한다는 자세

자동차보다 사람이 우선, 나 보다는 다른 차를 우선, 사고발생은 운보다는 준법운전이 좌우한다.

3점 [난이도 : 下]

28 교차로를 통과하려 할때 주의해야 할 가장 안전한 운전방법 2가지는?

도로상황
- 시속 30킬로미터로 주행 중

① 앞서가는 자동차가 정지할 수 있으므로 바싹 뒤따른다.
② 왼쪽 도로에서 자전거가 달려오고 있으므로 속도를 줄이며 멈춘다.
③ 속도를 높여 교차로에 먼저 진입해야 자전거가 정지한다.
④ 오른쪽 도로의 보이지 않는 위험에 대비해 일시정지한다.
⑤ 자전거와의 사고를 예방하기 위해 비상등을 켜고 진입한다.

자전거는 보행자 보다 속도가 빠르기 때문에 보이지 않는 곳에서 갑작스럽게 출현할 수 있다. 항상 보이지 않는 곳의 위험을 대비하는 운전자세가 필요하다.

3점 [난이도 : 中]

29 어린이통학버스의 특별 보호에 관한 설명으로 맞는 2가지는?

① 어린이 통학버스를 앞지르기하고자 할 때는 다른 차의 앞지르기 방법과 같다.
② 어린이들이 승하차 시, 중앙선이 없는 도로에서는 반대편에서 오는 차량도 안전을 확인한 후, 서행하여야 한다.
③ 어린이들이 승하차 시, 편도 1차로 도로에서는 반대편에서 오는 차량도 일시정지하여 안전을 확인한 후, 서행하여야 한다.
④ 어린이들이 승하차 시, 동일 차로와 그 차로의 바로 옆 차량은 일시정지하여 안전을 확인한 후, 서행하여야 한다.

3점 [난이도 : 中]

30 다음 상황에서 가장 안전한 운전 방법 2가지는?

도로상황
- 전방에 횡단보도
- 좌측에 횡단보도를 횡단하기 위해 서있는 보행자
- 신호기 없는 "ㅏ"형 교차로

① 좌측에 서 있는 보행자에게 경음기를 계속 울려 경고하며 빠르게 진행한다.
② 위험 상황을 예측할 필요 없이 그대로 진행한다.
③ 전방 우측 도로에서 차량이 진입할 경우를 대비하여 서행한다.
④ 신호기가 없는 교차로이므로 속도를 높여 신속하게 통과한다.
⑤ 횡단보도 앞 정지선에서 일시정지한다.

정당한 사유 없이 계속하여 경음기를 울리는 행위는 지양한다.
횡단보도 앞에 보행자가 서 있으므로 위험 상황을 예측하고 횡단보도 앞 정지선에서 일시정지한다.
신호기가 없는 교차로에서도 갑자기 오토바이나 차량이 빠르게 나올 수 있으므로 주의해야 한다.

정답 21 ③ 22 ④ 23 ① 24 ②,④ 25 ②,④ 26 ③ 27 ① 28 ②,④ 29 ③,④ 30 ③,⑤

2점 [난이도 : 中]

31 도로교통법령상 운전면허증 갱신기간의 연기를 받은 사람은 그 사유가 없어진 날부터 몇 개월 이내에 운전면허증을 갱신하여 발급받아야 하는가?

① 1개월 ② 3개월
③ 6개월 ④ 12개월

도로교통법 시행령 제55조 제3항 운전면허증 갱신기간의 연기를 받은 사람은 그 사유가 없어진 날부터 3개월 이내에 운전면허증을 갱신하여 발급받아야 한다.

2점 [난이도 : 上]

32 혈중 알코올농도 0.03% 이상 상태의 운전자 갑이 신호대기 중인 상황에서 뒤차(운전자 을)가 추돌한 경우는?

① 음주운전이 중한 위반행위이기 때문에 갑이 사고의 가해자로 처벌된다.
② 사고의 가해자는 을이 되지만, 갑의 음주운전은 별개로 처벌된다.
③ 갑은 피해자이므로 운전면허에 대한 행정처분을 받지 않는다.
④ 을은 교통사고 원인과 결과에 따른 벌점은 없다.

갑(음주운전)은 피해자임에도 사고와 별개로 형사 처벌 및 면허행정처분 대상자이다.

2점 [난이도 : 下]

33 다음 규제표지에 대한 설명으로 맞는 것은?

① 최저속도 제한표지
② 최고속도 제한표지
③ 차간 거리 확보표지
④ 안전속도 유지표지

3점 [난이도 : 中]

34 다음 상황에서 가장 안전한 운전방법 2가지는?

도로상황
- 편도 1차로
- 불법주차된 차들
- 보도와 차도가 분리되지 않은 도로

① 전방 보행자의 급작스러운 좌측횡단을 예측하며 정지를 준비한다.
② 직진하려는 경우 전방 교차로에는 차가 없으므로 서행으로 통과한다.
③ 교차로 진입 전 일시정지하여 좌우측에서 접근하는 차를 확인해야 한다.
④ 주변 자전거 및 보행자에게 경음기를 반복적으로 작동하여 차의 통행을 알려준다.
⑤ 전방 보행자를 길가장자리구역으로 유도하기 위해 우측으로 붙어 통행해야 한다.

3점 [난이도 : 中]

35 다음 상황에서 가장 안전한 운전방법 2가지는?

도로상황
- 어린이 보호구역
- 신호기 없는 횡단보도
- 우측 골목으로 이어지는 교차로
- 고임목을 괴고 주차 중인 소방차
- 좌로 굽은 오르막 편도 1차로 도로

① 우측 골목길에서 나타나는 차량이 있을 수 있으므로 빠르게 교차로를 통과한다.
② 전방 좌측에 주차된 소방차로 인하여 시야 확보가 곤란한 상황이므로 속도를 낮추고 전방 상황을 잘 살핀다.
③ 어린이 보호구역 내에서는 횡단보도에 보행자가 있는 경우에만 일시정지 후 진행한다.
④ 우회전하려는 경우 우측 골목길에서 나오는 차량이나 보행자를 잘 살피며 진행한다.
⑤ 어린이 보호구역은 모두 최고 제한속도가 시속 30 킬로미터 이므로 최고 제한속도 이내로 주행하면 된다.

2점 [난이도 : 下]

36 도로교통법상 긴급자동차가 긴급한 용도 외에도 경광등 등을 사용할 수 있는 경우가 아닌 것은?

① 소방차가 화재 예방 및 구조·구급 활동을 위하여 순찰을 하는 경우
② 소방차가 정비를 위해 긴급히 이동하는 경우
③ 민방위업무용 자동차가 그 본래의 긴급한 용도와 관련된 훈련에 참여하는 경우
④ 경찰용 자동차가 범죄 예방 및 단속을 위하여 순찰을 하는 경우

2점 [난이도 : 上]

37 도로교통법상 '보호구역의 지정절차 및 기준'등에 관하여 필요한 사항을 정하는 공동부령 기관으로 맞는 것은?

① 어린이 보호구역은 행정안전부, 보건복지부, 국토교통부의 공동부령으로 정한다.
② 노인 보호구역은 행정안전부, 국토교통부, 환경부의 공동부령으로 정한다.
③ 장애인 보호구역은 행정안전부, 보건복지부, 국토교통부의 공동부령으로 정한다.
④ 교통약자 보호구역은 행정안전부, 환경부, 국토교통부의 공동부령으로 정한다.

- 어린이 보호구역 : 교육부, 행정안전부, 국토교통부의 공동부령
- 노인 보호구역 또는 장애인 보호구역 : 행정안전부, 보건복지부 및 국토교통부의 공동부령

3점 [난이도 : 下]

38 다음 상황에서 전동킥보드 운전자가 좌회전하려는 경우 안전한 방법2가지는?

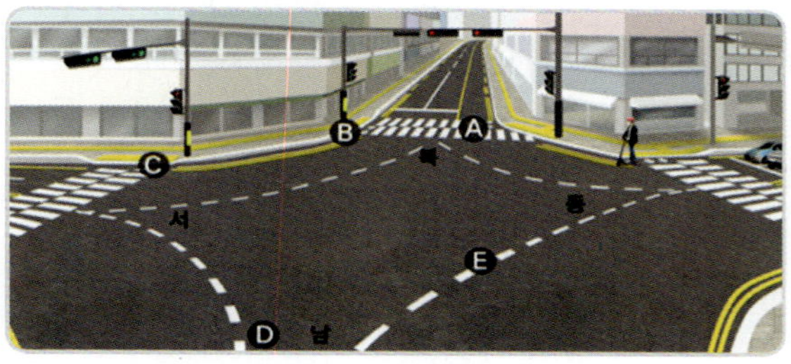

도로상황
- 동쪽에서 서쪽 신호등 : 직진 및 좌회전 신호
- 동쪽에서 서쪽 A 횡단보도 보행자 신호등 녹색

① A횡단보도로 전동킥보드를 운전하여 진입한 후 B지점에서 D방향의 녹색등화를 기다린다.
② A횡단보도로 전동킥보드를 끌고 진입한 후 B지점에서 D방향의 녹색등화를 기다린다.
③ 전동킥보드를 운전하여 E방향으로 주행하기 위해 교차로 중심안쪽으로 좌회전한다.
④ 전동킥보드를 운전하여 B지점으로 직진한 후 D방향의 녹색등화를 기다린다.
⑤ 전동킥보드를 운전하여 C지점으로 직진한 후 즉시 B지점에서 D방향으로 직진한다.

3점 [난이도 : 中]

39 다음 중 연습운전면허 취소사유로 맞는 것 2가지는?

① 단속하는 경찰공무원등 및 시·군·구 공무원을 폭행한 때
② 도로에서 자동차의 운행으로 물적 피해만 발생한 교통사고를 일으킨 때
③ 다른 사람에게 연습운전면허증을 대여하여 운전하게 한 때
④ 난폭운전으로 2회 형사입건된 때

5점 [난이도 : 中]

40 다음 영상에서 운전자가 해야할 조치로 맞는 것은?

※ 동영상 시청 : 스마트폰으로 옆 QR 코드로 검색하면 동영상 문제를 볼 수 있습니다. (카페의 동영상 문제 12번)

① 앞쪽 자동차 운전자에게 상향등을 작동하여 대응한다.
② 비상점멸등을 작동하며 갓길에 정차한 후 시시비비를 다툰다.
③ 경음기와 방향지시기를 작동하여 앞지르기 한 후 급제동한다.
④ 고속도로 밖으로 진출하여 안전한 장소에 도착한 후 경찰관서에 신고한다.

불특정 운전자가 지그재그 운전을 하거나, 내가 통행하는 차로에서 고의로 제동을 하면서 진로를 막는 행위를 하는 경우, 직접 대응하지 않고 도로의 진출로로 회피 및 우회하거나, 휴게소 등으로 진입하여 자동차 문을 잠그고 즉시 신고하여 대응하는 것이 바람직하다.

최종점검 450문제

2점 [난이도 : 下]

001 안개 낀 도로에서 자동차를 운행할 때 가장 안전한 운전 방법은?

① 커브 길이나 교차로 등에서는 경음기를 울려서 다른 차를 비키도록 하고 빨리 운행한다.
② 안개가 심한 경우에는 시야 확보를 위해 전조등을 상향으로 한다.
③ 안개가 낀 도로에서는 안개등만 켜는 것이 안전 운전에 도움이 된다.
④ 어느 정도 시야가 확보되는 경우엔 가드레일, 중앙선, 차선 등 자동차의 위치를 파악할 수 있는 지형지물을 이용하여 서행한다.

2점 [난이도 : 下]

002 눈길이나 빙판길 주행 중에 정지하려고 할 때 가장 안전한 제동 방법은?

① 브레이크 페달을 힘껏 밟는다.
② 풋 브레이크와 주차브레이크를 동시에 작동하여 신속하게 차량을 정지시킨다.
③ 차가 완전히 정지할 때까지 엔진브레이크로만 감속한다.
④ 엔진브레이크로 감속한 후 브레이크 페달을 가볍게 여러 번 나누어 밟는다.

2점 [난이도 : 下]

003 폭우가 내리는 도로의 지하차도를 주행하는 운전자의 마음가짐으로 가장 바람직한 것은?

① 모든 도로의 지하차도는 배수시설이 잘 되어 있어 위험요소는 발생하지 않는다.
② 재난방송, 안내판 등 재난 정보를 청취하면서 위험요소에 대응한다.
③ 폭우가 지나갈 때까지 지하차도 갓길에 정차하여 휴식을 취한다.
④ 신속히 지나가야하기 때문에 지정속도보다 빠르게 주행한다.

2점 [난이도 : 中]

004 도로교통법상 어린이통학버스를 특별보호해야 하는 운전자 의무를 맞게 설명한 것은?

① 적색 점멸장치를 작동 중인 어린이통학버스가 정차한 차로의 바로 옆 차로로 통행하는 경우 일시정지하여야 한다.
② 도로를 통행 중인 모든 어린이통학버스를 앞지르기할 수 없다.
③ 이 의무를 위반하면 운전면허 벌점 15점을 부과받는다.
④ 편도 1차로의 도로에서 적색 점멸장치를 작동 중인 어린이통학버스가 정차한 경우는 이 의무가 제외된다.

2점 [난이도 : 下]

005 안개 낀 도로를 주행할 때 안전한 운전 방법으로 바르지 않은 것은?

① 커브길이나 언덕길 등에서는 경음기를 사용한다.
② 전방 시야확보가 70미터 내외인 경우 규정속도보다 절반 이하로 줄인다.
③ 평소보다 전방시야확보가 어려우므로 안개등과 상향등을 함께 켜서 충분한 시야를 확보한다.
④ 차의 고장이나 가벼운 접촉사고일지라도 도로의 가장자리로 신속히 대피한다.

2점 [난이도 : 中]

006 내리막길 주행 중 브레이크가 제동되지 않을 때 가장 적절한 조치 방법은?

① 즉시 시동을 끈다.
② 저단 기어로 변속한 후 차에서 뛰어내린다.
③ 핸들을 지그재그로 조작하며 속도를 줄인다.
④ 저단 기어로 변속하여 감속한 후 차체를 가드레일이나 벽에 부딪친다.

> 브레이크가 듣지 않으면 속도가 가장 낮은 저단 기어로 변속하고, 주차 브레이크를 당겨 감속시킨다. 그래도 내리막 속도가 느려지지 않으면 가드레일 등에 차량 측면을 부딪치며 감속시킨다.

2점 [난이도 : 下]

007 다음 중 유해한 배기가스를 가장 많이 배출하는 자동차는?

① 전기자동차 ② 수소자동차 ③ LPG자동차 ④ 노후된 디젤자동차

2점 [난이도 : 下]

008 터널 안 주행 중 자동차 사고로 인한 화재 목격 시 가장 바람직한 대응 방법은?

① 차량 통행이 가능하더라도 차를 세우는 것이 안전하다.
② 차량 통행이 불가능할 경우 차를 세운 후 자동차 안에서 화재 진압을 기다린다.
③ 차량 통행이 불가능할 경우 차를 세운 후 자동차 열쇠를 챙겨 대피한다.
④ 연기가 많이 나면 최대한 몸을 낮춰 연기나는 반대 방향으로 유도 표시등을 따라 이동한다.

2점 [난이도 : 上]

009 커브길을 주행 중일 때의 설명으로 올바른 것은?

① 커브길 진입 이전의 속도 그대로 정속주행하여 통과한다.
② 커브길 진입 후에는 변속 기어비를 높혀서 원심력을 줄이는 것이 좋다.
③ 커브길에서 후륜구동 차량은 언더스티어(understeer) 현상이 발생할 수 있다.
④ 커브길에서 오버스티어(oversteer)현상을 줄이기 위해 조향방향의 반대로 핸들을 조금씩 돌려야 한다.

> • 언더스티어링 현상 : 원래 회전 반경보다 바깥쪽으로 회전각도가 작게 회전하는 현상
> • 오버스티어링 현상 : 원래 회전 반경보다 안쪽으로 회전각도가 크게 회전하는 현상

2점 [난이도 : 上]

010 풋 브레이크 과다 사용으로 인한 마찰열 때문에 브레이크 액에 기포가 생겨 제동이 되지 않는 현상을 무엇이라 하는가?

① 스탠딩웨이브(Standing wave) ② 베이퍼록(Vapor lock)
③ 로드홀딩(Road holding) ④ 언더스티어링(Under steering)

> 내리막길에서 풋 브레이크를 계속 사용하면 드럼과 브레이크 슈 또는 디스크와 패드 사이에 마찰열이 발생되어 브레이크 액에 기포를 생기며, 이 기포이 발생되면 브레이크 페달이 잘 듣지 않게 된다.

2점 [난이도 : 下]

011 집중호우로 차량 침수 시 대처 방법으로 가장 올바르지 않은 것은?

① 급류가 밀려오는 반대쪽 문을 열고 탈출을 시도한다.
② 차량 문이 열리지 않는다면 뾰족한 물체 (목받침대, 안전벨트 잠금장치 등)로 창문 유리의 가장자리를 강하게 내리쳐 창문을 깨고 탈출을 시도한다.
③ 차량 창문을 깰 수 없다면 당황하지 말고, 119신고 후 차량 내·외부 수위가 비슷해지는 시점에(30cm 이하) 신속하게 문을 열어 탈출한다
④ 탈출하였다면 최대한 저지대 혹은 차량의 아래로 대피하도록 한다.

2점 [난이도 : 下]

012 겨울철 블랙 아이스(black ice)에 대해 바르게 설명하지 못한 것은?

① 도로 표면에 코팅한 것처럼 얇은 얼음막이 생기는 현상이다.
② 아스팔트 표면의 눈과 습기가 공기 중의 오염물질과 뒤섞여 스며든 뒤검게 얼어붙은 현상이다.
③ 추운 겨울에 다리 위, 터널 출입구, 그늘진 도로, 산모퉁이 음지 등 온도가 낮은 곳에서 주로 발생한다.
④ 햇볕이 잘 드는 도로에 눈이 녹아 스며들어 도로의 검은 색이 햇빛에 반사되어 반짝이는 현상을 말한다.

> 블랙 아이스(black ice) : 도로 위에 눈이 녹은 후 온도가 떨어져 얼어 빙판이 되는 현상이다.

2점 [난이도 : 上]

013 다음 중 겨울철 도로 결빙 상황과 관련한 설명으로 잘못된 것은?

① 아스팔트보다 콘크리트로 포장된 도로가 결빙이 더 많이 발생한다.
② 콘크리트보다 아스팔트 포장된 도로가 결빙이 더 늦게 녹는다.
③ 아스팔트 포장도로의 마찰계수는 건조한 노면일 때 1.6으로 커진다.
④ 동일한 조건의 결빙상태에서 콘크리트와 아스팔트 포장된 도로의 노면 마찰계수는 같다.

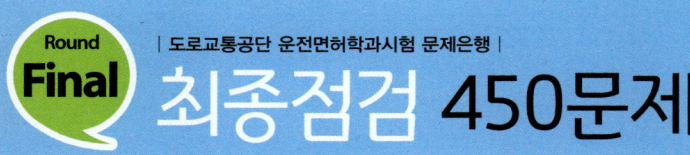

정답 001 ④ 002 ④ 003 ② 004 ① 005 ③ 006 ④ 007 ④ 008 ④ 009 ④ 010 ② 011 ④ 012 ④ 013 ③

2점 [난이도 : 下]

014 다음 중 지진발생 시 운전자의 조치로 가장 바람직하지 못한 것은?

① 운전 중이던 차의 속도를 높여 신속히 그 지역을 통과한다.
② 차를 이용해 이동이 불가능할 경우 차는 가장자리에 주차한 후 대피한다.
③ 주차된 차는 이동 될 경우를 대비하여 자동차 열쇠는 꽂아둔 채 대피한다.
④ 라디오를 켜서 재난방송에 집중한다.

2점 [난이도 : 下]

015 다음 중 교통사고 발생 시 가장 적절한 행동은?

① 비상등을 켜고 트렁크를 열어 비상상황임을 알릴 필요가 없다.
② 사고지점 도로 내에서 사고 상황에 대한 사진을 촬영하고 차량 안에 대기한다.
③ 사고지점에서 빠져나올 필요 없이 차량 안에 대기한다.
④ 주변 가로등, 교통신호등에 부착된 기초번호판을 보고 사고 발생지역을 보다 구체적으로 119,112에 신고한다.

2점 [난이도 : 中]

016 야간에 마주 오는 차의 전조등 불빛으로 인한 눈부심을 피하는 방법으로 올바른 것은?

① 전조등 불빛을 정면으로 보지 말고 자기 차로의 바로 아래쪽을 본다.
② 전조등 불빛을 정면으로 보지 말고 도로 우측의 가장자리 쪽을 본다.
③ 눈을 가늘게 뜨고 자기 차로 바로 아래쪽을 본다.
④ 눈을 가늘게 뜨고 좌측의 가장자리 쪽을 본다.

2점 [난이도 : 中]

017 도로교통법령상 고속도로에서 자동차 고장 시 적절한 조치요령은?

① 신속히 비상점멸등을 작동하고 차를 도로 위에 멈춘 후 보험사에 알린다.
② 트렁크를 열어 놓고 고장 난 곳을 신속히 확인한 후 구난차를 부른다.
③ 이동이 불가능한 경우 고장차량의 앞쪽 500미터 지점에 안전삼각대를 설치한다.
④ 이동이 가능한 경우 신속히 비상점멸등을 켜고 갓길에 정지시킨다.

2점 [난이도 : 上]

018 도로교통법상 밤에 고속도로 등에서 고장으로 자동차를 운행할 수 없는 경우, 운전자가 조치해야 할 사항으로 적절치 않은 것은?

① 사방 500미터에서 식별할 수 있는 적색의 섬광신호·전기제등 또는 불꽃신호를 설치해야 한다.
② 표지를 설치할 경우 후방에서 접근하는 자동차의 운전자가 확인할 수 있는 위치에 설치하여야 한다.
③ 고속도로 등이 아닌 다른 곳으로 옮겨 놓는 등 필요한 조치를 하여야 한다.
④ 안전삼각대는 고장차가 서있는 지점으로부터 200미터 후방에 반드시 설치해야 한다.

2점 [난이도 : 上]

019 도로교통법령상 비사업용 승용차 운전자가 전조등, 차폭등, 미등, 번호등을 모두 켜야 하는 경우로 맞는 것은?

① 밤에 도로에서 자동차를 정차하는 경우
② 안개가 가득 낀 도로에서 자동차를 정차하는 경우
③ 주차위반으로 도로에서 견인되는 자동차의 경우
④ 터널 안 도로에서 자동차를 운행하는 경우

2점 [난이도 : 上]

020 밤에 고속도로에서 자동차 고장으로 운행할 수 없게 되었을 때 고장자동차의 표지(안전삼각대)와 함께 추가로 ( )에서 식별할 수 있는 불꽃 신호 등을 설치해야 한다. ( )에 맞는 것은?

① 사방 200미터 지점　　② 사방 300미터 지점
③ 사방 400미터 지점　　④ 사방 500미터 지점

밤에는 안전삼각대와 함께 사방 500미터 지점에서 식별할 수 있는 적색의 섬광신호·전기제등 또는 불꽃신호를 추가로 설치하여야 한다.

2점 [난이도 : 中]

021 주행 중 타이어 펑크 예방방법 및 조치요령으로 바르지 않은 것은?

① 도로와 접지되는 타이어의 바닥면에 나사못 등이 박혀있는지 수시로 점검한다.
② 정기적으로 타이어의 적정 공기압을 유지하고 트레드 마모한계를 넘어섰는지 살펴본다.
③ 핸들이 한쪽으로 쏠리는 경우 뒷 타이어의 펑크일 가능성이 높다.
④ 핸들은 정면으로 고정시킨 채 주행하는 기어상태로 엔진브레이크를 이용하여 감속을 유도한다.

2점 [난이도 : 上]

022 차량의 급제동으로 인해 추돌할 위험이 있는 경우, 그 대처 방법으로 가장 올바른 것은?

① 충돌직전까지 포기하지 말고, 브레이크 페달을 밟아 감속한다.
② 앞 차와의 추돌을 피하기 위해 핸들을 급하게 좌측으로 꺾어 중앙선을 넘어간다.
③ 피해를 최소화하기 위해 눈을 감는다.
④ 와이퍼와 상향등을 함께 조작한다.

2점 [난이도 : 下]

023 다음 중 고속도로 공사구간에 관한 설명으로 틀린 것은?

① 차로를 차단하는 공사의 경우 정체가 발생할 수 있어 주의해야 한다.
② 화물차의 경우 순간 졸음, 전방 주시태만은 대형사고로 이어질 수 있다.
③ 이동공사, 고정공사 등 다양한 유형의 공사가 진행된다.
④ 제한속도는 시속 80킬로미터로만 제한되어 있다.

2점 [난이도 : 下]

024 다음 중 터널 안 화재가 발생했을 때 운전자의 행동으로 가장 올바른 것은?

① 도난 방지를 위해 자동차문을 잠그고 터널 밖으로 대피한다.
② 화재로 인해 터널 안은 연기로 가득차기 때문에 차안에 대기한다.
③ 차량 엔진 시동을 끄고 차량 이동을 위해 열쇠는 꽂아둔 채 신속하게 내려 대피한다.
④ 유턴해서 출구 반대방향으로 되돌아간다.

2점 [난이도 : 中]

025 다음 중 터널을 통과할 때 운전자의 안전수칙으로 잘못된 것은?

① 터널 진입 전, 명순응에 대비하여 색안경을 벗고 밤에 준하는 등화를 켠다.
② 터널 안 차선이 백색실선인 경우, 차로를 변경하지 않고 터널을 통과한다.
③ 앞차와의 안전거리를 유지하면서 급제동에 대비한다.
④ 터널 진입 전, 입구에 설치된 도로안내정보를 확인한다.

암순응(밝은 곳에서 어두운 곳으로 들어갈 때 처음에는 보이지 않던 것이 시간이 지나 보이기 시작하는 현상) 및 명순응(어두운 곳에서 밝은 곳으로 나왔을 때 점차 밝은 빛에 적응하는 현상)으로 인한 사고예방을 위해 터널을 통행할 시에는 평소보다 10~20% 감속하고 전조등, 차폭등, 미등 등의 등화를 반드시 켜야 한다. 또, 결빙과 2차사고 등을 예방하기 위해 일반도로 보다 더 안전거리를 확보하고 급제동에 대한 대비도 필요하다.

2점 [난이도 : 上]

026 자동차(단, 어린이통학버스 제외) 앞면 창유리의 가시광선 투과율 기준으로 맞는 것은?

① 40퍼센트　　② 50퍼센트
③ 60퍼센트　　④ 70퍼센트

2점 [난이도 : 上]

027 비사업용 및 대여사업용 전기자동차와 수소 연료전지자동차(하이브리드 자동차 제외) 전용번호판 색상으로 맞는 것은?

① 황색 바탕에 검정색문자
② 파란색 바탕에 검정색문자
③ 감청색 바탕에 흰색문자
④ 분홍빛 흰색 바탕에 보랏빛 검정색 문자

정답 014 ① 015 ④ 016 ② 017 ④ 018 ④ 019 ④ 020 ④ 021 ③ 022 ① 023 ④ 024 ③ 025 ① 026 ④ 027 ②

②점 [난이도 : 上]

028 다음은 자동차 주행 중 긴급 상황에서 제동과 관련한 설명이다. 맞는 것은?

① 수막현상이 발생할 때는 브레이크의 제동력이 평소보다 높아진다.
② 비상 시 충격 흡수 방호벽을 활용하는 것은 대형 사고를 예방하는 방법 중 하나이다.
③ 노면에 습기가 있을 때 급브레이크를 밟으면 항상 직진 방향으로 미끄러진다.
④ ABS를 장착한 차량은 제동 거리가 절반 이상 줄어든다.

②점 [난이도 : 上]

029 다음 중 도로교통법령상 대각선 횡단보도의 보행 신호가 녹색등화일 때 차마의 통행방법으로 옳은 것은?

① 직진하려는 때에는 정지선의 직전에 정지하여야 한다.
② 보행자의 횡단에 방해하지 않고 우회전할 수 있다.
③ 보행자가 없을 경우 서행으로 진행할 수 있다.
④ 보행자가 횡단하지 않는 방향으로는 진행할 수 있다.

신호기가 표시하는 신호의 종류 및 신호의 뜻 중 적색의 등화

②점 [난이도 : 上]

030 도로교통법령상 좌석안전띠 착용에 대한 내용으로 올바른 것은?

① 좌석안전띠는 허리 위로 고정시켜 교통사고 충격에 대비한다.
② 화재진압을 위해 출동하는 소방관은 좌석안전띠를 착용하지 않아도 된다.
③ 어린이는 앞좌석에 앉혀 좌석안전띠를 매도록 하는 것이 가장 안전하다.
④ 13세 미만의 자녀에게 좌석안전띠를 매도록 하지 않으면 과태료가 3만 원이다.

②점 [난이도 : 上]

031 교통사고 시 머리와 목 부상을 최소화하기 위해 출발 전에 조절해야 하는 것은

① 좌석의 전후 조절　② 등받이 각도 조절
③ 머리받침대 높이 조절　④ 좌석의 높낮이 조절

②점 [난이도 : 上]

032 터널에서 안전운전과 관련된 내용으로 맞는 것은?

① 앞지르기는 왼쪽 방향지시등을 켜고 좌측으로 한다.
② 터널 안에서는 앞차와의 거리감이 저하된다.
③ 터널 진입 시 명순응 현상을 주의해야 한다.
④ 터널 출구에서는 암순응 현상이 발생한다.

• 명순응 : 어두운 곳에 있다가 갑자기 밝은 곳으로 나올 때 눈이 부시고 잘 보이지 않다가 점차 회복되는 현상
• 암순응 : 밝은 곳에 있다가 갑자기 어두운 곳으로 들어왔을 때 잘 보이지 않다가 점차 보이는 현상

②점 [난이도 : 上]

033 다음 중 자동차 배기가스 재순환장치(Exhaust Gas Recirculation, EGR)가 주로 억제하는 물질은?

① 질소산화물(NOx)　② 탄화수소(HC)
③ 일산화탄소(CO)　④ 이산화탄소(CO_2)

배기가스 재순환장치(Exhaust Gas Recirculation, EGR)는 불활성인 배기가스의 일부를 흡입 계통으로 재순환시키고, 엔진에 흡입되는 혼합 가스에 혼합되어서 연소 시의 최고 온도를 내려 유해한 오염물질인 NOx(질소산화물)을 주로 억제하는 장치이다.

②점 [난이도 : 上]

034 다음은 진로 변경할 때 켜야 하는 신호에 대한 설명이다. 가장 알맞은 것은?

① 신호를 하지 않고 진로를 변경해도 다른 교통에 방해되지 않았다면 교통법규 위반으로 볼 수 없다.
② 진로 변경이 끝난 후 상당 기간 신호를 계속하여야 한다.
③ 진로 변경 시 신호를 하지 않으면 승용차 등과 승합차 등은 3만원의 범칙금 대상이 된다.
④ 고속도로에서 진로 변경을 하고자 할 때에는 30미터 지점부터 진로변경이 완료될 때까지 신호를 한다.

②점 [난이도 : 上]

035 앞지르기를 할 수 있는 경우로 맞는 것은?

① 앞차가 다른 차를 앞지르고 있을 경우
② 앞차가 위험 방지를 위하여 정지 또는 서행하고 있는 경우
③ 앞차의 좌측에 다른 차가 앞차와 나란히 진행하고 있는 경우
④ 앞차가 저속으로 진행하면서 다른 차와 안전거리를 확보하고 있을 경우

②점 [난이도 : 中]

036 다음은 다른 차를 앞지르기하려는 자동차의 속도에 대한 설명이다. 맞는 것은?

① 다른 차를 앞지르기하는 경우에는 속도의 제한이 없다.
② 해당 도로의 법정 최고 속도의 100분의 50을 더한 속도까지는 가능하다.
③ 운전자의 운전 능력에 따라 제한 없이 가능하다.
④ 해당 도로의 최고 속도 이내에서만 앞지르기가 가능하다.

②점 [난이도 : 上]

037 고속도로에서 사고예방을 위해 정차 및 주차를 금지하고 있다. 이에 대한 설명으로 바르지 않은 것은?

① 소방차가 생활안전활동을 수행하기 위하여 정차 또는 주차할 수 있다.
② 경찰공무원의 지시에 따르거나 위험을 방지하기 위하여 정차 또는 주차할 수 있다.
③ 일반자동차가 통행료를 지불하기 위해 통행료를 받는 장소에서 정차할 수있다.
④ 터널 안 비상주차대는 소방차와 경찰용 긴급자동차만 정차 또는 주차할 수 있다.

②점 [난이도 : 下]

038 다음 중 도로교통법을 준수하고 있는 보행자는?

① 횡단보도가 없는 도로를 가장 짧은 거리로 횡단하였다.
② 통행차량이 없어 횡단보도로 통행하지 않고 도로를 가로질러 횡단하였다.
③ 정차하고 있는 화물차 바로 뒤쪽으로 도로를 횡단하였다.
④ 보도에서 좌측으로 통행하였다.

①,② 횡단보도가 설치되어 있지 않은 도로에서는 가장 짧은 거리로 횡단하여야 한다.
③ 보행자는 모든 차의 앞이나 뒤로 횡단하여서는 안 된다.
④ 보행자는 보도에서는 우측통행을 원칙으로 한다.

②점 [난이도 : 上]

039 다음 중 교통약자의 이동편의 증진법상 교통약자에 해당되지 않은 사람은?

① 어린이　② 노인　③ 청소년　④ 임산부

②점 [난이도 : 上]

040 교통사고 발생 시 부상자의 의식 상태를 확인하는 방법으로 가장 먼저 해야 할 것은?

① 부상자의 맥박 유무를 확인한다.
② 말을 걸어보거나 어깨를 가볍게 두드려 본다.
③ 어느 부위에 출혈이 심한지 살펴본다.
④ 입안을 살펴서 기도에 이물질이 있는지 확인한다.

②점 [난이도 : 上]

041 교통사고로 심각한 척추 골절 부상이 예상되는 경우에 가장 적절한 조치방법은?

① 의식이 있는지 확인하고 즉시 심폐소생술을 실시한다.
② 부상자를 부축하여 안전한 곳으로 이동하고 119에 신고한다.
③ 상기도 폐색이 발생될 수 있으므로 하임리히법을 시행한다.
④ 긴급한 경우가 아니면 이송을 해서는 안 되며, 부득이한 경우에는 이송해야 한다면 부목을 이용해서 척추부분을 고정한 후 안전한 곳으로 우선 대피해야 한다.

②점 [난이도 : 上]

042 누산 점수 초과로 인한 운전면허 취소 기준으로 옳은 것은?

① 1년간 100점 이상　② 2년간 191점 이상
③ 3년간 271점 이상　④ 5년간 301점 이상

정답 028 ② 029 ① 030 ② 031 ③ 032 ② 033 ① 034 ③ 035 ④ 036 ④ 037 ④ 038 ① 039 ③ 040 ② 041 ④ 042 ③

2점 [난이도 : 上]

043 운전면허 취소 사유에 해당하는 것은?

① 정기 적성검사 기간 만료 다음 날부터 적성검사를 받지 아니하고 6개월을 초과한 경우
② 운전자가 단속 공무원(경찰공무원, 시·군·구 공무원)을 폭행하여 불구속 형사 입건된 경우
③ 자동차 등록 후 자동차 등록번호판을 부착하지 않고 운전한 경우
④ 제2종 보통면허를 갱신하지 않고 2년을 초과한 경우

> ① 1년 ② 형사 입건된 경우에는 취소 사유이다. ③ 자동차 관리법에 따라 등록되지 아니하거나 임시 운행 허가를 받지 아니한 자동차를 운전한 경우에 운전면허가 취소되며, 등록을 하였으나 등록번호판을 부착하지 않고 운전한 것은 면허 취소 사유가 아니다.

2점 [난이도 : 上]

044 범칙금 납부 통고서를 받은 사람이 1차 납부 기간 경과 시 20일 이내 납부해야 할 금액으로 맞는 것은?

① 통고 받은 범칙금에 100분의 10을 더한 금액
② 통고 받은 범칙금에 100분의 20을 더한 금액
③ 통고 받은 범칙금에 100분의 30을 더한 금액
④ 통고 받은 범칙금에 100분의 40을 더한 금액

2점 [난이도 : 上]

045 교통사고 결과에 따른 벌점 기준으로 맞는 것은?

① 행정 처분을 받을 운전자 본인의 인적 피해에 대해서도 인적 피해 교통사고 구분에 따라 벌점을 부과한다.
② 자동차 등 대 사람 교통사고의 경우 쌍방 과실인 때에는 벌점을 부과하지 않는다.
③ 교통사고 발생 원인이 불가항력이거나 피해자의 명백한 과실인 때에는 벌점을 2분의 1로 감경한다.
④ 자동차 등 대 자동차 등 교통사고의 경우에는 그 사고 원인 중 중한 위반 행위를 한 운전자에게만 벌점을 부과한다.

> ①의 경우 행정 처분을 받을 운전자 본인의 피해에 대해서는 벌점을 산정하지 아니한다. ②의 경우 2분의 1로 감경한다. ③의 경우 벌점을 부과하지 않는다.

2점 [난이도 : 上]

046 주차 위반에 대한 조치로 알맞은 것은?

① 승용차의 소유자는 3만 원의 과태료를 내야 한다.
② 승합차의 소유자는 7만 원의 과태료를 내야 한다.
③ 기간 내에 과태료를 내지 않아도 불이익은 없다.
④ 같은 장소에서 2시간 이상 주차 위반을 하는 경우 과태료가 가중된다.

2점 [난이도 : 上]

047 다음 중 교통사고를 일으킨 운전자가 종합보험이나 공제조합에 가입되어 있어 교통사고처리특례법의 특례가 적용되는 경우로 맞는 것은?

① 안전운전 의무위반으로 자동차를 손괴하고 경상의 교통사고를 낸 경우
② 교통사고로 사람을 사망에 이르게 한 경우
③ 교통사고를 야기한 후 부상자 구호를 하지 않은 채 도주한 경우
④ 신호 위반으로 경상의 교통사고를 일으킨 경우

2점 [난이도 : 上]

048 도로교통법상 설치되는 차로의 너비는 ( )미터 이상으로 하여야 한다. 이 경우 좌회전전용 차로의 설치 등 부득이하다고 인정되는 때에는 ( )센티미터 이상으로 할 수 있다. ( )안에 기준으로 각각 맞는 것은?

① 5,300　　② 4,285
③ 3,275　　④ 2,265

> 차로의 너비는 3미터 이상으로 하여야 하되, 좌회전전용차로의 설치 등 부득이하다고 인정되는 때에는 275센티미터 이상으로 할 수 있다.

2점 [난이도 : 上]

049 자동차 운전자가 난폭운전으로 형사입건되었다. 운전면허 행정처분은?

① 면허 취소　　② 면허 정지 100일
③ 면허 정지 60일　　④ 면허 정지 40일

2점 [난이도 : 中]

050 다음은 도로교통법상 노인보호구역에 대한 설명이다. 옳지 않은 것은?

① 노인보호구역의 지정 및 관리권은 시장 등에게 있다.
② 노인을 보호하기 위하여 일정 구간 노인보호구역으로 지정할 수 있다.
③ 노인보호구역 내에서 차마의 통행을 제한할 수 있다.
④ 노인보호구역 내에서 차마의 통행을 금지할 수 없다.

2점 [난이도 : 上]

051 술에 취한 상태에서 자전거를 운전한 경우 도로교통법령상 어떻게 되는가?

① 처벌하지 않는다.
② 범칙금 3만원의 통고처분한다.
③ 과태료 4만원을 부과한다.
④ 10만원 이하의 벌금 또는 구류에 처한다.

2점 [난이도 : 上]

052 전용차로 관련 내용으로 맞는 것은?

① 승용차에 2인이 승차한 경우 다인승 전용차로를 통행할 수 있다.
② 승차정원 9인승 이상 승용차는 6인이 승차하면 고속도로 버스전용차로를 통행할 수 있다.
③ 승차정원 12인승 이하인 승합차는 5인이 승차해도 고속도로 버스전용차로를 통행할 수 있다.
④ 승차정원 16인승 자가용 승합차는 고속도로 외의 도로에 설치된 버스전용차로를 통행 할 수 있다.

2점 [난이도 : 上]

053 75세 이상인 사람이 받아야 하는 교통안전교육에 대한 설명으로 틀린 것은?

① 75세 이상인 사람에 대한 교통안전교육은 도로교통공단에서 실시한다.
② 운전면허증 갱신일에 75세 이상인 사람은 갱신기간 이내에 교육을 받아야 한다.
③ 75세 이상인 사람이 운전면허를 처음 받으려는 경우 교육시간은 1시간이다.
④ 교육은 강의·시청각·인지능력 자가진단 등의 방법으로 2시간 실시한다.

2점 [난이도 : 上]

054 도로교통법상 원동기장치자전거는 전기를 동력으로 하는 경우에는 최고정격출력 (　　　)이하의 이륜자동차이다. ( )에 기준으로 맞는 것은?

① 11킬로와트　　② 9킬로와트
③ 5킬로와트　　④ 0.59킬로와트

> 이륜자동차 중 배기량 125cc 이하(전기를 동력으로 하는 경우에는 최고정격출력 11킬로와트 이하)의 이륜자동차와 그 밖에 배기량 125cc 이하(전기를 동력으로 하는 경우에는 최고정격출력 11킬로와트 이하)의 원동기를 단 차

2점 [난이도 : 上]

055 도로교통법령상 "도로에서 어린이에게 개인형 이동장치를 운전하게 한 보호자의 과태료"와 "술에 취한 상태로 개인형 이동장치를 운전한 사람의 범칙금"을 합산한 것으로 맞는 것은?

① 10만 원　　② 20만 원　　③ 30만 원　　④ 40만 원

2점 [난이도 : 上]

056 고속도로 버스전용차로를 이용할 수 있는 자동차에 대한 설명 중 맞는 것은?

① 11인승 승합자동차는 승차 인원에 관계없이 통행이 가능하다.
② 9인승 승용 자동차는 6인 이상 승차한 경우에 통행이 가능하다.
③ 15인승 이상 승합 자동차만 통행이 가능하다.
④ 45인승 이상 승합 자동차만 통행이 가능하다.

2점 [난이도 : 上]

057 도로에서 자동차 운전자가 물적 피해가 발생한 교통사고를 일으킨 후 도주한 때 벌점은?

① 15점　　② 20점　　③ 30점　　④ 40점

정답 043 ② 044 ② 045 ④ 046 ④ 047 ① 048 ③ 049 ④ 050 ④ 051 ② 052 ② 053 ③ 054 ① 055 ② 056 ② 057 ①

2점 [난이도 : 上]

058 다음 교통상황에서 서행하여야 하는 경우로 맞는 것은?

① 신호기의 신호가 황색 점멸 중인 교차로
② 신호기의 신호가 적색 점멸 중인 교차로
③ 교통정리를 하고 있지 아니하고 좌·우를 확인할 수 없는 교차로
④ 교통정리를 하고 있지 아니하고 교통이 빈번한 교차로

2점 [난이도 : 上]

059 유료도로법령상 통행료 미납하고 고속도로를 통과한 차량에 대한 부가통행료 부과기준으로 맞는 것은?

① 통행료의 5배의 해당하는 금액을 부과할 수 있다.
② 통행료의 10배의 해당하는 금액을 부과할 수 있다.
③ 통행료의 20배의 해당하는 금액을 부과할 수 있다.
④ 통행료의 30배의 해당하는 금액을 부과할 수 있다.

2점 [난이도 : 上]

060 도로교통법상 전용차로 통행차 외에 전용차로로 통행할 수 있는 경우가 아닌 것은?

① 긴급자동차가 그 본래의 긴급한 용도로 운행되고 있는 경우
② 도로의 파손 등으로 전용차로가 아니면 통행할 수 없는 경우
③ 전용차로 통행차의 통행에 장해를 주지 아니하는 범위에서 택시가 승객을 태우기 위하여 일시 통행하는 경우
④ 택배차가 물건을 내리기 위해 일시 통행하는 경우

2점 [난이도 : 上]

061 자동차전용도로에서 자동차의 최고 속도와 최저 속도는?

① 매시 110킬로미터, 매시 50킬로미터
② 매시 100킬로미터, 매시 40킬로미터
③ 매시 90킬로미터, 매시 30킬로미터
④ 매시 80킬로미터, 매시 20킬로미터

2점 [난이도 : 上]

062 고속도로 통행료 미납 시 강제징수의 방법으로 맞지 않는 것은?

① 예금압류 ② 가상자산압류
③ 공매 ④ 번호판영치

고속도로 통행료 납부기한 경과 시 체납자의 예금 및 가상자산을 압류(추심)하여 미납통행료를 강제 징수할 수 있으며, 압류된 차량에 대하여 강제인도 후 공매를 진행할 수 있다.

2점 [난이도 : 中]

063 도로교통법령상 개인형 이동장치 운전자의 법규위반에 대한 범칙금액이 다른 것은?

① 운전면허를 받지 아니하고 운전
② 경찰공무원의 호흡조사 측정에 불응한 경우
③ 술에 취한 상태에서 운전
④ 약물의 영향으로 정상적으로 운전하지 못할 우려가 있는 상태에서 운전

①, ③, ④는 범칙금 10만 원, ②는 범칙금 4만 원

2점 [난이도 : 中]

064 다음 중 자전거의 통행방법에 대한 설명으로 틀린 것은?

① 보도 및 차도로 구분된 도로에서는 차도로 통행하여야 한다.
② 교차로에서 우회전하고자 할 경우 미리 도로의 우측가장자리를 서행하면서 우회전해야 한다.
③ 교차로에서 좌회전하고자 할 때는 서행으로 도로의 중앙 또는 좌측가장자리에 붙어서 좌회전해야 한다.
④ 자전거도로가 따로 설치된 곳에서는 그 자전거도로로 통행하여야 한다.

자전거운전자가 교차로에서 좌회전신호에 따라 곧바로 좌회전을 할 수 없고 진행방향의 직진신호에 따라 미리 도로의 우측가장자리로 붙어서 2단계로 직진-직진하는 방법으로 좌회전해야 한다는 훅턴(hook-turn)을 의미하는 것이다.

2점 [난이도 : 上]

065 자동차 운전자가 중앙선 침범으로 피해자에게 중상 1명, 경상 1명의 교통사고를 일으킨 경우 벌점은?

① 30점 ② 40점 ③ 50점 ④ 60점

중앙선침범 벌점 30점, 중상 1명당 벌점 15점, 경상 1명 벌점 5점이다.

2점 [난이도 : 上]

066 도로교통법령상 용어의 정의에 대한 설명으로 맞는 것은?

①"자동차전용도로"란 자동차만이 다닐 수 있도록 설치된 도로를 말한다.
②"자전거도로"란 안전표지, 위험방지용 울타리나 그와 비슷한 인공구조물로 경계를 표시하여 자전거만 통행할 수 있도록 설치된 도로를 말한다.
③"자동차등"이란 자동차와 우마를 말한다.
④"자전거등"이란 자전거와 전기자전거를 말한다.

• 자전거도로 : 자전거 및 개인용 이동장치가 통행할 수 있도록 설치된 도로
• 자동차등 : 자동차와 원동기장치자전거
• 자전거등 : 자전거와 개인형 이동 장치

2점 [난이도 : 上]

067 노인의 일반적인 신체적 특성에 대한 설명으로 적당하지 않은 것은?

① 행동이 느려진다.
② 시력은 저하되나 청력은 향상된다.
③ 반사 신경이 둔화된다.
④ 근력이 약화된다.

2점 [난이도 : 上]

068 도로교통법령상 개인형 이동장치 운전자 준수사항으로 맞지 않은 것은?

① 개인형 이동장치는 운전면허를 받지 않아도 운전할 수 있다.
② 승차정원을 초과하여 동승자를 태우고 운전하여서는 아니 된다.
③ 운전자는 인명보호장구를 착용하고 운행하여야 한다.
④ 자전거도로가 따로 있는 곳에서는 그 자전거도로로 통행하여야 한다.

2점 [난이도 : 中]

069 다음 중 어린이통학버스 운영자의 의무를 설명한 것으로 틀린 것은?

① 어린이통학버스에 어린이를 태울 때에는 성년인 사람 중 보호자를 지정해야 한다.
② 어린이통학버스에 어린이를 태울 때에는 성년인 사람 중 보호자를 함께 태우고 어린이 보호 표지만 부착해야 한다.
③ 좌석안전띠 착용 및 보호자 동승 확인 기록을 작성·보관해야 한다.
④ 좌석안전띠 착용 및 보호자 동승 확인 기록을 매 분기 어린이통학버스를 운영하는 시설의 감독 기관에 제출해야 한다.

2점 [난이도 : 上]

070 다음 중 어린이통학버스에 성년 보호자가 없을 때 '보호자 동승표지'를 부착한 경우의 처벌로 맞는 것은?

① 20만원 이하의 벌금이나 구류 ② 30만원 이하의 벌금이나 구류
③ 40만원 이하의 벌금이나 구류 ④ 50만원 이하의 벌금이나 구류

2점 [난이도 : 上]

071 전방에 자전거를 끌고 차도를 횡단하는 사람이 있을 때 가장 안전한 운전 방법은?

① 횡단하는 자전거의 좌우측 공간을 이용하여 신속하게 통행한다.
② 차량의 접근정도를 알려주기 위해 전조등과 경음기를 사용한다.
③ 자전거 횡단지점과 일정한 거리를 두고 일시정지 한다.
④ 자동차 운전자가 우선권이 있으므로 횡단하는 사람을 정지하게 한다.

2점 [난이도 : 上]

072 연료의 소비효율이 가장 높은 운전방법은?

① 최고속도로 주행한다. ② 최저속도로 주행한다.
③ 경제속도로 주행한다. ④ 안전속도로 주행한다.

정답 058 ① 059 ② 060 ④ 061 ③ 062 ④ 063 ② 064 ③ 065 ③ 066 ① 067 ② 068 ① 069 ② 070 ② 071 ③ 072 ③

2점

073 어린이 보호구역 내의 차로가 설치되지 않은 좁은 도로에서 자전거를 주행하여 보행자 옆을 지나갈 때 안전한 거리를 두지 않고 서행하지 않은 경우 범칙금액은?

① 10만원 ② 8만원 ③ 4만원 ④ 2만원

보행자의 통행 방해 또는 보호 불이행의 경우 자전거 등은 범칙금액 4만원이다.

2점 [난이도 : 中]

074 친환경 경제운전 방법으로 가장 적절한 것은?

① 가능한 빨리 가속한다.
② 내리막길에서는 시동을 끄고 내려온다.
③ 타이어 공기압을 낮춘다.
④ 급감속은 되도록 피한다.

2점 [난이도 : 上]

075 자동차 에어컨 사용 방법 및 점검에 관한 설명으로 가장 타당한 것은?

① 에어컨은 처음 켤 때 고단으로 시작하여 저단으로 전환한다.
② 에어컨 냉매는 6개월 마다 교환한다.
③ 에어컨의 설정 온도는 섭씨 16도가 가장 적절하다.
④ 에어컨 사용 시 가능하면 외부 공기 유입 모드로 작동하면 효과적이다.

② 에어컨 냉매는 교환 대상이 아니다.
③ 에어컨의 설정 온도는 사람의 인체온도와 유사한 20~25℃가 가장 적절하다.
④ 에어컨 사용 시 내부 순환 유입 모드로 작동하면 효과적이다.

2점 [난이도 : 上]

076 다음 중 자동차 연비 향상 방법으로 가장 바람직한 것은?

① 주유할 때 항상 연료를 가득 주유한다.
② 엔진오일 교환 시 오일필터와 에어필터를 함께 교환해 준다.
③ 정지할 때에는 한 번에 강한 힘으로 브레이크 페달을 밟아 제동한다.
④ 가속페달과 브레이크 페달을 자주 사용한다.

2점 [난이도 : 上]

077 주행 중에 가속 페달에서 발을 떼거나 저단으로 기어를 변속하여 차량의 속도를 줄이는 운전 방법은?

① 기어 중립 ② 풋 브레이크
③ 주차 브레이크 ④ 엔진 브레이크

2점 [난이도 : 中]

078 환경친화적 자동차의 개발 및 보급 촉진에 관한 법률상 환경친화적 자동차 전용주차구역에 주차해서는 안 되는 자동차는?

① 전기자동차 ② 태양광자동차
③ 하이브리드자동차 ④ 수소전기자동차

태양광자동차는 법규상 친환경자동차에 해당되지 않는다.

2점 [난이도 : 上]

079 다음 중 수소자동차에 대한 설명으로 옳은 것은?

① 수소는 가연성가스이므로 모든 수소자동차 운전자는 고압가스 안전관리법령에 따라 운전자 특별교육을 이수하여야 한다.
② 수소자동차는 수소를 연소시키기 때문에 환경오염이 유발된다.
③ 수소자동차에는 화재 등 긴급상황 발생 시 폭발방지를 위한 별도의 안전장치가 없다.
④ 수소자동차 운전자는 해당 차량이 안전운행에 지장이 없는지 점검하고 안전하게 운전하여야 한다.

2점 [난이도 : 中]

080 도로교통법령상 제2종 보통면허로 운전할 수 없는 차는?

① 구난자동차
② 승차정원 10인 미만의 승합자동차
③ 승용자동차
④ 적재중량 2.5톤의 화물자동차

2점 [난이도 : 上]

081 시·도경찰청장이 발급한 국제운전면허증의 유효기간은 발급 받은 날부터 몇 년인가?

① 1년 ② 2년 ③ 3년 ④ 4년

2점

082 비사업용 신규 승용자동차의 최초검사 유효기간은?

① 1년 ② 2년 ③ 4년 ④ 5년

비사업용 승용자동차의 최초 검사유효기간은 5년이다.

2점

083 자율주행자동차 운전자의 마음가짐으로 바르지 않은 것은?

① 자율주행자동차이므로 술에 취한 상태에서 운전해도 된다.
② 과로한 상태에서 자율주행자동차를 운전하면 아니 된다.
③ 자율주행자동차라 하더라도 향정신성의약품을 복용하고 운전하면 아니 된다.
④ 자율주행자동차의 운전 중에 휴대용 전화 사용이 가능하다.

운전자가 자율주행시스템을 사용하여 운전하는 경우에는 휴대용 전화 사용 금지, 영상표시장치 시청 금지 및 영상표시장치조작 금지의 규정을 적용하지 아니한다

2점

084 다음 중 운전자의 올바른 운전행위로 가장 적절한 것은?

① 졸음운전은 교통사고 위험이 있어 갓길에 세워두고 휴식한다.
② 초보운전자는 고속도로에서 앞지르기 차로로 계속 주행한다.
③ 교통단속용 장비의 기능을 방해하는 장치를 장착하고 운전한다.
④ 교통안전 위험요소 발견 시 비상점멸등으로 주변에 알린다.

2점 [난이도 : 中]

085 도로교통법상 연석선, 안전표지나 그와 비슷한 인공구조물로 경계를 표시하여 보행자가 통행할 수 있도록 한 도로의 부분은?

① 보도 ② 길가장자리구역
③ 횡단보도 ④ 자전거횡단도

보도란 연석선, 안전표지나 그와 비슷한 인공구조물로 경계를 표시하여 보행자(유모차와 행정안전부령으로 정하는 보행보조용 의자차를 포함)가 통행할 수 있도록 한 도로의 부분을 말한다.

2점 [난이도 : 中]

086 도로교통법상 서행으로 운전하여야 하는 경우는?

① 교차로의 신호기가 적색 등화의 점멸일 때
② 교차로를 통과할 때
③ 교통정리를 하고 있지 아니하는 교차로를 통과할 때
④ 교차로 부근에서 차로를 변경하는 경우

① 일시정지 해야 한다.
③ 교통정리를 하고 있지 아니하는 교차로를 통과 할 때는 서행을 하고 통과해야 한다.

2점 [난이도 : 上]

087 정체된 교차로에서 좌회전할 경우 가장 옳은 방법은?

① 가급적 앞차를 따라 진입한다.
② 녹색 신호에는 진입해도 무방하다.
③ 적색 신호라도 공간이 생기면 진입한다.
④ 녹색 화살표의 등화라도 진입하지 않는다.

2점 [난이도 : 上]

088 승차구매점(드라이브 스루 매장)을 이용하는 운전자의 자세로 가장 바르지 않은 것은?

① 승차구매점의 안내요원의 안전 관련 지시에 따른다.
② 승차구매점에서 설치한 안내표지판의 지시를 준수한다.
③ 승차구매점 대기열을 따라 횡단보도를 침범하여 정차한다.
④ 승차구매점 진출입로의 안전시설에 주의하여 이동한다.

승차구매점 대기열이라고 하여도 횡단보도를 침범하여 정차하여서는 안 된다

2점 [난이도 : 中]

089 보행자 우선도로에 대한 설명으로 가장 바르지 않은 것은?

① 보행자우선도로에서 보행자는 도로의 우측 가장자리로만 통행할 수 있다.
② 운전자에게는 서행, 일시정지 등 각종 보행자 보호 의무가 부여된다.
③ 보행자 보호 의무를 불이행하였을 경우 승용자동차 기준 4만원의 범칙금과 10점의 벌점 처분을 받을 수 있다.
④ 경찰서장은 보행자 보호를 위해 필요하다고 인정할 경우 차량 통행속도를 20km/h 이내로 제한할 수 있다.

2점 [난이도 : 上]

090 교통정리가 없는 교차로에서 좌회전하는 방법 중 가장 옳은 것은?

① 일반도로에서는 좌회전하려는 교차로 직전에서 방향지시등을 켜고 좌회전한다.
② 미리 도로의 중앙선을 따라 서행하면서 교차로의 중심 바깥쪽으로 좌회전한다.
③ 시·도경찰청장이 지정하더라도 교차로의 중심 바깥쪽을 이용하여 좌회전 할 수 없다.
④ 반드시 서행하여야 하고, 일시정지는 상황에 따라 운전자가 판단하여 실시한다.

일반도로에서 좌회전하려는 때에는 좌회전하려는 지점에서부터 30m 이상의 지점에서 방향지시등을 켜야 하고, 도로 중앙선을 따라 서행하며 교차로의 중심 안쪽으로 좌회전해야 하며, 시·도경찰청장이 지정한 곳에서는 교차로의 중심 바깥쪽으로 좌회전 할 수 있다. 그리고 좌회전 할 때에는 항상 서행할 의무가 있으나 일시정지는 상황에 따라 할 수도 있고 안 할 수도 있다.

2점 [난이도 : 上]

091 도로교통법상 시간대에 따라 양방향의 통행량이 뚜렷하게 다른 도로에는 교통량이 많은 쪽으로 차로의 수가 확대될 수 있도록 신호기에 의하여 차로의 진행방향을 지시하는 차로는?

① 가변차로 ② 버스전용차로
③ 가속차로 ④ 앞지르기 차로

시간대에 따라 양방향의 통행량이 뚜렷하게 다른 도로에는 교통량이 많은 쪽으로 차로의 수가 확대될 수 있도록 신호기에 의하여 차로의 진행방향을 지시하는 가변차로를 설치할 수 있다.

2점 [난이도 : 上]

092 다음은 도로에서 최고속도를 위반하여 자동차등을 운전한 경우 처벌기준에 대한 설명이다. 바르게 설명한 것은?

① 시속 100킬로미터를 초과한 속도로 3회 이상 운전한 사람은 500만원 이하의 벌금 또는 구류에 처한다.
② 시속 100킬로미터를 초과한 속도로 3회 이상 운전한 사람은 1년 이하의 징역이나 500만원 이하의 벌금에 처한다.
③ 시속 100킬로미터를 초과한 속도로 2회 운전한 사람은 300만원 이하의 벌금에 처한다
④ 시속 80킬로미터를 초과한 속도로 운전한 사람은 50만원 이하의 벌금 또는 구류에 처한다.

①,② 최고속도보다 100km/h 초과(3회 이상) : 1년 이하의 징역이나 500만 원 이하의 벌금
③ 최고속도보다 100km/h 초과시 : 100만 원 이하의 벌금 또는 구류
④ 최고속도보다 80km/h 초과시 : 30만 원이하의 벌금 또는 구류

2점 [난이도 : 中]

093 신호등이 없는 교차로에서 우회전하려 할 때 옳은 것은?

① 가급적 빠른 속도로 신속하게 우회전한다.
② 교차로에 선진입한 차량이 통과한 뒤 우회전한다.
③ 반대편에서 앞서 좌회전하고 있는 차량이 있으면 안전에 유의하며 함께 우회전한다.
④ 폭이 넓은 도로에서 좁은 도로로 우회전할 때는 다른 차량에 주의할 필요가 없다.

교차로에서 우회전 할 때에는 서행으로 우회전해야 하고, 선진입한 좌회전 차량에 진로를 양보해야 한다. 그리고 폭이 넓은 도로에서 좁은 도로로 우회전할 때에도 다른 차량에 주의해야 한다.

2점 [난이도 : 上]

094 도로교통법상 긴급한 용도로 운행 중인 긴급자동차가 다가올 때 운전자의 준수사항으로 맞는 것은?

① 교차로에 긴급자동차가 접근할 때에는 교차로 내 좌측 가장자리에 일시정지해야 한다.
② 일방통행으로 된 도로에서는 좌측이나 우측 가장자리로 피하여 정지하여야 한다.
③ 긴급자동차보다 속도를 높여 신속히 통과한다.
④ 그 자리에 일시정지하여 긴급자동차가 지나갈 때까지 기다린다.

긴급자동차가 접근하면 우측 가장자리로 피양하는 것이 일반적이지만 일방통행에서는 부득이한 경우 좌측으로도 피양이 가능하다.

2점 [난이도 : 中]

095 긴급자동차는 긴급자동차의 구조를 갖추고, 사이렌을 울리거나 경광등을 켜서 긴급한 용무를 수행 중임을 알려야 한다. 이러한 조치를 취하지 않아도 되는 긴급자동차는?

① 불법 주차 단속용 자동차 ② 소방차
③ 구급차 ④ 속도위반 단속용 경찰 자동차

긴급자동차 중 속도 위반 단속 차량과 국내외 요인에 대한 경호 업무 수행에 공무로 사용되는 자동차는 긴급자동차의 구조를 갖추고, 사이렌을 울리거나 경광등을 켜는 등의 알림 필요가 없다.

2점 [난이도 : 中]

096 어린이가 횡단보도 위를 걸어가고 있을 때 도로교통법령상 규정 및 운전자의 행동으로 올바른 것은?

① 횡단보도표지는 보행자가 횡단보도로 통행할 것을 권유하는 것으로 횡단보도 앞에서 일시정지 하여야 한다.
② 신호등이 없는 일반도로의 횡단보도일 경우 횡단보도 정지선을 지나쳐도 횡단보도 내에만 진입하지 않으면 된다.
③ 신호등이 없는 일반도로의 횡단보도일 경우 신호등이 없으므로 어린이 뒤쪽으로 서행하여 통과하면 된다.
④ 횡단보도표지는 횡단보도를 설치한 장소의 필요한 지점의 도로양측에 설치하며 횡단보도 앞에서 일시정지 하여야 한다.

2점 [난이도 : 上]

097 어린이 통학버스가 편도 1차로 도로에서 정차하여 영유아가 타고 내리는 중임을 표시하는 점멸등이 작동하고 있을 때 반대 방향에서 진행하는 차의 운전자는 어떻게 하여야 하는가?

① 일시정지하여 안전을 확인한 후 서행하여야 한다.
② 서행하면서 안전 확인한 후 통과한다.
③ 그대로 통과해도 된다.
④ 경음기를 울리면서 통과하면 된다.

어린이통학버스가 편도 1차로 도로에서 정차하여 영유아가 타고 내리는 중임을 표시하는 점멸등이 작동하고 있을 때 반대 방향에서 진행할 경우 일시정지하여 안전을 확인한 후 서행해야 한다.

2점 [난이도 : 上]

098 어린이보호구역의 지정 대상의 근거가 되는 법률이 아닌 것은?

① 유아교육법
② 초·중등교육법
③ 학원의 설립·운영 및 과외교습에 관한 법률
④ 아동복지법

2점 [난이도 : 上]

099 도로교통법상 개인형 이동장치의 주차·정차가 금지되는 기준으로 틀린 것은?

① 교차로의 가장자리로부터 10미터 이내인 곳, 도로의 모퉁이로부터 5미터 이내인 곳
② 횡단보도로부터 10미터 이내인 곳, 건널목의 가장자리로부터 10미터 이내인 곳
③ 안전지대의 사방으로부터 각각 10미터 이내인 곳, 버스정류장 기둥으로부터 10미터 이내인 곳
④ 비상소화장치가 설치된 곳으로부터 5미터 이내인 곳, 소방용수시설이 설치된 곳으로부터 5미터 이내인 곳

교차로의 가장자리 또는 도로의 모퉁이로부터 5미터 이내인 곳

정답 089 ① 090 ④ 091 ① 092 ② 093 ② 094 ② 095 ④ 096 ④ 097 ① 098 ④ 099 ①

2점 [난이도 : 上]

100 다음은 도로의 가장자리에 설치한 황색 점선에 대한 설명이다. 가장 알맞은 것은?

① 주차와 정차를 동시에 할 수 있다.
② 주차는 금지되고 정차는 할 수 있다.
③ 주차는 할 수 있으나 정차는 할 수 없다.
④ 주차와 정차를 동시에 금지한다.

황색 점선으로 설치한 가장자리 구역선의 의미는 주차는 금지되고 정차는 할 수 있다는 의미이다.

2점 [난이도 : 上]

101 빙판길에서 차가 미끄러질 때 안전 운전방법 중 옳은 것은?

① 핸들을 미끄러지는 방향으로 조작한다.
② 수동 변속기 차량의 경우 기어를 고단으로 변속한다.
③ 핸들을 반대 방향으로 조작한다.
④ 주차 브레이크를 이용하여 정차한다.

빙판길에서 차가 미끄러질 때는 핸들을 미끄러지는 방향으로 조작하는 것이 안전하다.

2점 [난이도 : 上]

102 승용차 운전자가 난폭운전을 하는 경우 도로교통법에 따른 처벌기준으로 맞는 것은?

① 범칙금 6만원의 통고처분을 받는다.
② 과태료 3만원이 부과된다.
③ 6개월 이하의 징역이나 200만 원 이하의 벌금에 처한다.
④ 1년 이하의 징역 또는 500만 원 이하의 벌금에 처한다.

난폭운전 시 운전면허 취소나 정지 및 특별안전교육 실시하고 1년 이하의 징역이나 500만 원 이하의 벌금에 처한다.

2점 [난이도 : 中]

103 자동차등의 운전자가 다음의 행위를 반복하여 다른 사람에게 위협을 가하는 경우 난폭운전으로 처벌받게 된다. 난폭운전의 대상 행위가 아닌 것은?

① 신호 또는 지시 위반
② 횡단·유턴·후진 금지 위반
③ 정당한 사유 없는 소음 발생
④ 고속도로에서의 지정차로 위반

난폭운전의 대상 행위 : 신호 또는 지시 위반, 중앙선 침범, 속도의 위반, 횡단·유턴·후진 금지 위반, 안전거리 미확보, 진로 변경 금지 위반, 급제동 금지 위반, 앞지르기 방법 또는 앞지르기의 방해금지 위반, 정당한 사유 없는 소음 발생, 고속도로에서의 앞지르기 방법 위반, 고속도로 등에서의 횡단·유턴·후진 금지 위반

2점 [난이도 : 上]

104 도로교통법령상 보행신호등이 점멸할 때 올바른 횡단방법이 아닌 것은?

① 보행자는 횡단을 시작하여서는 안 된다.
② 횡단하고 있는 보행자는 신속하게 횡단을 완료하여야 한다.
③ 횡단을 중지하고 보도로 되돌아와야 한다.
④ 횡단을 중지하고 그 자리에서 다음 신호를 기다린다.

2점 [난이도 : 中]

105 다음은 난폭운전과 보복운전에 대한 설명이다. 맞는 것은?

① 오토바이 운전자가 정당한 사유 없이 소음을 반복하여 불특정 다수에게 위협을 가하는 경우는 보복운전에 해당된다.
② 승용차 운전자가 중앙선 침범 및 속도 위반을 연달아 하여 불특정 다수에게 위해를 가하는 경우는 난폭운전에 해당된다.
③ 대형 트럭 운전자가 고의적으로 특정 차량 앞으로 앞지르기하여 급제동한 경우는 난폭운전에 해당된다.
④ 버스 운전자가 반복적으로 앞지르기 방법 위반하여 교통상의 위험을 발생하게 한 경우는 보복운전에 해당된다.

난폭운전은 다른 사람에게 위험과 장애를 주는 운전행위로 불특정인에 불쾌감과 위험을 주는 행위로 「도로교통법」의 적용을 받으며, 보복운전은 의도적·고의적으로 특정인을 위협하는 행위로 「형법」의 적용을 받는다.

2점

106 자동차 운전자가 중앙선 침범을 반복하여 다른 사람에게 위해를 가하거나 교통상의 위험을 발생하게 하는 행위는 도로교통법상 ( )에 해당한다. ( )안에 맞는 것은?

① 공동위험행위
② 난폭운전
③ 폭력운전
④ 보복운전

②과 ④번을 혼동하기 쉽다. 지문은 난폭운전에 해당한다.

2점 [난이도 : 中]

107 일반도로에서 자동차등의 운전자가 다음의 행위를 반복하여 다른 사람에게 위협을 가하는 경우 난폭운전으로 처벌받게 된다. 난폭운전의 대상 행위가 아닌 것은?

① 일반도로에서 지정차로 위반
② 중앙선 침범, 급제동금지 위반
③ 안전거리 미확보, 차로변경 금지 위반
④ 일반도로에서 앞지르기 방법 위반

2점 [난이도 : 上]

108 다음 중 수소자동차 연료를 충전할 때 운전자의 행동으로 적절치 않은 것은?

① 수소자동차에 연료를 충전하기 전에 시동을 끈다.
② 수소자동차 충전소 충전기 주변에서 흡연을 하였다.
③ 수소자동차 충전소 내의 설비 등을 임의로 조작하지 않았다.
④ 연료 충전이 완료 된 이후 시동을 걸었다.

2점 [난이도 : 中]

109 자동차등의 운전자가 둘 이상의 행위를 연달아 하여 다른 사람에게 위협을 가하는 경우 난폭운전으로 처벌받게 된다. 다음의 난폭운전 유형에 대한 설명으로 적당하지 않은 것은?

① 운전 중 영상 표시 장치를 조작하면서 전방주시를 태만하였다.
② 앞차의 우측으로 앞지르기하면서 속도를 위반하였다.
③ 안전거리를 확보하지 않고 급제동을 반복하였다.
④ 속도를 위반하여 앞지르기하려는 차를 방해하였다.

2점 [난이도 : 中]

110 자동차등의 운전자가 다음의 행위를 반복하여 다른 사람에게 위협을 가하는 경우 난폭운전으로 처벌받게 된다. 난폭운전의 대상 행위로 틀린 것은?

① 신호 및 지시 위반, 중앙선 침범
② 안전거리 미확보, 급제동 금지 위반
③ 앞지르기 방해 금지 위반, 앞지르기 방법 위반
④ 통행금지 위반, 운전 중 휴대용 전화사용

2점 [난이도 : 中]

111 도로교통법령상 차량 운전 중 일시정지해야 할 상황이 아닌 것은?

① 어린이가 보호자 없이 도로를 횡단하는 것을 봤을 때
② 차량 신호등이 적색등화의 점멸 신호일 때
③ 어린이가 도로에서 노는 것을 봤을 때
④ 차량 신호등이 황색등화의 점멸 신호일 때

황색등화의 점멸 신호일 때는 다른 교통 또는 안전표지의 표시에 주의하면서 진행할 수 있다.

2점 [난이도 : 上]

112 도로교통법령상 앞지르기하는 방법에 대한 설명으로 가장 잘못된 것은?

① 다른 차를 앞지르려면 앞차의 왼쪽 차로를 통행해야 한다.
② 중앙선이 황색 점선인 경우 반대방향에 차량이 없을 때는 앞지르기가 가능하다.
③ 가변차로의 경우 신호기가 지시하는 진행방향의 가장 왼쪽 황색 점선에서는 앞지르기를 할 수 없다.
④ 편도 4차로 고속도로에서 오른쪽 차로로 주행하는 차는 1차로까지 진입이 가능하다.

편도 3차로 이상의 고속도로에서 오른쪽 차로로 주행하는 차량은 1차로까지 진입이 불가능하고, 바로 옆차로를 이용하여 앞지르기를 할 수 있다.

정답 100 ② 101 ① 102 ④ 103 ④ 104 ④ 105 ② 106 ② 107 ① 108 ② 109 ① 110 ④ 111 ④ 112 ④

2점 [난이도 : 中]

113 도로교통법령상 차로에 따른 통행차의 기준에 대한 설명이다. 잘못된 것은?(버스전용차로 없음)

① 느린 속도로 진행할 때에는 그 통행하던 차로의 오른쪽 차로로 통행할 수 있다.
② 편도 2차로 고속도로의 1차로는 앞지르기를 하려는 모든 자동차가 통행할 수 있다.
③ 일방통행도로에서는 도로의 오른쪽부터 1차로로 한다.
④ 편도 3차로 고속도로의 오른쪽 차로는 화물자동차가 통행할 수 있는 차로이다.

모든 도로는 왼쪽부터 1차로이다.

2점

114 편도 3차로 고속도로에서 통행차의 기준에 대한 설명으로 맞는 것은?(버스전용차로 없음) [난이도 : 上]

① 1차로는 2차로가 주행차로인 승용자동차의 앞지르기 차로이다.
② 1차로는 승합자동차의 주행차로이다.
③ 갓길은 긴급자동차 및 견인자동차의 주행차로이다.
④ 버스전용차로가 운용되고 있는 경우, 1차로가 화물자동차의 주행차로이다.

③ 갓길은 견인자동차의 차로가 아니다. ④ 1차로는 추월차로이다.

2점 [난이도 : 上]

115 다음 중 수소자동차의 주요 구성품이 아닌 것은?

① 연료전지 ② 구동모터 ③ 엔진 ④ 배터리

수소자동차의 기본 작동원리 : 수소 저장용기에 저장된 수소를 연료전지 시스템에 공급하여 연료전지 스택에서 산소와 수소의 화학반응으로 전기를 생성한다. 생성된 전기로 모터를 구동시켜 자동차가 움직인다. ※ 엔진은 내연기관 또는 하이브리드 자동차의 구성품이다.

2점 [난이도 : 上]

116 도로교통법령상 음주운전 방지장치 부착 조건부 운전면허 취득대상에 해당하지 않는 것은?

① 음주운전 위반한 사람이 5년 이내 술에 취한 상태에서 원동기장치자전거를 운전하여 면허취소 처분을 받은 경우
② 음주운전 위반한 사람이 3년 이내 술에 취한 상태에서 개인형 이동장치를 운전하여 면허취소 처분을 받은 경우
③ 음주운전 위반한 사람이 5년 이내 술에 취한 상태에서 경찰공무원의 음주측정에 응하지 아니하여 면허취소 처분을 받은 경우
④ 음주운전 위반한 사람이 3년 이내 술에 취한 상태에서 음주측정방해행위로 면허취소 처분을 받은 경우

음주운전 방지장치 부착 조건부 운전면허 취득 대상 : 음주운전 위반한 사람이 5년 이내 술에 취한 상태에서 음주측정에 불응하여 면허취소 처분을 받은 경우

2점 [난이도 : 上]

117 다음 중 도로교통법에서 사용되고 있는 "연석선" 정의로 맞는 것은?

① 차마의 통행방향을 명확하게 구분하기 위한 선
② 자동차가 한 줄로 도로의 정하여진 부분을 통행하도록 한 선
③ 차도와 보도를 구분하는 돌 등으로 이어진 선
④ 차로와 차로를 구분하기 위한 선

2점 [난이도 : 中]

118 최고속도 매시 100킬로미터인 편도4차로 고속도로를 주행하는 적재중량 3톤의 화물자동차 최고속도는?

① 매시 60킬로미터 ② 매시 70킬로미터
③ 매시 80킬로미터 ④ 매시 90킬로미터

편도 2차로 이상 고속도로에서 적재중량 1.5톤을 초과하는 화물자동차의 최고속도는 매시 80킬로미터이다.

2점 [난이도 : 中]

119 운전면허시험 부정행위로 그 시험이 무효로 처리된 사람은 그 처분이 있는 날부터 ( )간 해당시험에 응시하지 못한다. ( )안에 기준으로 맞는 것은?

① 2년 ② 3년
③ 4년 ④ 5년

2점 [난이도 : 中]

120 다음 중 도로교통법령상 운전면허증 갱신발급이나 정기 적성검사의 연기 사유가 아닌 것은?

① 해외 체류 중인 경우
② 질병으로 인하여 거동이 불가능한 경우
③ 군인사법에 따른 육·해·공군 부사관 이상의 간부로 복무중인 경우
④ 재해 또는 재난을 당한 경우

운전면허증 갱신발급이나 정기 적성검사의 연기 사유
1. 해외에 체류 중인 경우
2. 재해 또는 재난을 당한 경우
3. 질병이나 부상으로 인하여 거동이 불가능한 경우
4. 법령에 따라 신체의 자유를 구속당한 경우
5. 교정시설경비교도·의무경찰 또는 의무소방원의 사병이 군복무 중 전환복무 중인 경우

2점 [난이도 : 上]

121 LPG차량의 연료특성에 대한 설명으로 적당하지 않은 것은?

① 일반적인 상온에서는 기체로 존재한다.
② 차량용 LPG는 독특한 냄새가 있다.
③ 일반적으로 공기보다 가볍다.
④ 폭발 위험성이 크다.

LPG는 끓는점이 낮아 일반적인 상온에서 기체 상태로 존재한다. 압력을 가해 액체 상태로 만들어 압력 용기에 보관하며 가정용, 자동차용으로 사용한다. 일반 공기보다 무겁고 폭발위험성이 크다. LPG 자체는 무색무취이지만 차량용 LPG에는 특수한 향을 섞어 누출 여부를 확인하도록 한다.

2점 [난이도 : 上]

122 자동차의 제동력을 저하하는 원인으로 가장 거리가 먼 것은?

① 마스터 실린더 고장 ② 휠 실린더 불량
③ 릴리스 포크 변형 ④ 베이퍼 록 발생

릴리스 포크는 클러치를 작동시키는 부품이며 제동장치와는 무관하다.
※클러치는 엔진의 동력을 변속기에 전달 또는 해제시키는 역할을 한다.

2점 [난이도 : 下]

123 수소차량의 안전수칙으로 틀린 것은?

① 충전하기 전 차량의 시동을 끈다.
② 충전소에서 흡연은 차량에 떨어져서 한다.
③ 수소가스가 누설할 때에는 충전소 안전관리자에게 안전점검을 요청한다.
④ 수소차량의 충돌 등 교통사고 후에는 가스 안전점검을 받은 후 사용한다.

2점 [난이도 : 中]

124 4.5톤 화물자동차의 적재물 추락 방지 조치를 하지 않은 경우 범칙금액은?

① 5만원 ② 4만원 ③ 3만원 ④ 2만원

4톤 초과 화물자동차의 적재물 추락방지 위반 행위는 범칙금 5만원이다.

2점 [난이도 : 上]

125 다음 중 차량 연료로 사용될 경우, 가짜 석유제품으로 볼 수 없는 것은?

① 휘발유에 메탄올이 혼합된 제품
② 보통 휘발유에 고급 휘발유가 약 5% 미만으로 혼합된 제품
③ 경유에 등유가 혼합된 제품
④ 경유에 물이 약 5% 미만으로 혼합된 제품

휘발유, 경유 등에 물과 침전물이 유입되는 경우 가짜 석유제품이 아니라 품질 부적합 제품으로 본다.

2점 [난이도 : 中]

126 도로교통법령상 자율주행시스템에 대한 설명으로 틀린 것은?

① 도로교통법상 "운전"에는 도로에서 차마를 그 본래의 사용방법에 따라 자율주행시스템을 사용하는 것은 포함되지 않는다.
② 운전자가 자율주행시스템을 사용하여 운전하는 경우에는 휴대전화 사용금지 규정을 적용하지 아니한다.
③ 자율주행시스템의 직접 운전 요구에 지체없이 대응하지 아니한 자율주행 승용자동차의 운전자에 대한 범칙금액은 4만원이다.
④ "자율주행시스템"이란 운전자 또는 승객의 조작 없이 주변상황과 도로 정보 등을 스스로 인지하고 판단하여 자동차를 운행할 수 있게 하는 자동화 장비, 소프트웨어 및 이와 관련한 모든 장치를 말한다.

정답 113 ③ 114 ① 115 ③ 116 ② 117 ③ 118 ③ 119 ① 120 ③ 121 ③ 122 ③ 123 ② 124 ① 125 ④ 126 ①

2점 [난이도 : 上]

127 자동차 내연기관의 크랭크축에서 발생하는 회전력(순간적으로 내는 힘)을 무엇이라 하는가 ?

① 토크 ② 연비 ③ 배기량 ④ 마력

> ② 1리터의 연료로 주행할 수 있는 거리이다.
> ③ 내연기관에서 피스톤이 움직이는 부피이다.
> ④ 75킬로그램의 무게를 1초 동안에 1미터 이동하는 일의 양이다.

2점 [난이도 : 上]

128 자율주행자동차 상용화 촉진 및 지원에 관한 법령상 자율주행자동차에 대한 설명으로 잘못된 것은?

① 자율주행자동차의 종류는 완전자율주행자동차와 부분자율주행자동차로 구분할 수 있다.
② 완전 자율주행자동차는 자율주행시스템만으로 운행할 수 있어 운전자가 없거나 운전자 또는 승객의 개입이 필요하지 아니한 자동차를 말한다.
③ 부분자율주행자동차는 자율주행시스템만으로 운행할 수 없거나 운전자가 지속적으로 주시할 필요가 있는 등 운전자 또는 승객의 개입이 필요한 자동차를 말한다.
④ 자율주행자동차는 승용자동차에 한정되어 적용하고, 승합자동차나 화물자동차는 이 법이 적용되지 않는다.

> ④ 자율주행자동차는 승용자동차에 한정되지 않고 승합자동차 또는 화물자동차에도 적용된다.

2점 [난이도 : 上]

129 다음 차량 중 하이패스차로 이용이 불가능한 차량은?

① 적재중량 16톤 덤프트럭
② 서울과 수원을 운행하는 2층 좌석버스
③ 단차로인 경우, 차폭이 3.7m인 소방차량
④ 10톤 대형 구난차량

2점 [난이도 : 上]

130 자동차관리법령상 비사업용 소형 승합자동차(2001년 이후 등록된 차령이 4년 초과)의 검사 유효기간으로 맞는 것은?

① 6개월 ② 1년 ③ 2년 ④ 4년

2점 [난이도 : 上]

131 자동차관리법령상 비사업용 소형 화물자동차(차령이 4년 이하)의 검사 유효기간으로 맞는 것은?

① 6개월 ② 1년 ③ 2년 ④ 4년

> 비사업용 승용자동차 및 피견인자동차의 검사 유효기간은 2년(최초검사는 4년)이다.

2점 [난이도 : 上]

132 신차 구입 시 임시운행 허가의 유효기간은?

① 10일 이내 ② 15일 이내
③ 20일 이내 ④ 30일 이내

2점 [난이도 : 上]

133 다음 중 자동차 변경등록 사유가 아닌 것은?

① 자동차의 사용본거지를 변경한 때
② 자동차의 차대번호를 변경한 때
③ 소유권이 변동된 때
④ 법인의 명칭이 변경된 때

2점 [난이도 : 上]

134 자동차 소유권이 상속 등으로 변경될 경우 하는 등록의 종류는?

① 신규등록 ② 이전등록 ③ 변경등록 ④ 말소등록

2점 [난이도 : 上]

135 자동차관리법령상 자동차 소유자가 받아야 하는 자동차 검사의 종류가 아닌 것은?

① 수리검사 ② 특별검사 ③ 튜닝검사 ④ 임시검사

> 자동차 검사의 종류 : 신규검사, 정기검사, 튜닝검사, 임시검사, 수리검사

2점 [난이도 : 中]

136 도로교통법상 차의 운전자가 다음과 같은 상황에서 서행하여야 할 경우는?

① 자전거를 끌고 횡단보도를 횡단하는 사람을 발견하였을 때
② 이면도로에서 보행자의 옆을 지나갈 때
③ 보행자가 횡단보도를 횡단하는 것을 봤을 때
④ 보행자가 횡단보도가 없는 도로를 횡단하는 것을 봤을 때

2점 [난이도 : 上]

137 다음 중 자동차(이륜자동차 제외) 좌석안전띠 착용에 대한 설명으로 맞는 것은?

① 13세 미만 어린이가 좌석안전띠를 미착용하는 경우 운전자에 대한 과태료는 10만원이다.
② 13세 이상의 동승자가 좌석안전띠를 착용하지 않은 경우 운전자에 대한 과태료는 3만원이다.
③ 일반도로에서는 운전자와 조수석 동승자만 좌석안전띠 착용 의무가 있다.
④ 전 좌석안전띠 착용은 의무이나 3세 미만 영유아는 보호자가 안고 동승이 가능하다.

2점 [난이도 : 下]

138 교통사고를 예방하기 위한 운전자세로 맞는 것은?

① 방향지시등으로 진행방향을 명확히 알린다.
② 급조작과 급제동을 자주한다.
③ 나에게 유리한 쪽으로 추측하면서 운전한다.
④ 다른 운전자의 법규위반은 반드시 보복한다.

2점 [난이도 : 中]

139 운전자의 올바른 운전태도로 가장 바람직하지 않은 것은?

① 신호기의 신호보다 교통경찰관의 신호가 우선임을 명심한다.
② 교통 환경 변화에 따라 개정되는 교통법규를 숙지한다.
③ 긴급자동차를 발견한 즉시 장소에 관계없이 일시정지하고 진로를 양보한다.
④ 폭우시 또는 장마철 자주 비가 내리는 도로에서는 포트홀(pothole)을 주의한다.

2점 [난이도 : 上]

140 질병·과로로 인해 정상적인 운전을 하지 못할 우려가 있는 상태에서 자동차를 운전하다가 단속된 경우 어떻게 되는가?

① 과태료가 부과될 수 있다. ② 운전면허가 정지될 수 있다.
③ 구류 또는 벌금에 처한다. ④ 처벌 받지 않는다.

2점 [난이도 : 上]

141 교통정리를 하고 있지 아니하는 교차로에서 직진하기 위해 들어가려 한다. 이때, 이미 교차로에 들어가 좌회전하고 있는 다른 차가 있는 경우 운전자의 올바른 운전방법은?

① 다른 차가 있을 때에는 그 차에 진로를 양보한다.
② 다른 차가 있더라도 직진차가 우선이므로 먼저 통과한다.
③ 다른 차가 있을 때에는 좌·우를 확인하고 그 차와 상관없이 신속히 교차로를 통과한다.
④ 다른 차가 있더라도 본인의 주행차로가 상대차의 차로보다 더 넓은 경우 통행 우선권에 따라 그대로 진입한다.

2점 [난이도 : 上]

142 도로교통법령상 개인형 이동장치의 승차정원에 대한 설명으로 틀린 것은?

① 전동킥보드의 승차정원은 1인이다.
② 전동이륜평행차의 승차정원은 1인이다.
③ 전동기의 동력만으로 움직일 수 있는 자전거의 경우 승차정원은 1인이다.
④ 승차정원을 위반한 경우 범칙금 4만원을 부과한다.

2점 [난이도 : 上]

143 마약 등 약물복용 상태에서 자동차를 운전하다가 인명피해 교통사고를 야기한 경우 교통사고처리 특례법상 운전자의 책임으로 맞는 것은?

① 책임보험만 가입되어 있으나 추가적으로 피해자와 합의하더라도 형사처벌 된다.
② 운전자보험에 가입되어 있으면 형사처벌이 면제된다.
③ 종합보험에 가입되어 있으면 형사처벌이 면제된다.
④ 종합보험에 가입되어 있고 추가적으로 피해자와 합의한 경우에는 형사처벌이 면제된다.

약물복용 운전을 하다가 교통사고 시 5년 이하의 금고 또는 2천만 원 이하의 벌금에 처한다.

2점 [난이도 : 上]

144 다음 중 도로교통법상 보행자의 보호에 대한 설명이다. 옳지 않은 것은?

① 보행자가 횡단보도를 통행하고 있을 때 그 직전에 일시정지하여야 한다.
② 경찰공무원의 신호나 지시에 따라 도로를 횡단하는 보행자의 통행을 방해하여서는 아니 된다.
③ 교차로에서 도로를 횡단하는 보행자의 통행을 방해하여서는 아니 된다.
④ 보행자가 도로를 횡단하고 있을 때에는 안전거리를 두고 서행하여야 한다.

2점 [난이도 : 上]

145 도로교통법상 운전이 금지되는 술에 취한 상태의 기준은 운전자의 혈중알코올농도가 ( )로 한다. ( )안에 맞는 것은?

① 0.01퍼센트 이상인 경우 ② 0.02퍼센트 이상인 경우
③ 0.03퍼센트 이상인 경우 ④ 0.08퍼센트 이상인 경우

2점 [난이도 : 中]

146 다음의 행위를 반복하여 교통상 위험이 발생하였을 때 난폭운전으로 처벌받을 수 있는 것은?

① 고속도로 갓길 주·정차 ② 음주운전
③ 일반도로 전용차로 위반 ④ 중앙선침범

2점 [난이도 : 中]

147 다음 행위를 반복하여 교통상 위험이 발생하였을 때, 난폭운전으로 처벌받을 수 없는 것은?

① 신호위반 ② 속도위반
③ 정비 불량차 운전금지 위반 ④ 차로변경 금지 위반

2점 [난이도 : 上]

148 보복운전으로 입건되었다. 운전면허 행정처분은?

① 면허 취소 ② 면허 정지 100일
③ 면허 정지 60일 ④ 행정처분 없음

2점 [난이도 : 中]

149 다음 중 운전자의 올바른 운전습관으로 가장 바람직하지 않은 것은?

① 자동차 주유 중에는 엔진시동을 끈다.
② 긴급한 상황을 제외하고 본인이 급제동하여 다른 차가 급제동하는 상황을 만들지 않는다.
③ 위험상황을 예측하고 방어운전하기 위하여 규정속도와 안전거리를 모두 준수하며 운전한다.
④ 타이어공기압은 계절에 관계없이 주행 안정성을 위하여 적정량보다 10% 높게 유지한다.

타이어공기압은 최대 공기압의 80%가 적정하며, 계절에 따라 여름에 10% 정도 적게, 겨울에는 10% 정도 높게 주입하는 것이 안전에 도움이 된다.

2점 [난이도 : 上]

150 운전면허 행정처분에 대한 이의 신청을 하여 이의 신청이 받아들여질 경우, 취소처분에 대한 감경 기준으로 맞는 것은?

① 처분벌점 90점으로 한다. ② 처분벌점 100점으로 한다.
③ 처분벌점 110점으로 한다. ④ 처분벌점 120점으로 한다.

위반행위에 대한 처분기준이 운전면허의 취소처분에 해당하는 경우에는 해당 위반행위에 대한 처분벌점을 110점으로 하고, 운전면허의 정지처분에 해당하는 경우에는 처분 집행일수의 2분의 1로 감경한다.

2점 [난이도 : 上]

151 연습운전면허 소지자가 혈중알코올농도 ( )퍼센트 이상을 넘어서 운전한 때 연습운전면허를 취소한다. ( )안에 맞는 것은?

① 0.03 ② 0.05 ③ 0.08 ④ 0.10

2점 [난이도 : 上]

152 승용자동차의 운전자가 보도를 횡단하는 방법을 위반한 경우 범칙금은?

① 3만원 ② 4만원
③ 5만원 ④ 6만원

통행구분 위반(보도침범, 보도횡단방법 위반) 교통사고처리 특례법 12개 항목에 포함되며 범칙금 6만원을 부과한다.

2점 [난이도 : 上]

153 다음 중 보행자 보호와 관련된 승용자동차 운전자의 범칙행위에 대한 범칙금액이 다른 것은?

① 신호에 따라 도로를 횡단하는 보행자 횡단 방해
② 보행자 전용도로 통행위반
③ 도로를 통행하고 있는 차에서 밖으로 물건을 던지는 행위
④ 어린이·앞을 보지 못하는 사람 등의 보호 위반

①, ②, ④ : 6만원, ③ : 5만원

2점 [난이도 : 下]

154 보행자에 대한 운전자의 바람직한 태도는?

① 도로를 무단 횡단하는 보행자는 보호받을 수 없다.
② 자동차 옆을 지나는 보행자에게 신경 쓰지 않아도 된다.
③ 보행자가 자동차를 피해야 한다.
④ 운전자는 보행자를 우선으로 보호해야 한다.

2점 [난이도 : 下]

155 다음 중 보행자에 대한 운전자 조치로 잘못된 것은?

① 어린이보호 표지가 있는 곳에서는 어린이가 뛰어 나오는 일이 있으므로 주의해야 한다.
② 보도를 횡단할 때에는 서행하여 보행자를 보호해야 한다.
③ 무단 횡단하는 보행자도 일단 보호해야 한다.
④ 어린이가 보호자 없이 도로를 횡단 중일 때에는 일시 정지해야 한다.

보도를 횡단하기 직전에 일시 정지하여 좌측 및 우측 부분 등을 살핀 후 보행자의 통행을 방해하지 아니하도록 횡단하여야 한다.

2점 [난이도 : 中]

156 도로교통법상 보행자가 도로를 횡단할 수 있게 안전표지로 표시한 도로의 부분을 무엇이라 하는가?

① 보도 ② 길 가장자리구역
③ 횡단보도 ④ 보행자 전용도로

2점 [난이도 : 上]

157 보행자의 도로 횡단방법에 대한 설명으로 잘못된 것은?

① 보행자는 횡단보도가 없는 도로에서 가장 짧은 거리로 횡단해야 한다.
② 보행자는 모든 차의 바로 앞이나 뒤로 횡단하면 안 된다.
③ 무단횡단 방지를 위한 차선분리대가 설치된 곳이라도 넘어서 횡단할 수 있다.
④ 도로공사 등으로 보도의 통행이 금지된 때 차도로 통행할 수 있다.

2점 [난이도 : 上]

158 앞을 보지 못하는 사람의 범위에 해당하지 않는 사람은?

① 어린이 또는 영·유아
② 의족 등을 사용하지 아니하고는 보행을 할 수 없는 사람
③ 신체의 평형기능에 장애가 있는 사람
④ 듣지 못하는 사람

앞을 보지 못하는 사람의 범위 : 듣지 못하는 사람, 신체의 평형기능에 장애가 있는 사람, 의족 등을 사용하지 아니하고는 보행을 할 수 없는 사람

정답 143 ① 144 ④ 145 ③ 146 ④ 147 ③ 148 ② 149 ④ 150 ③ 151 ① 152 ④ 153 ③ 154 ④ 155 ② 154 ④ 155 ② 156 ③ 157 ③ 158 ③

2점 [난이도 : 上]

159 어린이 보호구역 안에서 ( )~( ) 사이에 신호위반을 한 승용차 운전자에 대해 기존의 벌점을 2배로 부과한다. ( )에 순서대로 맞는 것은?

① 오전 6시, 오후 6시 ② 오전 7시, 오후 7시
③ 오전 8시, 오후 8시 ④ 오전 9시, 오후 9시

어린이 보호구역 안에서 오전 8시부터 오후 8시 사이에 위반행위를 한 운전자에 대하여 기존의 벌점의 2배에 해당하는 벌점을 부과한다.

2점 [난이도 : 上]

160 4.5톤 화물자동차가 오전 10시부터 11시까지 노인보호구역에서 주차위반을 한 경우 과태료는?

① 4만원 ② 5만원 ③ 9만원 ④ 10만원

해당 규정 위반 시 정차 또는 주차를 한 차의 고용주 등은 승합자동차 등은 2시간 이내일 경우 과태료 9만원이다.

2점 [난이도 : 上]

161 다음 중 보행자의 통행방법으로 잘못된 것은?

① 보도에서는 좌측통행을 원칙으로 한다.
② 도로의 통행방향이 일방통행인 경우에는 차마를 마주보지 않고 통행할 수 있다.
③ 보도와 차도가 구분된 도로에서는 언제나 보도로 통행하여야 한다.
④ 보도와 차도가 구분되지 않은 도로에서는 차마와 마주보는 방향의 길 가장자리 구역으로 통행하여야 한다.

2점 [난이도 : 上]

162 다음 중 차도를 통행할 수 있는 사람 또는 행렬이 아닌 경우는?

① 도로에서 청소나 보수 등의 작업을 하고 있을 때
② 말·소 등의 큰 동물을 몰고 갈 때
③ 유모차를 끌고 가는 사람
④ 장의(葬儀) 행렬일 때

차도를 통행할 수 있는 사람 또는 행렬
1. 말·소 등의 큰 동물을 몰고 가는 사람
2. 사다리, 목재, 그 밖에 보행자의 통행에 지장을 줄 우려가 있는 물건을 운반 중인 사람
3. 도로에서 청소나 보수 등의 작업을 하고 있는 사람
4. 군부대나 그 밖에 이에 준하는 단체의 행렬
5. 기(旗) 또는 현수막 등을 휴대한 행렬
6. 장의(葬儀) 행렬

2점 [난이도 : 上]

163 운전자가 진행방향 신호등이 적색일 때 정지선을 초과하여 정지한 경우 처벌 기준은?

① 교차로 통행방법위반 ② 일시정지 위반
③ 신호위반 ④ 서행위반

신호등이 적색일 때 정지선을 초과하여 정지한 경우 신호위반의 처벌을 받는다.

2점 [난이도 : 下]

164 다음 중 앞을 보지 못하는 사람이 장애인 보조견을 동반하고 도로를 횡단하는 모습을 발견하였을 때의 올바른 운전 방법은?

① 주·정차 금지 장소인 경우 그대로 진행한다.
② 일시 정지한다.
③ 즉시 정차하여 앞을 보지 못하는 사람이 되돌아가도록 안내한다.
④ 경음기를 울리며 보호한다.

2점 [난이도 : 下]

165 도로교통법상 모든 차의 운전자는 어린이보호구역 내에 설치된 횡단보도 중 신호기가 설치되지 아니한 횡단보도 앞에서는 보행자의 횡단여부와 관계없이 (   )하여야 한다. ( )안에 맞는 것은?

① 서행 ② 일시정지
③ 서행 또는 일시정지 ④ 감속주행

모든 차의 운전자는 어린이보호구역 내에 설치된 횡단보도 중 신호기가 설치되지 아니한 횡단보도 앞에서는 보행자의 횡단여부와 관계없이 일시 정지하여야 한다.

2점 [난이도 : 下]

166 무단 횡단하는 보행자 보호에 관한 설명이다. 맞는 것은?

① 교차로 이외의 도로에서는 보행자 보호 의무가 없다.
② 신호를 위반하는 무단횡단 보행자는 보호할 의무가 없다.
③ 무단횡단 보행자도 보호하여야 한다.
④ 일방통행 도로에서는 무단횡단 보행자를 보호할 의무가 없다.

2점 [난이도 : 上]

167 다음 보행자 중 차도의 통행이 허용되지 않는 사람은?

① 보행보조용 의자차를 타고 가는 사람
② 사회적으로 중요한 행사에 따라 시가를 행진하는 사람
③ 도로에서 청소나 보수 등의 작업을 하고 있는 사람
④ 사다리 등 보행자의 통행에 지장을 줄 우려가 있는 물건을 운반 중인 사람

보행보조용 의자차를 타고 가는 사람은 보행자로 분류되어 차도, 자전거도로의 통행이 허용되지 않는다.

2점 [난이도 : 上]

168 다음 중 도로교통법상 보도를 통행하는 보행자에 대한 설명으로 맞는 것은?

① 이륜차를 타고 보도를 통행하는 사람은 보행자로 볼 수 있다.
② 자전거를 타고 가는 사람은 보행자로 볼 수 있다.
③ 보행보조용 의자차를 타고 가는 사람은 보행자로 볼 수 있다.
④ 49시시 원동기장치자전거를 타고 가는 사람은 보행자로 볼 수 있다.

2점 [난이도 : 上]

169 다음 중 보행등의 녹색등화가 점멸할 때 보행자의 가장 올바른 통행방법은?

① 횡단보도에 진입하지 않는 보행자는 다음 신호 때까지 기다렸다가 보행등의 녹색등화 때 통행하여야 한다.
② 횡단보도 중간에 그냥 서 있는다.
③ 다음 신호를 기다리지 않고 횡단보도를 건넌다.
④ 적색등화로 바뀌기 전에는 언제나 횡단을 시작할 수 있다.

2점 [난이도 : 上]

170 긴급자동차를 운전하는 사람을 대상으로 실시하는 정기 교통안전교육은 ( )년마다 받아야 한다. ( )안에 맞는 것은?

① 1 ② 2
③ 3 ④ 5

정기 교통안전교육 : 긴급자동차 운전자를 대상으로 3년마다 정기적으로 실시하는 교육이다.

2점 [난이도 : 中]

171 도로교통법령상 긴급자동차에 대한 특례의 설명으로 잘못된 것은?

① 앞지르기 금지장소에서 앞지르기할 수 있다.
② 끼어들기 금지장소에서 끼어들기 할 수 있다.
③ 횡단보도를 횡단하는 보행자가 있어도 보호하지 않고 통행할 수 있다.
④ 도로 통행속도의 최고속도보다 빠르게 운전할 수 있다.

2점 [난이도 : 上]

172 다음 중 사용하는 기관의 신청에 의하여 시·도경찰청장이 지정할 수 있는 긴급자동차로 맞는 것은?

① 소방차
② 가스누출 복구를 위한 응급작업에 사용되는 가스 사업용 자동차
③ 구급차
④ 혈액공급 차량

긴급자동차
1. 전기사업, 가스사업 등 공익사업용 위험 방지를 위한 응급작업에 사용되는 자동차
2. 민방위업무를 수행하는 기관에서 긴급예방 또는 복구를 위한 출동에 사용되는 자동차
3. 도로관리를 위하여 사용되는 자동차 중 도로상의 위험을 방지하기 위한 응급작업에 사용되거나 운행이 제한되는 자동차를 단속하기 위하여 사용되는 자동차
4. 전신·전화의 수리공사 등 응급작업에 사용되는 자동차
5. 긴급한 우편물의 운송에 사용되는 자동차
6. 전파감시업무에 사용되는 자동차

정답 159 ③ 160 ③ 161 ① 162 ③ 163 ③ 164 ② 165 ② 166 ③ 167 ① 168 ③ 169 ① 170 ③ 171 ③ 172 ②

2점 [난이도 : 中]

173 도로교통법 상 소방용수시설, 비상소화장치, 소방시설로부터 ( )미터 이내인 곳은 정차 및 주차의 금지구역입니다. ( ) 안에 맞는 것은?

① 5 ② 6
③ 8 ④ 10

2점 [난이도 : 上]

174 다음 중 사용하는 사람의 신청에 의하여 시·도경찰청장이 지정할 수 있는 긴급자동차가 아닌 것은?

① 교통단속에 사용되는 경찰용 자동차
② 긴급한 우편물의 운송에 사용되는 자동차
③ 긴급복구를 위한 출동에 사용되는 민방위업무를 수행하는 기관용 자동차
④ 전화의 수리공사 등 응급작업에 사용되는 자동차

2점 [난이도 : 上]

175 도로교통법상 긴급출동 중인 긴급자동차의 법규위반으로 맞는 것은?

① 편도 2차로 일반도로에서 매시 100 킬로미터로 주행하였다.
② 백색 실선으로 차선이 설치된 터널 안에서 앞지르기하였다.
③ 우회전하기 위해 교차로에서 끼어들기를 하였다.
④ 인명 피해 교통사고가 발생하여도 긴급출동 중이므로 필요한 신고나 조치 없이 계속 운전하였다.

긴급자동차의 특례 사항 : 속도제한, 앞지르기 금지, 끼어들기의 금지를 적용하지 않는다.
※긴급자동차라도 교통사고 시 신고 및 인명조치를 해야 한다.

2점 [난이도 : 中]

176 긴급자동차가 긴급한 용도 외에 경광등을 사용할 수 있는 경우가 아닌 것은?

① 소방차가 화재예방을 위하여 순찰하는 경우
② 도로관리용 자동차가 도로상의 위험을 방지하기 위하여 도로 순찰하는 경우
③ 구급차가 긴급한 용도와 관련된 훈련에 참여하는 경우
④ 경찰용 자동차가 범죄예방을 위하여 순찰하는 경우

2점 [난이도 : 上]

177 어린이통학버스 특별보호를 위한 운전자의 올바른 운행방법은?

① 편도 1차로인 도로에서는 반대방향에서 진행하는 차의 운전자도 어린이통학버스에 이르기 전에 일시 정지하여 안전을 확인한 후 서행하여야 한다.
② 어린이통학버스가 어린이가 하차하고자 점멸등을 표시할 때는 어린이 통학버스가 정차한 차로 외의 차로로 신속히 통행한다.
③ 중앙선이 설치되지 아니한 도로인 경우 반대방향에서 진행하는 차는 기존 속도로 진행한다.
④ 모든 차의 운전자는 어린이나 영유아를 태우고 있다는 표시를 한 경우라도 도로를 통행하는 어린이통학버스를 앞지를 수 있다.

2점 [난이도 : 下]

178 어린이통학버스운전자가 영유아를 승차하는 방법으로 바른 것은?

① 영유아가 승차하고 있는 경우에는 점멸등 장치를 작동하여 안전을 확보해야 한다.
② 교통이 혼잡한 경우 점멸등을 잠시 끄고 영유아를 승차시킨다.
③ 영유아를 어린이통학버스 주변에 내려주고 바로 출발한다.
④ 어린이보호구역에서는 좌석안전띠를 매지 않아도 된다.

2점 [난이도 : 中]

179 어린이 보호구역의 설명으로 바르지 않은 것은?

① 주차금지위반에 대한 범칙금은 노인보호구역과 같다.
② 어린이보호구역 내에는 서행표시를 설치할 수 있다.
③ 어린이보호구역 내에는 주정차를 금지할 수 있다.
④ 어린이를 다치게 한 교통사고가 발생하면 합의여부와 관계없이 형사처벌을 받는다.

어린이·노인·장애인보호구역 내에서의 위반 시 범칙금액은 동일하다. 어린이 보호구역 내에는 고원식 과속방지턱이 설치될 수 있으며, 주정차 금지할 수 있다. 만약 어린이 보호구역내에서 사고가 발생했다면 일반적인 교통사고보다 더 중하게 처벌받는다.

2점 [난이도 : 中]

180 도로교통법상 어린이보호구역과 관련된 설명으로 맞는 것은?

① 어린이가 무단횡단을 하다가 교통사고가 발생한 경우 운전자의 모든 책임은 면제된다.
② 자전거 운전자가 운전 중 어린이를 충격하는 경우 자전거는 차마가 아니므로 민사책임만 존재한다.
③ 차도로 갑자기 뛰어드는 어린이를 보면 서행하지 말고 일시정지한다.
④ 경찰서장은 자동차등의 통행속도를 시속 50킬로미터 이내로 지정할 수 있다.

2점 [난이도 : 中]

181 도로교통법령상 어린이보호구역에 대한 설명으로 바르지 않은 것은?

① 주차금지위반에 대한 범칙금은 노인보호구역과 같다.
② 어린이보호구역 내에는 서행표시를 설치할 수 있다.
③ 어린이보호구역 내에는 주정차가 금지된다.
④ 어린이를 다치게 한 교통사고가 발생하면 합의여부와 관계없이 형사처벌을 받는다.

2점 [난이도 : 中]

182 도로교통법상 영유아 및 어린이에 대한 규정 및 어린이통학버스 운전자의 의무에 대한 설명으로 올바른 것은?

① 어린이는 13세 이하의 사람을 의미하며, 어린이가 타고 내릴 때에는 반드시 안전을 확인한 후 출발한다.
② 출발하기 전 영유아를 제외한 모든 어린이가 좌석안전띠를 매도록 한 후 출발하여야 한다.
③ 어린이가 내릴 때에는 어린이가 요구하는 장소에 안전하게 내려준 후 출발하여야 한다.
④ 영유아는 6세 미만의 사람을 의미하며, 영유아가 타고 내리는 경우에도 점멸등 등의 장치를 작동해야 한다.

어린이통학버스를 운전하는 사람은 어린이나 영유아가 타고 내리는 경우에만 점멸등 등의 장치를 작동하여야 하며, 어린이나 영유아를 태우고 운행 중인 경우에만 장치를 표시를 하여야 한다.

2점 [난이도 : 上]

183 승용차 운전자가 어린이통학버스 특별보호 위반행위를 한 경우 범칙금액으로 맞는 것은?

① 13만원 ② 9만원
③ 7만원 ④ 5만원

2점 [난이도 : 下]

184 노인보호구역에서 노인의 옆을 지나갈 때 운전방법 중 맞는 것은?

① 주행 속도를 유지하여 신속히 통과한다.
② 노인과의 간격을 충분히 확보하며 서행으로 통과한다.
③ 경음기를 울리며 신속히 통과한다.
④ 전조등을 점멸하며 통과한다.

2점 [난이도 : 上]

185 노인보호구역에서 노인의 안전을 위하여 설치할 수 있는 도로시설물과 가장 거리가 먼 것은?

① 미끄럼방지시설, 방호울타리 ② 과속방지시설, 미끄럼방지시설
③ 가속차로, 보호구역 도로표지 ④ 방호울타리, 도로반사경

도로시설물 : 보호구역 도로표지, 도로반사경, 과속방지시설, 미끄럼방지시설, 방호울타리 등

2점 [난이도 : 上]

186 야간에 노인보호구역을 통과할 때 운전자가 주의해야할 사항으로 아닌 것은?

① 증발현상이 발생할 수 있으므로 주의한다.
② 야간에는 노인이 없으므로 속도를 높여 통과한다.
③ 무단 횡단하는 노인에 주의하며 통과한다.
④ 검은색 옷을 입은 노인은 잘 보이지 않으므로 유의한다.

야간에도 노인의 통행이 있을 수 있으므로 서행하며 통과한다.

정답 173 ① 174 ① 175 ④ 176 ② 177 ① 178 ① 179 ① 180 ③ 181 ① 182 ④ 183 ② 184 ② 185 ③ 186 ②

2점 [난이도 : 上]

187 노인보호구역에 대한 설명이다. 틀린 것은?

① 오전 8시부터 오후 8시까지 제한속도를 위반한 경우 범칙금액이 가중 된다.
② 보행신호의 시간이 일반도로의 보행신호보다 더 길다.
③ 노상주차장 설치를 할 수 없다.
④ 노인들이 잘 보일 수 있도록 규정보다 신호등을 크게 설치할 수 있다.

2점 [난이도 : 上]

188 노인보호구역 내 신호등 있는 횡단보도 통행방법 및 법규위반에 대한 설명으로 틀린 것은?

① 자동차 운전자는 신호가 바뀌면 즉시 출발하지 말고 주변을 살피고 천천히 출발한다.
② 승용차 운전자가 오전 8시부터 오후 8시 사이에 신호를 위반하고 통과하는 경우 범칙금은 12만원이 부과된다.
③ 자전거 운전자도 아직 횡단하지 못한 노인이 있는 경우 노인이 안전하게 건널 수 있도록 기다린다.
④ 이륜차 운전자가 오전 8시부터 오후 8시 사이에 횡단보도 보행자 통행을 방해하면 범칙금 9만원이 부과된다.

2점 [난이도 : 上]

189 노인보호구역 내의 신호등이 있는 횡단보도에 접근하고 있을 때 운전방법으로 바르지 않은 것은?

① 보행신호가 바뀐 후 노인이 보행하는 경우 지속적으로 대기하고 있다가 횡단을 마친 후 주행한다.
② 신호의 변경을 예상하여 예비 출발할 수 있도록 한다.
③ 안전하게 정지할 속도로 서행하고 정지신호에 맞춰 정지하여야 한다.
④ 노인의 경우 보행속도가 느리다는 것을 감안하여 주의하여야 한다.

2점 [난이도 : 上]

190 승용차 운전자가 오전 11시경 노인보호구역에서 제한속도를 25km/h 초과한 경우 벌점은?

① 60점 ② 40점
③ 30점 ④ 15점

노인보호구역에서 오전 8시부터 오후 8시까지 제한속도를 위반한 경우 벌점은 2배 부과한다.

2점 [난이도 : 上]

191 노인보호구역으로 지정된 경우 할 수 있는 조치사항이다. 바르지 않은 것은?

① 노인보호구역의 경우 시속 30킬로미터 이내로 제한할 수 있다.
② 보행신호의 신호시간이 일반 보행신호기와 같기 때문에 주의표지를 설치할 수 있다.
③ 과속방지턱 등 교통안전시설을 보강하여 설치할 수 있다.
④ 보호구역으로 지정한 시설의 주출입문과 가장 가까운 거리에 위치한 간선도로의 횡단보도에는 신호기를 우선적으로 설치·관리할 수 있다.

노인보호구역에 설치되는 보행 신호등의 녹색신호시간은 어린이, 노인 또는 장애인의 평균 보행속도를 기준으로 하여 설정되고 있다.

2점 [난이도 : 上]

192 오전 8시부터 오후 8시까지 사이에 노인보호구역에서 교통법규 위반 시 범칙금이 가중되는 행위가 아닌 것은?

① 신호위반 ② 주차금지위반
③ 횡단보도 보행자 횡단방해 ④ 중앙선침범

2점 [난이도 : 中]

193 노인보호구역에 대한 설명으로 잘못된 것은?

① 노인보호구역을 통과할 때는 위험상황 발생을 대비해 주의하면서 주행해야 한다.
② 노인보호표지란 노인보호구역 안에서 노인의 보호를 지시하는 것을 말한다.
③ 노인보호표지는 노인보호구역의 도로 중앙에 설치한다.
④ 승용차 운전자가 노인보호구역에서 오전 10시에 횡단보도 보행자의 횡단을 방해하면 범칙금 12만원이 부과된다.

2점 [난이도 : 中]

194 다음 중 회전교차로의 통행방법으로 맞는 것은?

① 회전하고 있는 차가 우선이다. ② 진입하려는 차가 우선이다.
③ 진출한 차가 우선이다. ④ 차량의 우선순위는 없다.

2점 [난이도 : 上]

195 다음 중 회전교차로에서의 금지 행위가 아닌 것은?

① 정차 ② 주차 ③ 서행 및 일시정지 ④ 앞지르기

2점 [난이도 : 上]

196 회전교차로에서 통행 우선권이 보장된 회전차량을 나타내는 것은?

① 회전교차로 내 회전차로에서 주행 중인 차량
② 회전교차로 진입 전 좌회전하려는 차량
③ 회전교차로 진입 전 우회전하려는 차량
④ 회전교차로 진입 전 좌회전 및 우회전하려는 차량

2점 [난이도 : 上]

197 회전교차로에 대한 설명으로 옳지 않은 것은?

① 차량이 서행으로 교차로에 접근하도록 되어 있다.
② 회전하고 있는 차량이 우선이다.
③ 신호가 없기 때문에 연속적으로 차량 진입이 가능하다.
④ 회전교차로는 시계방향으로 회전한다.

2점 [난이도 : 中]

198 도로교통법상 적색등화 점멸일 때 의미는?

① 차마는 다른 교통에 주의하면서 서행하여야 한다.
② 차마는 다른 교통에 주의하면서 진행할 수 있다.
③ 차마는 안전표지에 주의하면서 후진할 수 있다.
④ 차마는 정지선 직전에 일시정지한 후 다른 교통에 주의하며 진행할 수 있다.

2점 [난이도 : 上]

199 비보호좌회전 표지가 있는 교차로에 대한 설명이다. 맞는 것은?

① 신호와 관계없이 다른 교통에 주의하면서 좌회전할 수 있다.
② 적색신호에 다른 교통에 주의하면서 좌회전할 수 있다.
③ 녹색신호에 다른 교통에 주의하면서 좌회전할 수 있다.
④ 황색신호에 다른 교통에 주의하면서 좌회전할 수 있다.

2점 [난이도 : 上]

200 도로교통법상 자동차 등의 속도와 관련하여 맞는 것은?

① 고속도로의 최저속도는 매시 50킬로미터로 규정되어 있다.
② 자동차전용도로에서는 최고속도는 제한하지만 최저속도는 제한하지 않는다.
③ 일반도로에서는 최저속도와 최고속도를 제한하고 있다.
④ 편도2차로 이상 고속도로의 최고속도는 차종에 관계없이 동일하게 규정되어 있다.

2점 [난이도 : 上]

201 앞지르기에 대한 설명으로 맞는 것은?

① 앞차가 다른 차를 앞지르고 있는 경우에는 앞지르기할 수 있다.
② 터널 안에서 앞지르고자 할 경우에는 반드시 우측으로 해야 한다.
③ 편도 1차로 도로에서 앞지르기는 황색실선 구간에서만 가능하다.
④ 교차로 내에서는 앞지르기가 금지되어 있다.

2점 [난이도 : 上]

202 도로의 중앙선과 관련된 설명이다. 맞는 것은?

① 황색실선이 단선인 경우는 앞지르기가 가능하다.
② 가변차로에서는 신호기가 지시하는 진행방향의 가장 왼쪽에 있는 황색 점선을 말한다.
③ 편도 1차로의 지방도에서 버스가 승하차를 위해 정차한 경우에는 황색실선의 중앙선을 넘어 앞지르기할 수 있다.
④ 중앙선은 도로의 폭이 최소 4.75미터 이상일 때부터 설치가 가능하다.

도로의 중앙선은 복선이든 단선이든 넘을 수 없고 버스가 승하차를 위해 정차한 경우에는 앞지르기를 할 수 없다. 또한 중앙선은 도로 폭이 6미터 이상인 곳에 설치한다.

정답 187 ④ 188 ① 189 ② 190 ③ 191 ② 192 ④ 193 ③ 194 ① 195 ③ 196 ① 197 ④ 198 ④ 199 ③ 200 ① 201 ④ 202 ②

2점 [난이도 : 上]

203 다음 중 도로교통법상 자전거를 타고 보도 통행을 할 수 없는 사람은?

① "장애인복지법"에 따라 신체장애인으로 등록된 사람
② 어린이
③ 신체의 부상으로 석고붕대를 하고 있는 사람
④ "국가유공자 등 예우 및 지원에 관한 법률"에 따른 국가유공자로서 상이등급 제1급부터 제7급까지에 해당하는 사람

2점 [난이도 : 上]

204 겨울철 도로 결빙 시 안전한 차량운행에 대한 설명으로 가장 적절하지 않은 것은?

① 겨울철 도로 주행 시 사전에 기상정보, 교통상황을 확인한 후 운행하여야 한다.
② 결빙에 취약한 터널, 교량 구간은 더욱 주의하여 주행하여야 한다.
③ 터널, 교량 부근의 강설 전·후로 제설제가 살포되었다면 평상시 제한속도로 정상 운행이 가능하다.
④ 일부 시·도경찰청은 고시에 의해 눈길, 빙판길 운행 시 월동장구를 사용 운행하도록 명문화하고 있다.

제설제가 살포되어도 녹은 눈이 다시 얼 수 있으므로 제한속도 이하로 감속 운행한다.

2점 [난이도 : 上]

205 포트홀(도로의 움푹 패인 곳)에 대한 설명으로 맞는 것은?

① 포트홀은 여름철 집중 호우 등으로 인해 만들어지기 쉽다.
② 포트홀로 인한 피해를 예방하기 위해 주행 속도를 높인다.
③ 도로 표면 온도가 상승한 상태에서 횡단보도 부근에 대형 트럭 등이 급제동하여 발생한다.
④ 도로가 마른 상태에서는 포트홀 확인이 쉬우므로 그 위를 그냥 통과해도 무방하다.

포트홀은 빗물에 의해 지반이 약해지고 균열이 발생한 상태로 차량의 잦은 이동으로 아스팔트의 표면이 떨어져나가 도로에 구멍이 파이는 현상을 말한다.

2점 [난이도 : 中]

206 집중 호우 시 안전한 운전 방법과 가장 거리가 먼 것은?

① 차량의 전조등과 미등을 켜고 운전한다.
② 히터를 내부공기 순환 모드 상태로 작동한다.
③ 수막현상을 예방하기 위해 타이어의 마모 정도를 확인한다.
④ 빗길에서는 안전거리를 2배 이상 길게 확보한다.

2점 [난이도 : 上]

207 강풍 및 폭우를 동반한 태풍이 발생한 도로를 주행 중일 때 운전자의 조치방법으로 적절하지 못한 것은?

① 브레이크 성능이 현저히 감소하므로 앞차와의 거리를 평소보다 2배 이상 둔다.
② 침수지역을 지나갈 때는 중간에 멈추지 말고 그대로 통과하는 것이 좋다.
③ 주차할 때는 침수 위험이 높은 강변이나 하천 등의 장소를 피한다.
④ 담벼락 옆이나 대형 간판 아래 주차하는 것이 안전하다.

2점 [난이도 : 上]

208 눈길 운전에 대한 설명으로 틀린 것은?

① 운전자의 시야 확보를 위해 앞 유리창에 있는 눈만 치우고 주행하면 안전하다.
② 풋 브레이크와 엔진브레이크를 같이 사용하여야 한다.
③ 스노체인을 한 상태라면 매시 30킬로미터 이하로 주행하는 것이 안전하다.
④ 평상시보다 안전거리를 충분히 확보하고 주행한다.

2점 [난이도 : 中]

209 겨울철 빙판길에 대한 설명이다. 가장 바르게 설명한 것은?

① 터널 안에서 주로 발생하며, 안개입자가 얼면서 노면이 빙판길이 된다.
② 다리 위, 터널 출입구, 그늘진 도로에서는 블랙아이스 현상이 자주 나타난다.
③ 블랙아이스 현상은 차량의 매연으로 오염된 눈이 노면에 쌓이면서 발생한다.
④ 빙판길을 통과할 경우에는 핸들을 고정하고 급제동하여 최대한 속도를 줄인다.

블랙 아이스는 눈에 잘 보이지 않는 얇은 얼음막이 생기는 현상이다.

2점 [난이도 : 中]

210 다음 중 우천 시에 안전한 운전방법이 아닌 것은?

① 상황에 따라 제한 속도에서 50퍼센트 정도 감속 운전한다.
② 길 가는 행인에게 물을 튀지 않도록 적절한 간격을 두고 주행한다.
③ 비가 내리는 초기에 가속페달과 브레이크 페달을 밟지 않는 상태에서 바퀴가 굴러가는 크리프(Creep) 상태로 운전하는 것은 좋지 않다.
④ 낮에 운전하는 경우에도 미등과 전조등을 켜고 운전하는 것이 좋다.

2점 [난이도 : 中]

211 다음 중 안개 낀 도로를 주행할 때 바람직한 운전방법과 거리가 먼 것은?

① 뒤차에게 나의 위치를 알려주기 위해 차폭등, 미등, 전조등을 켠다.
② 앞 차에게 나의 위치를 알려주기 위해 반드시 상향등을 켠다.
③ 안전거리를 확보하고 속도를 줄인다.
④ 습기가 맺혀 있을 경우 와이퍼를 작동해 시야를 확보한다.

2점 [난이도 : 上]

212 도로교통법상 편도 2차로 자동차전용도로에 비가 내려 노면이 젖어있는 경우 감속운행 속도는?

① 매시 60킬로미터 ② 매시 64킬로미터
③ 매시 72킬로미터 ④ 매시 80킬로미터

2점 [난이도 : 中]

213 다음과 같은 공사구간을 통과 시 차로가 감소가 시작되는 구간은?

① 주의구간 ② 완화구간 ③ 작업구간 ④ 종결구간

공사구간을 주의구간-완화구간-작업구간-종결구간으로 나눌 때, 완화구간은 차로수가 감소하는 구간으로 차선변경이 필요한 구간이다.

2점 [난이도 : 中]

214 야간운전과 관련된 내용으로 가장 올바른 것은?

① 전면유리에 틴팅(일명 썬팅)을 하면 야간에 넓은 시야를 확보할 수 있다.
② 맑은 날은 야간보다 주간운전 시 제동거리가 길어진다.
③ 야간에는 전조등보다 안개등을 켜고 주행하면 전방의 시야확보에 유리하다.
④ 반대편 차량의 불빛을 정면으로 쳐다보면 증발현상이 발생한다.

증발현상을 막기 위해서는 반대편 차량의 불빛을 정면으로 쳐다보지 않는다.

2점 [난이도 : 上]

215 야간 운전 중 나타나는 증발현상에 대한 설명 중 옳은 것은?

① 증발현상이 나타날 때 즉시 차량의 전조등을 끄면 증발현상이 사라진다.
② 증발현상은 마주 오는 두 차량이 모두 상향 전조등일 때 발생하는 경우가 많다.
③ 야간에 혼잡한 시내도로를 주행할 때 발생하는 경우가 많다.
④ 야간에 터널을 진입하게 되면 밝은 불빛으로 잠시 안 보이는 현상을 말한다.

2점 [난이도 : 上]

216 야간 운전 시 운전자의 각성저하주행에 대한 설명으로 옳은 것은?

① 평소보다 인지능력이 향상된다.
② 안구동작이 상대적으로 활발해진다.
③ 시내 혼잡한 도로를 주행할 때 발생하는 경우가 많다.
④ 단조로운 시계에 익숙해져 일종의 감각 마비 상태에 빠지는 것을 말한다.

2점 [난이도 : 上]

217 해가 지기 시작하면서 어두워질 때 운전자의 조치로 거리가 먼 것은?

① 차폭등, 미등을 켠다.
② 주간 주행속도보다 감속 운행한다.
③ 석양이 지면 눈이 어둠에 적응하는 시간이 부족해 주의하여야 한다.
④ 주간보다 시야 확보가 용의하여 운전하기 편하다.

2점 [난이도 : 下]

218 자동차 화재를 예방하기 위한 방법으로 가장 올바른 것은?

① 차량 내부에 앰프 설치를 위해 배선장치를 임의로 조작한다.
② 겨울철 주유시 정전기가 발생하지 않도록 주의한다.
③ LPG차량은 비상시를 대비하여 일회용 부탄가스를 차량에 싣고 다닌다.
④ 일회용 라이터는 여름철 차 안에 두어도 괜찮다.

정답 203 ③ 204 ③ 205 ① 206 ② 207 ④ 208 ① 209 ② 210 ③ 211 ② 212 ③ 213 ② 214 ④ 215 ② 216 ④ 217 ④ 218 ②

2점 [난이도 : 中]

219 다음 중 전기자동차의 충전 케이블의 커플러에 관한 설명이 잘못된 것은?

① 다른 배선기구와 대체 불가능한 구조로서 극성이 구분되고 접지극이 있는 것일 것
② 접지극은 투입 시 제일 나중에 접속되고, 차단 시 제일 먼저 분리되는 구조일 것
③ 의도하지 않은 부하의 차단을 방지하기 위해 잠금 또는 탈부착을 위한 기계적 장치가 있는 것일 것
④ 전기자동차 커넥터가 전기자동차 접속구로부터 분리될 때 충전 케이블의 전원공급을 중단시키는 인터록 기능이 있는 것일 것

2점 [난이도 : 中]

220 자동차 주행 중 타이어가 펑크 났을 때 가장 올바른 조치는?

① 한 쪽으로 급격하게 쏠리면 사고를 예방하기 위해 급제동을 한다.
② 핸들을 꽉 잡고 직진하면서 급제동을 삼가고 엔진 브레이크를 이용하여 안전한 곳에 정지한다.
③ 차량이 쏠리는 방향으로 핸들을 꺾는다.
④ 브레이크 페달이 작동하지 않기 때문에 주차 브레이크를 이용하여 정지한다.

2점 [난이도 : 上]

221 도로교통법령상 어린이보호구역의 지정 대상의 근거가 되는 법률이 아닌 것은?

① 유아교육법
② 초·중등교육법
③ 학원의 설립·운영 및 과외교습에 관한 법률
④ 아동복지법

2점 [난이도 : 上]

222 다음 중 승용자동차 운전자에 대한 위반행위별 범칙금이 틀린 것은?

① 속도 위반(매시 60킬로미터 초과)의 경우 12만원
② 신호 위반의 경우 6만원
③ 중앙선침범의 경우 6만원
④ 앞지르기 금지 시기·장소 위반의 경우 5만원

2점 [난이도 : 中]

223 야간에 도로에서 로드킬(road kill)을 예방하기 위한 운전방법으로 바람직하지 않은 것은?

① 사람이나 차량의 왕래가 적은 국도나 산길을 주행할 때는 감속운행을 해야 한다.
② 야생동물 발견 시에는 서행으로 접근하고 한적한 갓길에 세워 동물과의 충돌을 방지한다.
③ 야생동물 발견 시에는 전조등을 끈 채 경음기를 가볍게 울려 도망가도록 유도한다.
④ 출현하는 동물의 발견을 용이하게 하기 위해 가급적 갓길에 가까운 도로를 주행한다.

2점 [난이도 : 中]

224 도로에서 로드킬(road kill)이 발생하였을 때 조치요령으로 바르지 않은 것은?

① 감염병 위험이 있을 수 있으므로 동물사체 등을 함부로 만지지 않는다.
② 로드킬 사고가 발생하면 야생동물구조센터나 지자체 콜센터 '지역번호+120번' 등에 신고한다.
③ 2차사고 방지를 위해 사고 당한 동물을 자기 차에 싣고 주행한다.
④ 2차사고 방지와 원활한 소통을 위한 조치를 한 경우에는 신고하지 않아도 된다.

2점 [난이도 : 上]

225 고속도로에서 고장 등으로 긴급 상황 발생 시 일정 거리를 무료로 견인 서비스를 제공해 주는 기관은?

① 도로교통공단 ② 한국도로공사 ③ 경찰청 ④ 한국교통안전공단

2점 [난이도 : 中]

226 다음 중 어린이보호구역에 대한 설명이다. 옳지 않은 것은?

① 이곳에서의 교통사고는 교통사고처리특례법상 중과실에 해당될 수 있다.
② 자동차등의 통행속도를 시속 30킬로미터 이내로 제한할 수 있다.
③ 범칙금과 벌점은 일반도로의 3배이다.
④ 주·정차가 금지된다.

2점 [난이도 : 中]

227 보복운전 또는 교통사고 발생을 방지하기 위한 분노조절기법에 대한 설명으로 맞는 것은?

① 감정이 끓어오르는 상황에서 잠시 빠져나와 시간적 여유를 갖고 마음의 안정을 찾는 분노조절방법을 스톱버튼기법이라 한다.
② 분노를 유발하는 부정적인 사고를 중지하고 평소 생각해 둔 행복한 장면을 1~2분간 떠올려 집중하는 분노조절방법을 타임아웃기법이라 한다.
③ 분노를 유발하는 종합적 신념체계와 과거의 왜곡된 사고에 대한 수동적인식경험을 자신에게 질문하는 방법을 경험회상질문기법이라 한다.
④ 양팔, 다리, 아랫배, 가슴, 어깨 등 몸의 각 부분을 최대한 긴장시켰다가 이완시켜 편안한 상태를 반복하는 방법을 긴장이완훈련기법이라 한다.

2점 [난이도 : 上]

228 폭우로 인하여 지하차도가 물에 잠겨 있는 상황이다. 다음 중 가장 안전한 운전 방법은?

① 물에 바퀴가 다 잠길 때까지는 무사히 통과할 수 있으니 서행으로 지나간다.
② 최대한 빠른 속도로 빠져 나간다.
③ 우회도로를 확인한 후에 돌아간다.
④ 통과하다가 시동이 꺼지면 바로 다시 시동을 걸고 빠져 나온다.

2점 [난이도 : 上]

229 주행 중 자동차 돌발 상황에 대한 올바른 대처 방법과 거리가 먼 것은?

① 주행 중 핸들이 심하게 떨리면 핸들을 꽉 잡고 계속 주행한다.
② 자동차에서 연기가 나면 즉시 안전한 곳으로 이동 후 시동을 끈다.
③ 타이어 펑크가 나면 핸들을 꽉 잡고 감속하며 안전한 곳에 정차한다.
④ 철길건널목 통과 중 시동이 꺼져서 다시 걸리지 않는다면 신속히 대피 후 신고한다.

2점 [난이도 : 下]

230 교통사고 등 응급상황 발생 시 조치요령과 거리가 먼 것은?

① 위험여부 확인
② 환자의 반응 확인
③ 기도 확보 및 호흡 확인
④ 환자의 목적지와 신상 확인

2점 [난이도 : 上]

231 다음 중 운전자가 단속 경찰공무원 등에 대한 폭행을 하여 형사 입건된 때 처분으로 맞는 것은?

① 벌점 40점을 부과한다. ② 벌점 100점을 부과한다.
③ 운전면허를 취소 처분한다. ④ 즉결심판을 청구한다.

2점 [난이도 : 上]

232 즉결심판이 청구된 운전자가 즉결심판의 선고 전까지 통고받은 범칙금액에 ( )을 더한 금액을 내고 납부를 증명하는 서류를 제출하면 경찰서장은 운전자에 대한 즉결심판 청구를 취소하여야 한다. ( )안에 맞는 것은?

① 100분의 20 ② 100분의 30
③ 100분의 50 ④ 100분의 70

즉결심판이 청구된 피고인이 즉결심판의 선고 전까지 통고받은 범칙금액에 100분의 50을 더한 금액을 내야 한다.

2점 [난이도 : 上]

233 인적 피해 있는 교통사고를 야기하고 도주한 차량의 운전자를 검거하거나 신고하여 검거하게 한 운전자(교통사고의 피해자가 아닌 경우)에게 검거 또는 신고할 때 마다 ( )의 특혜점수를 부여한다. ( )에 맞는 것은?

① 10점 ② 20점 ③ 30점 ④ 40점

인적 피해 있는 교통사고를 야기하고 도주한 차량의 운전자를 검거하거나 신고하여 검거하게 한 운전자(교통사고의 피해자가 아닌 경우로 한정)에게는 검거 또는 신고할 때마다 40점의 특혜점수를 부여한다.

정답 219 ② 220 ② 221 ④ 222 ④ 223 ④ 224 ③ 225 ② 226 ③ 227 ④ 228 ③ 229 ① 230 ④ 231 ③ 231 ③ 232 ③ 233 ④

2점 [난이도 : 上]

234 도로교통법령상 화재진압용 연결송수관 송수구로부터 5미터 이내 승용자동차를 정차한 경우 범칙금은?

① 4만원 ② 3만원
③ 2만원 ④ 처벌되지 않는다.

2점 [난이도 : 上]

235 다음 중 도로교통법상 벌점 부과기준이 다른 위반행위 하나는?

① 승객의 차내 소란행위 방치운전
② 철길건널목 통과방법 위반
③ 고속도로 갓길 통행 위반
④ 운전면허증 등의 제시의무위반

승객의 차내 소란행위 방치운전은 40점, 철길건널목 통과방법 위반·고속도로 갓길 통행·고속도로 버스전용차로 통행위반은 벌점 30점이 부과된다.

2점 [난이도 : 上]

236 술에 취한 상태에 있다고 인정할만한 상당한 이유가 있는 자동차 운전자가 경찰공무원의 정당한 음주측정 요구에 불응한 경우 처벌기준으로 맞는 것은?

① 1년 이상 2년 이하의 징역이나 500만원 이하의 벌금
② 1년 이상 3년 이하의 징역이나 1천만원 이하의 벌금
③ 1년 이상 4년 이하의 징역이나 500만원 이상 1천만원 이하의 벌금
④ 1년 이상 5년 이하의 징역이나 500만원 이상 2천만원 이하의 벌금

2점 [난이도 : 上]

237 자동차 번호판을 가리고 자동차를 운행한 경우의 벌칙으로 맞는 것은?

① 1년 이하의 징역 또는 1,000만원 이하의 벌금
② 1년 이하의 징역 또는 2,000만원 이하의 벌금
③ 2년 이하의 징역 또는 1,000만원 이하의 벌금
④ 2년 이하의 징역 또는 2,000만원 이하의 벌금

2점 [난이도 : 上]

238 자동차 운전자가 고속도로에서 자동차 내에 고장자동차의 표지(안전삼각대)를 비치하지 않고 운행하였다. 어떻게 되는가?

① 2만원의 과태료가 부과된다.
② 3만 원의 범칙금으로 통고 처분된다.
③ 30만원 이하의 벌금으로 처벌된다.
④ 아무런 처벌이나 처분되지 않는다.

2점 [난이도 : 上]

239 고속도로에서 승용자동차 운전자의 과속행위에 대한 범칙금 기준으로 맞는 것은?

① 제한속도기준 시속 60킬로미터 초과 80킬로미터 이하 - 범칙금 12만원
② 제한속도기준 시속 40킬로미터 초과 60킬로미터 이하 - 범칙금 8만원
③ 제한속도기준 시속 20킬로미터 초과 40킬로미터 이하 - 범칙금 5만원
④ 제한속도기준 시속 20킬로미터 이하 - 범칙금 2만원

2점 [난이도 : 上]

240 도로교통법상 적성검사 기준을 갖추었는지를 판정하는 건강검진 결과통보서는 신청일로부터 ( )이내에 발급된 서류이어야 한다. ( ) 안에 알맞은 것은?

① 1년 ② 2년
③ 3년 ④ 4년

2점 [난이도 : 上]

241 교통사고를 일으킨 자동차 운전자에 대한 벌점기준으로 맞는 것은?

① 자동차 운전자가 신호위반으로 사망 1명의 교통사고가 발생하면 벌점은 105점이다.
② 피해차량의 탑승자와 가해차량 운전자의 피해에 대해서도 벌점을 산정한다.
③ 교통사고의 원인점수와 인명피해 점수, 물적피해 점수를 합산한다.
④ 자동차 대 자동차 교통사고의 경우 사고원인이 두 차량에 있으면 둘 다 벌점을 산정하지 않는다.

2점 [난이도 : 上]

242 도로교통법령상 운전면허 취소처분에 대한 이의가 있는 경우, 운전면허 행정처분 이의심의위원회에 신청할 수 있는 기간은?

① 그 처분을 받은 날로부터 90일 이내
② 그 처분을 안 날로부터 90일 이내
③ 그 처분을 받은 날로부터 60일 이내
④ 그 처분을 안 날로부터 60일 이내

운전면허 행정처분에 이의가 있는 사람은 처분 결정통지를 받은 날부터 60일 이내에 처분결정통지서를 첨부하여 해당 시·도경찰청(경찰서)에 이의를 신청할 수 있다.

2점 [난이도 : 中]

243 연습운전면허 소지자가 도로에서 주행연습을 할 때 연습하고자 하는 자동차를 운전할 수 있는 운전면허를 받은 날부터 2년이 경과된 사람(운전면허 정지기간중인 사람 제외)과 함께 승차하지 아니하고 단독으로 운행한 경우 처분은?

① 통고처분 ② 과태료 부과
③ 연습운전면허 정지 ④ 연습운전면허 취소

연습운전면허 준수사항을 위반한 때(연습하고자 하는 자동차를 운전할 수 있는 운전면허를 받은 날부터 2년이 경과된 사람과 함께 승차하여 그 사람의 지도를 받아야 한다)연습운전면허를 취소한다.

2점 [난이도 : 上]

244 도로교통법상 원동기장치자전거를 운전할 수 있는 운전면허를 받지 아니하고 개인형 이동장치를 운전한 경우 처벌기준은?

① 20만 원 이하 벌금이나 구류 또는 과료
② 30만 원 이하 벌금이나 구류
③ 50만 원 이하 벌금이나 구류
④ 6개월 이하 징역 또는 200만 원 이하 벌금

2점 [난이도 : 上]

245 다음 중 승용자동차의 고용주등에게 부과되는 위반행위별 과태료 금액이 틀린 것은?(어린이보호구역 및 노인·장애인보호구역 제외)

① 중앙선 침범의 경우, 과태료 9만원
② 신호 위반의 경우, 과태료 7만원
③ 보도를 침범한 경우, 과태료 7만원
④ 속도 위반(매시 20킬로미터 이하)의 경우, 과태료 5만원

제한속도(매시 20킬로미터 이하)를 위반한 고용주등에게 과태료 4만원 부과

2점 [난이도 : 上]

246 무사고·무위반 서약에 의한 벌점 감경(착한운전 마일리지제도)에 대한 설명으로 맞는 것은?

① 40점의 특혜점수를 부여한다.
② 2년간 교통사고 및 법규위반이 없어야 특혜점수를 부여한다.
③ 운전자가 정지처분을 받게 될 경우 누산점수에서 특혜점수를 공제한다.
④ 운전면허시험장에 직접 방문하여 서약서를 제출해야만 한다.

1년간 교통사고 및 법규위반이 없어야 10점의 특혜점수를 부여한다. 경찰관서 방문뿐만 아니라 인터넷(www.efine.go.kr) 으로도 서약서를 제출할 수 있다.

2점 [난이도 : 上]

247 다음 중 벌점이 부과되는 운전자의 행위는?

① 주행 중 차 밖으로 물건을 던지는 경우
② 차로변경 시 신호 불이행한 경우
③ 불법부착장치 차를 운전한 경우
④ 서행의무 위반한 경우

2점 [난이도 : 上]

248 다음 중 특별교통안전 의무교육을 받아야 하는 사람은?

① 처음으로 운전면허를 받으려는 사람
② 처분벌점이 30점인 사람
③ 교통참여교육을 받은 사람
④ 난폭운전으로 면허가 정지된 사람

정답 234 ① 235 ① 236 ④ 237 ① 238 ① 239 ① 240 ② 241 ① 242 ③ 243 ④ 244 ① 245 ④ 246 ③ 247 ① 248 ④

2점 [난이도 : 中]

249 교차로 · 횡단보도 · 건널목이나 보도와 차도가 구분된 도로의 보도에 2시간 이상 주차한 승용자동차의 소유자에게 부과되는 과태료 금액으로 맞는 것은?

① 4만원 ② 5만원
③ 6만원 ④ 7만원

교차로 · 횡단보도 · 건널목이나 보도와 차도가 구분된 도로의 보도에 2시간 이상 주차한 승용자동차의 고용주등에게 과태료 5만원을 부과한다.

2점 [난이도 : 上]

250 다음 중 운전면허 취소 사유가 아닌 것은?

① 정기 적성검사 기간을 1년 초과한 경우
② 보복운전으로 구속된 경우
③ 제한속도를 시속 100킬로미터 초과하여 2회 운전한 경우
④ 다른 사람의 자동차를 훔쳐서 이를 운전한 경우

제한속도를 최고속도보다 시속 100킬로미터를 초과한 속도로 3회 이상 자동차등을 운전한 경우 취소 대상이다.

2점 [난이도 : 上]

251 다음 중 교통사고처리 특례법상 처벌의 특례에 대한 설명으로 맞는 것은?

① 차의 교통으로 중과실치상죄를 범한 운전자에 대해 자동차 종합보험에 가입되어 있는 경우 무조건 공소를 제기할 수 없다.
② 차의 교통으로 업무상과실치상 죄를 범한 운전자에 대해 피해자와 민사합의를 하여도 공소를 제기할 수 있다.
③ 차의 운전자가 교통사고로 인하여 형사처벌을 받게 되는 경우 5년 이하의 금고 또는 2천만 원 이하의 벌금형을 받는다.
④ 규정 속도보다 매시 20킬로미터를 초과한 운행으로 인명피해 사고발생시 종합보험에 가입되어 있으면 공소를 제기할 수 없다.

2점 [난이도 : 上]

252 도로교통법상 보행보조용 의자차(식품의약품 안전처장이 정하는 의료기기의 규격)로 볼 수 없는 것은?

① 수동휠체어 ② 전동휠체어
③ 의료용 스쿠터 ④ 전기자전거

2점 [난이도 : 中]

253 초보운전자에 관한 설명 중 옳은 것은?

① 원동기장치자전거 면허를 받은 날로부터 1년이 지나지 않은 경우를 말한다.
② 연습 운전면허를 받은 날로부터 1년이 지나지 않은 경우를 말한다.
③ 처음 운전면허를 받은 날로부터 2년이 지나기 전에 취소되었다가 다시 면허를 받는 경우 취소되기 전의 기간을 초보운전자 경력에 포함한다.
④ 제1종 보통면허를 새롭게 취득하여 2년이 지나지 않은 사람은 초보운전자에 해당한다.

2점 [난이도 : 中]

254 다음 중 도로교통법상 원동기장치자전거에 대한 설명으로 옳은 것은?

① 모든 이륜자동차를 말한다.
② 자동차 관리법에 의한 250시시 이하의 이륜자동차를 말한다.
③ 배기량 150시시 이상의 원동기를 단 차를 말한다.
④ 전기를 동력으로 사용하는 경우는 최고정격출력 11킬로와트 이하의 원동기를 단 차(전기자전거 제외)를 말한다.

2점 [난이도 : 上]

255 어린이보호구역에서 어린이를 상해에 이르게 한 경우 특정범죄 가중처벌 등에 관한 법률에 따른 형사처벌 기준은?

① 1년 이상 15년 이하의 징역 또는 500만원 이상 3천만원 이하의 벌금
② 무기 또는 5년 이상의 징역
③ 2년 이하의 징역이나 500만원 이하의 벌금
④ 5년 이하의 징역이나 2천만원 이하의 벌금

2점 [난이도 : 上]

256 다음 중 교통사고처리 특례법상 교통사고에 해당하지 않는 것은?

① 4.5톤 화물차와 승용자동차가 충돌하여 운전자가 다친 경우
② 철길건널목에서 보행자가 기차에 부딪혀 다친 경우
③ 보행자가 횡단보도를 횡단하다가 신호위반 한 자동차와 부딪혀 보행자가 다친 경우
④ 보도에서 자전거를 타고 가다가 보행자를 충격하여 보행자가 다친 경우

2점 [난이도 : 中]

257 도로교통법령상 도로의 구간 또는 장소에 설치하는 노면표시의 색채에 대한 설명으로 맞는 것은?

① 중앙선 표시, 안전지대는 흰색이다.
② 버스전용차로 표시, 안전지대 표시는 황색이다.
③ 소방시설 주변 정차·주차금지 표시는 적색이다.
④ 주차 금지표시, 정차·주차금지 표시 및 안전지대는 적색이다.

① 중앙선은 노란색, 안전지대 노란색이나 흰색이다.
② 버스전용차로 표시는 파란색이다.
④ 주차 금지 표시 및 정차·주차 금지 표시는 노란색이다.

2점 [난이도 : 中]

258 도로교통법상 앞지르기에 대한 설명으로 맞는 것은?

① 앞차의 우측에 다른 차가 앞차와 나란히 가고 있는 경우 앞지르기를 해서는 안 된다.
② 최근에 개설한 터널, 다리 위, 교차로에서는 앞지르기가 가능하다.
③ 차의 운전자가 앞서가는 다른 차의 좌측 옆을 지나서 그 차의 앞으로 나가는 것을 말한다.
④ 고속도로에서 승용차는 버스전용차로를 이용하여 앞지르기 할 수 있다.

2점 [난이도 : 中]

259 다음 중 도로교통법상 자동차가 아닌 것은?

① 승용자동차 ② 원동기장치자전거
③ 특수자동차 ④ 승합자동차

2점 [난이도 : 中]

260 도로교통법상 4색 등화의 횡형신호등 배열 순서로 맞는 것은?

① 우로부터 적색 → 녹색화살표 → 황색 → 녹색
② 좌로부터 적색 → 황색 → 녹색화살표 → 녹색
③ 좌로부터 황색 → 적색 → 녹색화살표 → 녹색
④ 우로부터 녹색화살표 → 황색 → 적색 → 녹색

2점 [난이도 : 上]

261 다음 중 사용하는 사람의 신청에 의하여 시·도경찰청장이 지정할 수 있는 긴급자동차로 맞는 것은?

① 혈액공급차량
② 경찰용 자동차 중 범죄수사, 교통단속, 그 밖의 긴급한 경찰업무 수행에 사용되는 자동차
③ 전파감시업무에 사용되는 자동차
④ 수사기관의 자동차 중 범죄수사를 위하여 사용되는 자동차

2점 [난이도 : 上]

262 다음 중 교통사고처리 특례법상 피해자의 명시된 의사에 반하여 공소를 제기할 수 있는 속도위반 교통사고는?

① 최고속도가 100킬로미터인 고속도로에서 매시 110킬로미터로 주행하다가 발생한 사고
② 최고속도가 80킬로미터인 편도 3차로 일반도로에서 매시 95킬로미터로 주행하다가 발생한 사고
③ 최고속도가 90킬로미터인 자동차전용도로에서 매시 100킬로미터로 주행하다가 발생한 사고
④ 최고속도가 60킬로미터인 편도 1차로 일반도로에서 매시 82킬로미터로 주행하다가 발생한 사고

정답 249 ② 250 ③ 251 ③ 252 ④ 253 ④ 254 ④ 255 ① 256 ② 257 ③ 258 ③ 259 ② 260 ② 261 ③ 262 ④

②점 [난이도 : 中]

263 도로교통법상 적성검사 기준을 갖추었는지를 판정하는 서류가 아닌 것은?

① 국민건강보험법에 따른 건강검진 결과통보서
② 의료법에 따라 의사가 발급한 진단서
③ 병역법에 따른 징병 신체검사 결과 통보서
④ 대한 안경사협회장이 발급한 시력검사서

②점 [난이도 : 下]

264 다음 중 가장 바람직한 운전을 하고 있는 노인운전자는?

① 장거리를 이동할 때는 대중교통을 이용하지 않고 주로 직접 운전한다.
② 운전을 하는 경우 시간절약을 위해 무조건 목적지까지 쉬지 않고 운행한다.
③ 도로 상황을 주시하면서 규정 속도를 준수하고 운행한다.
④ 통행차량이 적은 야간에 주로 운전을 한다.

②점 [난이도 : 下]

265 노인운전자의 안전운전과 가장 거리가 먼 것은?

① 운전하기 전 충분한 휴식 ② 주기적인 건강상태 확인
③ 운전하기 전에 목적지 경로확인 ④ 심야운전

②점 [난이도 : 上]

266 도로교통법상 노인운전자가 다음과 같은 운전행위를 하는 경우 벌점기준이 가장 높은 위반행위는?

① 횡단보도 내에 정차하여 보행자 통행을 방해하였다.
② 보행자를 뒤늦게 발견 급제동하여 보행자가 넘어질 뻔하였다.
③ 무단 횡단하는 보행자를 발견하고 경음기를 울리며 보행자 앞으로 재빨리 통과하였다.
④ 보도에서 좌측으로 통행하였다.

[난이도 : 中]

267 자전거 이용 활성화에 관한 법률상 ( )세 미만인 어린이의 보호자는 어린이가 전기자전거를 운행하게 하여서는 아니 된다. ( ) 안에 기준으로 알맞은 것은?

① 10 ② 13 ③ 15 ④ 18

②점 [난이도 : 中]

268 도로교통법령상 자전거등의 통행방법으로 적절한 행위가 아닌 것은?

① 진행방향 가장 좌측 차로에서 좌회전하였다.
② 도로 파손 복구공사가 있어서 보도로 통행하였다.
③ 횡단보도 이용 시 내려서 끌고 횡단하였다.
④ 보행자 사고를 방지하기 위해 서행을 하였다.

②점 [난이도 : 上]

269 자전거(전기자전거 제외) 운전자의 도로 통행 방법으로 바람직하지 않은 것은?

① 어린이가 자전거를 타고 보도를 통행하였다.
② 안전표지로 자전거 통행이 허용된 보도를 통행하였다.
③ 도로의 파손으로 부득이하게 보도를 통행하였다.
④ 통행 차량이 없어 도로 중앙으로 통행하였다.

②점 [난이도 : 中]

270 자전거 운전자가 길가장자리구역을 통행할 때 유의사항으로 맞는 것은?

① 보행자의 통행에 방해가 될 때는 서행하거나 일시정지한다.
② 노인이나 어린이가 자전거를 운전하는 경우에만 길가장자리구역을 통행할 수 있다.
③ 안전표지로 자전거의 통행이 금지된 구간에서는 자전거를 끌고 갈 수도 없다.
④ 길가장자리구역에서는 2대 이상의 자전거가 나란히 통행할 수 있다.

②점 [난이도 : 下]

271 도로교통법령상 개인형 이동장치 운전자에 대한 설명으로 바르지 않은 것은?

① 횡단보도를 이용하여 도로를 횡단할 때에는 개인형 이동장치에서 내려서 끌거나 들고 보행하여야 한다.
② 자전거도로가 설치되지 아니한 곳에서는 도로 우측 가장자리에 붙어서 통행하여야 한다.
③ 전동이륜평행차는 승차정원 1명을 초과하여 동승자를 태우고 운전할 수 있다.
④ 밤에 도로를 통행하는 때에는 전조등과 미등을 켜거나 야광띠 등 발광장치를 착용하여야 한다.

②점 [난이도 : 中]

272 자전거 운전자의 교차로 좌회전 통행방법에 대한 설명이다. 맞는 것은?

① 도로의 우측 가장자리로 붙어 서행하면서 교차로의 가장자리 부분을 이용하여 좌회전하여야 한다.
② 도로의 좌측 가장자리로 붙어 서행하면서 교차로의 가장자리 부분을 이용하여 좌회전하여야 한다.
③ 도로의 1차로 중앙으로 서행하면서 교차로의 중앙을 이용하여 좌회전하여야 한다.
④ 도로의 가장 하위차로를 이용하여 서행하면서 교차로의 중심 안쪽으로 좌회전하여야 한다.

②점 [난이도 : 上]

273 승용차가 자전거 전용차로를 통행하다 단속되는 경우 도로교통법상 처벌은?

① 1년 이하 징역에 처한다.
② 300만 원 이하 벌금에 처한다.
③ 범칙금 4만원의 통고처분에 처한다.
④ 처벌할 수 없다.

②점 [난이도 : 上]

274 자전거 도로를 주행할 수 있는 전기자전거의 기준으로 옳지 않은 것은?

① 부착된 장치의 무게를 포함한 자전거 전체 중량이 30킬로그램 미만인 것
② 시속 25킬로미터 이상으로 움직일 경우 전동기가 작동하지 아니할 것
③ 전동기만으로는 움직이지 아니할 것
④ 최고정격출력 11킬로와트 초과하는 전기자전거

부착된 장치의 무게를 포함한 자전거의 전체 중량이 30킬로그램 미만일 것

②점 [난이도 : 下]

275 자전거 운전자가 밤에 도로를 통행할 때 올바른 주행 방법으로 가장 거리가 먼 것은?

① 경음기를 자주 사용하면서 주행한다.
② 전조등과 미등을 켜고 주행한다.
③ 반사조끼 등을 착용하고 주행한다.
④ 야광띠 등 발광장치를 착용하고 주행한다.

②점 [난이도 : 下]

276 다음 중 자동차 연비를 향상시키는 운전방법으로 가장 바람직한 것은?

① 자동차 고장에 대비하여 각종 공구 및 부품을 싣고 운행한다.
② 법정속도에 따른 정속 주행한다.
③ 급출발, 급가속, 급제동 등을 수시로 한다.
④ 연비 향상을 위해 타이어 공기압을 30퍼센트로 줄여서 운행한다.

②점 [난이도 : 下]

277 도로교통법상 자전거 운전자가 법규를 위반한 경우 범칙금 대상이 아닌 것은?

① 신호위반 ② 중앙선침범
③ 횡단보도 보행자의 통행을 방해 ④ 규정 속도를 위반

②점 [난이도 : 下]

278 자동차의 관리를 통한 친환경 경제운전 방법은?

① 타이어 공기압을 낮게 한다.
② 에어컨 작동은 저단으로 시작한다.
③ 엔진오일을 교환할 때 오일필터와 에어클리너는 교환하지 않고 계속 사용한다.
④ 자동차 연료는 절반정도만 채운다.

정답 263 ④ 264 ③ 265 ④ 266 ④ 267 ② 268 ① 269 ④ 270 ① 271 ③ 272 ① 273 ③ 274 ④ 275 ① 276 ② 277 ④ 278 ④

2점 [난이도 : 下]

279 다음 중 운전습관 개선을 통한 친환경 경제운전이 아닌 것은?

① 자동차 연료를 가득 유지한다. ② 출발은 부드럽게 한다.
③ 정속주행을 유지한다. ④ 경제속도를 준수한다.

2점 [난이도 : 下]

280 수소자동차 관련 설명 중 적절하지 않은 것은?

① 차량 화재가 발생했을 시 차량에서 떨어진 안전한 곳으로 대피하였다.
② 수소 누출 경고등이 표시 되었을 때 즉시 안전한 곳에 정차 후 시동을 끈다.
③ 수소승용차 운전자는 별도의 안전교육을 이수하지 않아도 된다.
④ 수소자동차 충전소에서 운전자가 임의로 충전소 설비를 조작하였다.

2점 [난이도 : 上]

281 다음 중 경제운전에 대한 운전자의 올바른 운전습관으로 가장 바람직하지 않은 것은?

① 내리막길 운전 시 가속페달 밟지 않기
② 경제적 절약을 위해 유사연료 사용하기
③ 출발은 천천히, 급정지하지 않기
④ 주기적 타이어 공기압 점검하기

2점 [난이도 : 中]

282 다음 중 자동차 배기가스의 미세먼지를 줄이기 위한 가장 적절한 운전 방법은?

① 출발할 때는 가속페달을 힘껏 밟고 출발한다.
② 급가속을 하지 않고 부드럽게 출발한다.
③ 주행할 때는 수시로 가속과 정지를 반복한다.
④ 정차 및 주차할 때는 시동을 끄지 않고 공회전한다.

> 미세먼지 저감은 결국 연료의 소모를 최소화시키고, 완전 연소시키는 것이다. 특히 가속시 및 출발 시 불완전연소가 발생하기 쉬우므로 이를 자제하는 것을 좋다.

2점 [난이도 : 下]

283 다음 중 수소자동차 점검에 대한 설명으로 틀린 것은?

① 수소는 가연성 가스이므로 수소자동차의 주기적인 점검이 필수적이다.
② 수소자동차 점검은 환기가 잘 되는 장소에서 실시해야 한다.
③ 수소자동차 점검 시 가스배관라인, 충전구 등의 수소 누출 여부를 확인해야 한다.
④ 수소자동차를 운전하는 자는 해당 차량이 안전 운행에 지장이 없는지 점검해야 할 의무가 없다.

2점 [난이도 : 上]

284 친환경 경제운전 중 관성 주행(fuel cut) 방법이 아닌 것은?

① 교차로 진입 전 미리 가속 페달에서 발을 떼고 엔진브레이크를 활용한다.
② 평지에서는 속도를 줄이지 않고 계속해서 가속 페달을 밟는다.
③ 내리막길에서는 엔진브레이크를 적절히 활용한다.
④ 오르막길 진입 전에는 가속하여 관성을 이용한다.

> 관성 운전이란 가속 페달을 밟지 않는 것을 말하는데 일정 속도 이상에서 연료 공급을 차단(fuel cut)시켜 관성에 의해 전진시키는 것이다. 평지에서 관성 운전을 하면 점차 속도가 감소되고, 내리막길에서도 가속페달을 밟지 않고 차량 속도보다 엔진 속도가 늦게 되어 엔진 브레이크가 걸리는 것도 해당 사항이다.

2점 [난이도 : 下]

285 수소자동차 운전자의 충전소 이용 시 주의사항으로 올바르지 않은 것은?

① 수소자동차 충전소 주변에서 흡연을 하여서는 아니 된다.
② 수소자동차 연료 충전 중에 자동차를 이동할 수 있다.
③ 수소자동차 연료 충전 중에는 시동을 끈다.
④ 충전소 직원이 자리를 비웠을 때 임의로 충전기를 조작하지 않는다.

2점 [난이도 : 下]

286 차마의 운전자가 도로의 좌측으로 통행할 수 없는 경우로 맞는 것은?

① 안전표지 등으로 앞지르기를 제한하고 있는 경우
② 도로가 일방통행인 경우
③ 도로 공사 등으로 도로의 우측 부분을 통행할 수 없는 경우
④ 도로의 우측 부분의 폭이 차마의 통행에 충분하지 아니한 경우

2점 [난이도 : 上]

287 장애인전용주차구역에 물건 등을 쌓거나 그 통행로를 가로막는 등 주차를 방해하는 행위를 한 경우 과태료 부과 금액으로 맞는 것은?

① 4만 원 ② 20만 원
③ 50만 원 ④ 100만 원

2점 [난이도 : 上]

288 다음 중 어린이보호를 위하여 어린이통학버스에 장착된 황색 및 적색표시등의 작동방법에 대한 설명으로 맞는 것은?

① 정차할 때는 적색표시등을 점멸 작동하여야 한다.
② 제동할 때는 적색표시등을 점멸 작동하여야 한다.
③ 도로에 정지하려는 때에는 황색표시등을 점멸 작동하여야 한다.
④ 주차할 때는 황색표시등과 적색표시등을 동시에 점멸 작동하여야 한다.

> ① 정차 :적색은 정차 그 자체가 아니라 승강구가 열리고 승하차 중일 때만 자동으로 작동
> ② 제동 : 제동 시에는 제동등이 점등(적색표시등의 사용 상황과 다름)
> ④ 주차 : 표시등이 점멸할 필요가 없음(황색표시등과 적색표시등의 동시 점멸은 법적으로 금지)

2점 [난이도 : 中]

289 도로교통법상 안전한 보행을 하고 있지 않은 어린이는?

① 보도와 차도가 구분된 도로에서 차도 가장자리를 걸어가고 있는 어린이
② 일방통행도로의 가장자리에서 차가 오는 방향을 바라보며 걸어가고 있는 어린이
③ 보도와 차도가 구분되지 않은 도로의 가장자리구역에서 차가 오는 방향을 마주보고 걸어가는 어린이
④ 보도 내에서 우측으로 걸어가고 있는 어린이

2점 [난이도 : 下]

290 도로교통법상 어린이보호에 대한 설명이다. 옳지 않은 것은?

① 횡단보도가 없는 도로에서 어린이가 횡단하고 있는 경우 서행하여야 한다.
② 안전지대에 어린이가 서 있는 경우 안전거리를 두고 서행하여야 한다.
③ 좁은 골목길에서 어린이가 걸어가고 있는 경우 안전한 거리를 두고 서행하여야 한다.
④ 횡단보도에 어린이가 통행하고 있는 경우 횡단보도 앞에 일시정지하여야 한다.

2점 [난이도 : 下]

291 다음 중 운전자의 올바른 운전행위로 가장 바람직하지 않은 것은?

① 지정속도를 유지하면서 교통흐름에 따라 운전한다.
② 초보운전인 경우 고속도로에서 갓길을 이용하여 교통흐름을 방해하지 않는다.
③ 도로에서 자동차를 세워둔 채 다툼행위를 하지 않는다.
④ 연습운전면허 소지자는 법규에 따른 동승자와 동승하여 운전한다.

2점 [난이도 : 上]

292 도로교통법상 자전거 통행방법에 대한 설명이다. 틀린 것은?

① 자전거도로가 따로 있는 곳에서는 그 자전거도로로 통행하여야 한다.
② 자전거도로가 설치되지 아니한 곳에서는 도로 우측 가장자리에 붙어서 통행하여야 한다.
③ 자전거의 운전자는 길가장자리구역(안전표지로 자전거 통행을 금지한 구간은 제외)을 통행할 수 있다.
④ 자전거의 운전자가 횡단보도를 이용하여 도로를 횡단할 때에는 자전거를 타고 통행할 수 있다.

2점 [난이도 : 上]

293 승용자동차 운전자가 주·정차된 차만 손괴하는 교통사고를 일으키고 피해자에게 인적사항을 제공하지 아니한 경우 도로교통법령상 어떻게 되는가?

① 처벌하지 않는다.
② 과태료 10만원을 부과한다.
③ 범칙금 12만원의 통고처분한다.
④ 30만 원 이하의 벌금 또는 구류에 처한다.

> 주·정차된 차만 손괴하는 교통사고를 일으키고 피해자에게 인적사항을 제공하지 아니한 경우 승합자동차 13만원, 승용자동차 12만원, 이륜자동차 8만원의 범칙금이 부과된다.

정답 279 ① 280 ④ 281 ② 282 ② 283 ④ 284 ② 285 ② 286 ① 287 ③ 288 ③ 289 ① 290 ① 291 ② 292 ④ 293 ③

3점 [난이도 : 上]

294 관할 경찰서장이 노인 보호구역 안에서 할 수 있는 조치로 맞는 2가지는?

① 자동차의 통행을 금지하거나 제한하는 것
② 자동차의 정차나 주차를 금지하는 것
③ 노상주차장을 설치하는 것
④ 보행자의 통행을 금지하거나 제한하는 것

3점 [난이도 : 下]

295 급경사로에 주차 할 경우 가장 안전한 방법 2가지는?

① 자동차의 주차제동장치만 작동시킨다.
② 조향장치를 도로의 가장자리(자동차에서 가까운 쪽을 말한다) 방향으로 돌려놓는다.
③ 경사의 내리막 방향으로 바퀴에 고임목 등 자동차의 미끄럼 사고를 방지할 수 있는 것을 설치한다.
④ 수동변속기 자동차는 기어를 중립에 둔다.

3점 [난이도 : 下]

296 다음은 주·정차 방법에 대한 설명이다. 맞는 2가지는?

① 도로에서 정차를 하고자 하는 때에는 차도의 우측 가장자리에 세워야 한다.
② 안전표지로 주·정차 방법이 지정되어 있는 곳에서는 그 방법에 따를 필요는 없다.
③ 평지에서는 수동변속기 차량의 경우 기어를 1단 또는 후진에 넣어두기만 하면 된다.
④ 경사진 도로에서는 고임목을 받쳐두어야 한다.

3점 [난이도 : 中]

297 다음 중 주차에 해당하는 2가지는?

① 차량이 고장 나서 계속 정지하고 있는 경우
② 위험 방지를 위한 일시정지
③ 5분을 초과하지 않았지만 운전자가 차를 떠나 즉시 운전할 수 없는 상태
④ 지하철역에 친구를 내려 주기 위해 일시정지

3점 [난이도 : 上]

298 다음 중 정차에 해당하는 2가지는?

① 택시 정류장에서 대기 중 운전자가 화장실을 간 경우
② 화물을 싣기 위해 운전자가 차를 떠나 즉시 운전할 수 없는 경우
③ 신호 대기를 위해 정지하는 경우
④ 차를 정지하고 지나가는 행인에게 길을 묻는 경우

3점 [난이도 : 上]

299 도로교통법상 정차 또는 주차를 금지하는 장소의 특례를 적용하지 않는 2가지는?

① 어린이보호구역 내 주출입문으로부터 50미터 이내
② 횡단보도로부터 10미터 이내
③ 비상소화장치가 설치된 곳으로부터 5미터 이내
④ 안전지대의 사방으로부터 각각 10미터 이내

주차 금지장소
- 횡단보도로부터 10미터 이내
- 소방용수시설이 설치된 곳으로부터 5미터 이내
- 비상소화장치가 설치된 곳으로부터 5미터 이내
- 안전지대 사방으로부터 각각 10미터 이내

3점 [난이도 : 上]

300 다음 중 도로교통법상 주차가 가능한 장소로 맞는 2가지는?

① 도로의 모퉁이로부터 5미터 지점
② 소방용수시설이 설치된 곳으로부터 7미터 지점
③ 비상소화장치가 설치된 곳으로부터 7미터 지점
④ 안전지대로부터 5미터 지점

3점 [난이도 : 下]

301 교차로에서 좌회전하는 차량 운전자의 가장 안전한 운전 방법 2가지는?

① 반대 방향에 정지하는 차량을 주의해야 한다.
② 반대 방향에서 우회전하는 차량을 주의하면 된다.
③ 같은 방향에서 우회전하는 차량을 주의해야 한다.
④ 함께 좌회전하는 측면 차량도 주의해야 한다.

3점 [난이도 : 上]

302 차로를 구분하는 차선에 대한 설명으로 맞는 것 2가지는?

① 차로가 실선과 점선이 병행하는 경우 실선에서 점선방향으로 차로 변경이 불가능하다.
② 차로가 실선과 점선이 병행하는 경우 실선에서 점선방향으로 차로 변경이 가능하다.
③ 차로가 실선과 점선이 병행하는 경우 점선에서 실선방향으로 차로 변경이 불가능하다.
④ 차로가 실선과 점선이 병행하는 경우 점선에서 실선방향으로 차로 변경이 가능하다.

3점 [난이도 : 中]

303 교차로에서 좌·우회전을 할 때 가장 안전한 운전 방법 2가지는?

① 우회전 시에는 미리 도로의 우측 가장자리로 서행하면서 우회전해야 한다.
② 혼잡한 도로에서 좌회전할 때에는 좌측 유도선과 상관없이 신속히 통과해야 한다.
③ 좌회전할 때에는 미리 도로의 중앙선을 따라 서행하면서 교차로의 중심 안쪽을 이용하여 좌회전해야 한다.
④ 유도선이 있는 교차로에서 좌회전할 때에는 좌측 바퀴가 유도선 안쪽을 통과해야 한다.

3점 [난이도 : 中]

304 다음 중 신호위반이 되는 경우 2가지는?

① 적색신호 시 정지선을 초과하여 정지
② 교차로 이르기 전 황색신호 시 교차로에 진입
③ 황색 점멸 시 다른 교통 또는 안전표지의 표시에 주의하면서 진행
④ 적색 점멸 시 정지선 직전에 일시정지한 후 다른 교통에 주의하면서 진행

3점 [난이도 : 中]

305 편도 3차로인 도로의 교차로에서 우회전할 때 올바른 통행 방법 2가지는?

① 우회전할 때에는 교차로 직전에서 방향 지시등을 켜서 진행 방향을 알려 주어야 한다.
② 우측 도로의 횡단보도 보행 신호등이 녹색이라도 횡단보도 상에 보행자가 없으면 통과할 수 있다.
③ 횡단보도 차량 보조 신호등이 적색일 경우에는 보행자가 없어도 통과할 수 없다.
④ 편도 3차로인 도로에서는 2차로에서 우회전하는 것이 안전하다.

3점 [난이도 : 上]

306 다음은 자동차관리법상 승합차의 기준과 승합차를 따라 좌회전하고자 할 때 주의해야 할 운전방법으로 올바른 것 2가지는?

① 대형승합차는 36인승 이상을 의미하며, 대형승합차로 인해 신호등이 안 보일 수 있으므로 안전거리를 유지하면서 서행한다.
② 중형승합차는 16인 이상 35인승 이하를 의미하며, 승합차가 방향지시기를 켜는 경우 다른 차가 끼어들 수 있으므로 차간거리를 좁혀 서행한다.
③ 소형승합차는 15인승 이하를 의미하며, 승용차에 비해 무게중심이 높아 전도될 수 있으므로 안전거리를 유지하며 진행한다.
④ 경형승합차는 배기량이 1200시시 미만을 의미하며, 승용차와 무게중심이 동일하지만 충분한 안전거리를 유지하고 뒤따른다.

경형승합차 10인승 이하, 소형승합차 11~15인승, 중형승합차 16~35인승, 대형승합차 36인승 이상

3점 [난이도 : 下]

307 차로를 변경 할 때 안전한 운전방법 2가지는?

① 변경하고자 하는 차로의 뒤따르는 차와 거리가 있을 때 속도를 유지한 채 차로를 변경한다.
② 변경하고자 하는 차로의 뒤따르는 차와 거리가 있을 때 감속하면서 차로를 변경한다.
③ 변경하고자 하는 차로의 뒤따르는 차가 접근하고 있을 때 속도를 늦추어 뒤차를 먼저 통과시킨다.
④ 변경하고자 하는 차로의 뒤따르는 차가 접근하고 있을 때 급하게 차로를 변경한다.

정답 294 ①,② 295 ②,③ 296 ①,④ 297 ①,③ 298 ③,④ 299 ③,④ 300 ②,③ 301 ②,④ 302 ①,④ 303 ①,③ 304 ①,② 305 ②,③ 306 ①,③ 307 ①,③

3점 [난이도 : 下]

308 다음 중 강풍이나 돌풍 상황에서 가장 올바른 운전방법 2가지는?

① 핸들을 양손으로 꽉 잡고 차로를 유지한다.
② 바람에 관계없이 속도를 높인다.
③ 표지판이나 신호등, 가로수 부근에 주차한다.
④ 산악 지대나 다리 위, 터널 출입구에서는 강풍의 위험이 많으므로 주의한다.

3점 [난이도 : 中]

309 자갈길 운전에 대한 설명이다. 가장 적절한 2가지는?

① 운전대는 최대한 느슨하게 한 손으로 잡는 것이 좋다.
② 최대한 속도를 높여서 운전하는 것이 좋다.
③ 차체에 무리가 가지 않도록 속도를 줄여서 운전하는 것이 좋다.
④ 타이어 접지력이 떨어지므로 서행하는 것이 좋다..

3점 [난이도 : 中]

310 빗길 주행 중 앞차가 정지하는 것을 보고 제동했을 때 발생하는 현상으로 바르지 않은 2가지는?

① 급제동 시에는 타이어와 노면의 마찰로 차량의 앞숙임 현상이 발생한다.
② 노면의 마찰력이 작아지기 때문에 빗길에서는 공주거리가 길어진다.
③ 수막현상과 편(偏)제동 현상이 발생하여 차로를 이탈할 수 있다.
④ 자동차타이어의 마모율이 커질수록 제동거리가 짧아진다.

3점 [난이도 : 下]

311 언덕길의 오르막 정상 부근으로 접근 중이다. 안전한 운전행동 2가지는?

① 연료 소모를 줄이기 위해서 엔진의 RPM(분당 회전수)을 높인다.
③ 앞 차량과의 안전거리를 유지하며 운행한다.
③ 앞 차량과의 거리를 넓히며 안전거리를 유지한다.
④ 고단기어보다 저단기어로 주행한다.

3점 [난이도 : 上]

312 내리막길 주행 시 가장 안전한 운전 방법 2가지는?

① 기어 변속과는 아무런 관계가 없으므로 풋 브레이크만을 사용하여 내려간다.
② 위급한 상황이 발생하면 바로 주차 브레이크를 사용한다.
③ 올라갈 때와 동일한 변속기어를 사용하여 내려가는 것이 좋다.
④ 풋 브레이크와 엔진 브레이크를 적절히 함께 사용하면서 내려간다.

> 내리막길은 차체의 하중과 관성의 힘으로 인해 풋 브레이크에 지나친 압력이 가해질 수 있기 때문에 저단기어(엔진 브레이크)를 사용하여 풋 브레이크의 압력을 줄여주면서 서행한다.

3점 [난이도 : 下]

313 지진이 발생할 경우 안전한 대처 요령 2가지는?

① 지진이 발생하면 신속하게 주행하여 지진 지역을 벗어난다.
② 차간거리를 충분히 확보한 후 도로의 우측에 정차한다.
③ 차를 두고 대피할 필요가 있을 때는 차의 시동을 끈다.
④ 지진 발생과 관계없이 계속 주행한다.

3점 [난이도 : 中]

314 자동차 운전 중 터널 내에서 화재가 났을 경우 조치해야 할 행동으로 맞는 2가지는?

① 차에서 내려 이동할 경우 자동차의 시동을 끄고 하차한다.
② 소화기로 불을 끌 경우 바람을 등지고 서야 한다.
③ 터널 밖으로 이동이 어려운 경우 차량은 최대한 중앙선 쪽으로 정차시킨다.
④ 차를 두고 대피할 경우는 키를 뽑아 가지고 이동한다.

3점 [난이도 : 中]

315 자동차가 미끄러지는 현상에 관한 설명으로 맞는 2가지는?

① 고속 주행 중 급제동 시에 주로 발생하기 때문에 과속이 주된 원인이다.
② 빗길에서는 저속 운행 시에 주로 발생한다.
③ 미끄러지는 현상에 의한 노면 흔적은 사고 원인 추정에 별 도움이 되질 않는다.
④ ABS 장착 차량도 미끄러지는 현상이 발생할 수 있다.

> ABS는 미끄러운 노면에서 브레이크를 밟았을 때 미끄러지는 것을 최소화하기 위한 장치이지만 ABS가 작동된다고 무조건 방지되는 것은 아니다.

3점 [난이도 : 上]

316 교통사고처리특례법상 형사 처벌되는 경우로 맞는 2가지는?

① 종합보험에 가입하지 않은 차가 물적 피해가 있는 교통사고를 일으키고 피해자와 합의한 때
② 택시공제조합에 가입한 택시가 중앙선을 침범하여 인적 피해가 있는 교통사고를 일으킨 때
③ 종합보험에 가입한 차가 신호를 위반하여 인적 피해가 있는 교통사고를 일으킨 때
④ 화물공제조합에 가입한 화물차가 안전운전 불이행으로 물적 피해가 있는 교통사고를 일으킨 때

> 중앙선을 침범하거나 신호를 위반하여 인적 피해가 있는 교통사고를 일으킨 때는 종합보험 또는 공제조합에 가입되어 있어도 처벌된다.

3점 [난이도 : 下]

317 고속도로 주행 중 엔진 룸(보닛)에서 연기가 나고 화재가 발생하였을 때 가장 바람직한 조치 방법 2가지는?

① 발견 즉시 그 자리에 정차한다.
② 갓길로 이동한 후 시동을 끄고 재빨리 차에서 내려 대피한다.
③ 초기 진화가 가능한 경우에는 차량에 비치된 소화기를 사용하여 불을 끈다.
④ 초기 진화에 실패했을 때에는 119 등에 신고한 후 차량 바로 옆에서 기다린다.

3점 [난이도 : 下]

318 다음 중 자동차 운전자가 위험을 느끼고 브레이크 페달을 밟아 실제로 정지할 때까지의 '정지거리'가 가장 길어질 수 있는 경우 2가지는?

① 차량의 중량이 상대적으로 가벼울 때
② 차량의 속도가 상대적으로 빠를 때
③ 타이어를 새로 구입하여 장착한 직후
④ 과로 및 음주 운전 시

3점 [난이도 : 上]

319 자동차 승차인원에 관한 설명으로 맞는 2가지는?

① 고속도로 운행 승합차는 승차정원 이내를 초과할 수 없다.
② 자동차등록증에 명시된 승차 정원은 운전자를 제외한 인원이다.
③ 출발지를 관할하는 경찰서장의 허가를 받은 때에는 승차 정원을 초과하여 운행할 수 있다.
④ 승차 정원 초과 시 도착지 관할 경찰서장의 허가를 받아야 한다.

3점 [난이도 : 下]

320 전방에 교통사고로 앞차가 급정지했을 때 추돌 사고를 방지하기 위한 가장 안전한 운전방법 2가지는?

① 앞차와 정지거리 이상을 유지하며 운전한다.
② 비상점멸등을 켜고 긴급자동차를 따라서 주행한다.
③ 앞차와 추돌하지 않을 정도로 충분히 감속하며 안전거리를 확보한다.
④ 위험이 발견되면 풋 브레이크와 주차 브레이크를 동시에 사용하여 제동거리를 줄인다.

3점 [난이도 : 上]

321 좌석안전띠에 대한 설명으로 맞는 2가지는?

① 운전자가 안전띠를 착용하지 않은 경우 과태료 3만원이 부과된다.
② 일반적으로 경부에 대한 편타손상은 2점식에서 더 많이 발생한다.
③ 13세 미만의 어린이가 안전띠를 착용하지 않으면 범칙금 6만원이 부과된다.
④ 안전띠는 2점식, 3점식, 4점식으로 구분된다.

> ① 운전자가 안전띠를 착용하지 않은 경우 범칙금 3만원이 부과된다.
> ② 일반적으로 경부에 대한 편타손상은 2점식에서 더 많이 발생한다.
> ③ 13세 미만의 어린이가 안전띠를 착용하지 않으면 과태료 6만원이 부과된다.
> ④ 안전띠는 착용방식에 따라 2점식, 3점식, 4점식으로 구분된다.

정답 308 ①,④ 309 ③,④ 310 ②,④ 311 ③,④ 312 ③,④ 313 ②,③ 314 ①,② 315 ①,④ 316 ②,③ 317 ②,③ 318 ②,④ 319 ①,③ 320 ①,③ 321 ②,④

3점 [난이도 : 下]

322 좌석 안전띠 착용에 대한 설명으로 맞는 2가지는?

① 가까운 거리를 운행할 경우에는 큰 효과가 없으므로 착용하지 않아도 된다.
② 자동차의 승차자는 안전을 위하여 좌석 안전띠를 착용하여야 한다.
③ 어린이는 부모의 도움을 받을 수 있는 운전석 옆 좌석에 태우고, 좌석 안전띠를 착용시키는 것이 안전하다.
④ 긴급한 용무로 출동하는 경우 이외에는 긴급자동차의 운전자도 좌석 안전띠를 반드시 착용하여야 한다.

3점 [난이도 : 下]

323 도로교통법령상 교통사고 발생 시 긴급을 요하는 경우 동승자에게 조치를 하도록 하고 운전을 계속할 수 있는 차량 2가지는?

① 병원으로 부상자를 운반 중인 승용자동차
② 화재진압 후 소방서로 돌아오는 소방자동차
③ 교통사고 현장으로 출동하는 견인자동차
④ 택배화물을 싣고 가던 중인 우편물자동차

피해 상황에 따라 112 신고 또는 119 신고, 보험사에 연락하고 2차 사고 방지를 위해 침착하게 상대방과 협의 하에 안전한 곳으로 이동하여야 한다.

3점 [난이도 : 中]

324 교통사고 발생 시 계속 운전할 수 있는 경우로 옳은 2가지는?

① 긴급한 환자를 수송 중인 구급차 운전자는 동승자로 하여금 필요한 조치 등을 하게하고 계속 운전하였다.
② 긴급한 회의에 참석하기 위해 이동 중인 운전자는 동승자로 하여금 필요한 조치 등을 하게하고 계속 운전하였다.
③ 긴급한 우편물을 수송하는 차량 운전자는 동승자로 하여금 필요한 조치 등을 하게하고 계속 운전하였다.
④ 긴급한 약품을 수송 중인 구급차 운전자는 동승자로 하여금 필요한 조치 등을 하게하고 계속 운전하였다.

2점 [난이도 : 上]

325 술에 취한 상태에 있다고 인정할만한 상당한 이유가 있는 자전거 운전자가 경찰공무원의 정당한 음주측정 요구에 불응한 경우 도로교통법령상 어떻게 되는가?

① 처벌하지 않는다.
② 과태료 7만원을 부과한다.
③ 범칙금 10만원의 통고처분한다.
④ 10만원 이하의 벌금 또는 구류에 처한다.

자전거 운전자라도 음주측정에 불응한 경우 범칙금 10만원이다.

3점 [난이도 : 下]

326 자동차가 차로를 이탈할 가능성이 가장 큰 경우 2가지는?

① 오르막길에서 주행할 때 ② 커브 길에서 급히 핸들을 조작할 때
③ 내리막길에서 주행할 때 ④ 노면이 미끄러울 때

3점 [난이도 : 上]

327 범칙금 납부 통고서를 받은 사람이 2차 납부 경과기간을 초과한 경우에 대한 설명으로 맞는 2가지는?

① 지체 없이 즉결심판을 청구하여야 한다.
② 즉결심판을 받지 아니한 때 운전면허를 40일 정지한다.
③ 과태료 부과한다.
④ 범칙금액에 100분의 30을 더한 금액을 납부하면 즉결심판을 청구하지 않는다.

3점 [난이도 : 中]

328 고속도로 공사구간을 주행할 때 운전자의 올바른 운전요령이 아닌 2가지는?

① 전방 공사 구간 상황에 주의하며 운전한다.
② 공사구간 제한속도표지에서 지시하는 속도보다 빠르게 주행한다.
③ 무리한 끼어들기 및 앞지르기를 하지 않는다.
④ 원활한 교통흐름을 위하여 공사구간 접근 전 속도를 일관되게 유지하여 주행한다.

2점 [난이도 : 中]

329 혈중알코올농도 0.03퍼센트 이상 0.08퍼센트 미만의 술에 취한 상태로 운전한 사람에 대한 처벌기준으로 맞는 것은?

① 1년 이하의 징역이나 500만원 이하의 벌금
② 2년 이하의 징역이나 1천만원 이하의 벌금
③ 3년 이하의 징역이나 1천500만원 이하의 벌금
④ 2년 이상 5년 이하의 징역이나 1천만원 이상 2천만원 이하의 벌금

- 혈중알코올농도 0.2% 이상 : 2년~5년의 징역 또는 1천만원~2천만원 이하의 벌금
- 혈중알코올농도 0.08% ~ 0.2% 미만 : 1년~2년의 징역 또는 500만원~1천만원의 벌금
- 혈중알코올농도 0.03% ~ 0.08% 미만 : 1년 이하의 징역 또는 500만원 이하의 벌금

2점 [난이도 : 上]

330 도로교통법상 정비불량차량 발견 시 ( )일의 범위 내에서 그 사용을 정지시킬 수 있다. ( ) 안에 기준으로 맞는 것은?

① 5 ② 7 ③ 10 ④ 14

2점 [난이도 : 上]

331 신호에 대한 설명으로 맞는 2가지는?

① 황색 등화의 점멸 - 차마는 다른 교통 또는 안전표지에 주의하면서 진행할 수 있다.
② 적색의 등화 - 보행자는 횡단보도를 주의하면서 횡단할 수 있다.
③ 녹색 화살 표시의 등화 - 차마는 화살표 방향으로 진행할 수 있다.
④ 황색의 등화 - 차마가 이미 교차로에 진입하고 있는 경우에는 교차로 내에 정지해야 한다.

2점 [난이도 : 下]

332 도로교통법상 '자동차'에 해당하는 2가지는?

① 천공기(트럭적재식) ② 노상안정기
③ 자전거 ④ 유모차

2점 [난이도 : 中]

333 도로교통법상 자동차등(개인형 이동장치 제외)을 운전한 사람에 대한 처벌기준에 대한 내용이다. 잘못 연결된 2가지는?

① 혈중알콜농도 0.2% 이상으로 음주운전한 사람 – 1년 이상 2년 이하의 징역이나 1천만 원 이하의 벌금
② 공동위험행위를 한 사람 – 2년 이하의 징역이나 500만 원 이하의 벌금
③ 난폭운전한 사람 – 1년 이하의 징역이나 500만 원 이하의 벌금
④ 원동기장치자전거 무면허운전 – 50만 원 이하의 벌금이나 구류

3점 [난이도 : 中]

334 피로운전과 약물복용 운전에 대한 설명이다. 맞는 2가지는?

① 피로한 상태에서의 운전은 졸음운전으로 이어질 가능성이 낮다.
② 피로한 상태에서의 운전은 주의력, 판단능력, 반응속도의 저하를 가져오기 때문에 위험하다.
③ 마약복용 운전을 하다가 교통사고로 사람을 상해에 이르게 한 운전자는 처벌될 수 있다.
④ 마약복용 운전을 하다가 교통사고로 사람을 상해에 이르게 하고 도주하여 운전면허가 취소된 경우에는 3년이 경과해야 운전면허 취득이 가능하다.

3점 [난이도 : 中]

335 도로교통법령상 음주측정방해행위에 해당하는 설명으로 가장 적절하지 않은 2가지는?

① 술에 취한 상태에 있다고 인정할 만한 상당한 이유가 있는 사람이 경찰공무원의 측정을 곤란하게 할 목적으로 추가로 술을 마시는 경우가 이에 해당한다.
② 자동차등을 운전한 후 음주측정방해행위를 위반할 경우 1년 이하의 징역이나 500만원 이하의 벌금에 처한다.
③ 술에 취한 상태에 있다고 인정할 만한 상당한 이유가 있는 사람이 혈중알코올농도에 영향을 줄 수 있는 의약품 등 행정안전부령으로 정하는 물품을 사용하는 행위가 이에 해당한다.
④ 술에 취한 상태에 있다고 인정할 만한 상당한 이유가 있는 사람이 자전거를 운전한 후 음주측정방해행위를 하는 경우는 이에 해당하지 않는다.

정답 322 ②,④ 323 ①,④ 324 ①,③ 325 ③ 326 ②,④ 327 ①,② 328 ②,④ 329 ① 330 ③ 331 ①,③ 332 ①,② 333 ①,④ 334 ②,③ 335 ②,④

3점 [난이도 : 中]

336 승용차가 해당 도로에서 법정 속도를 위반하여 운전하고 있는 경우 2가지는?

① 편도 2차로인 일반도로를 매시 85킬로미터로 주행 중이다.
② 서해안 고속도로를 매시 90킬로미터로 주행 중이다.
③ 자동차전용도로를 매시 95킬로미터로 주행 중이다.
④ 편도 1차로인 고속도로를 매시 75킬로미터로 주행 중이다.

3점 [난이도 : 中]

337 길 가장자리 구역에 대한 설명으로 맞는 2가지는?

① 경계 표시는 하지 않는다.
② 보행자의 안전 확보를 위하여 설치한다.
③ 보도와 차도가 구분되지 아니한 도로에 설치한다.
④ 도로가 아니다.

2점 [난이도 : 上]

338 어린이가 도로에서 타는 경우 인명보호장구를 착용하여야 하는 행정안전부령으로 정하는 위험성이 큰 놀이기구에 해당하지 않는 것은?

① 킥보드 ② 전동이륜평행차
③ 롤러스케이트 ④ 스케이트보드

3점 [난이도 : 上]

339 자전거 통행방법에 대한 설명으로 맞는 2가지는?

① 자전거 운전자는 안전표지로 통행이 허용된 경우를 제외하고는 2대 이상이 나란히 차도를 통행하여서는 아니 된다.
② 자전거 운전자가 횡단보도를 이용하여 도로를 횡단할 때에는 자전거를 끌고 통행하여야 한다.
③ 자전거 운전자는 도로의 파손, 도로 공사나 그 밖의 장애 등으로 도로를 통행할 수 없는 경우에도 보도를 통행할 수 없다.
④ 자전거 운전자는 자전거 도로가 설치되지 아니한 곳에서는 도로 중앙으로 붙어서 통행하여야 한다.

2점 [난이도 : 下]

340 다음 중 수소자동차의 주요 구성품이 아닌 것은?

① 연료전지시스템(스택)
② 수소저장용기
③ 내연기관에 의해 구동되는 발전기
④ 구동용 모터

3점 [난이도 : 中]

341 전기자동차 관리방법으로 옳지 않은 2가지는?

① 비사업용 승용자동차의 자동차검사 유효기간은 6년이다.
② 장거리 운전 시에는 사전에 배터리를 확인하고 충전한다.
③ 충전 직후에는 급가속, 급정지를 하지 않는 것이 좋다.
④ 열선시트, 열선핸들보다 공기 히터를 사용하는 것이 효율적이다.

3점 [난이도 : 上]

342 다음 중 친환경운전과 관련된 내용으로 맞는 것 2가지는?

① 온실가스 감축 목표치를 규정한 교토 의정서와 관련이 있다.
② 대기오염을 일으키는 물질에는 탄화수소, 일산화탄소, 이산화탄소, 질소산화물 등이 있다.
③ 자동차 실내 온도를 높이기 위해 엔진 시동 후 장시간 공회전을 한다.
④ 수시로 자동차 검사를 하고, 주행거리 2,000킬로미터마다 엔진오일을 무조건 교환해야 한다.

3점 [난이도 : 上]

343 다음 중 도로교통법상 보행자전용도로에 대한 설명으로 맞는 2가지는?

① 통행이 허용된 차마의 운전자는 통행속도를 보행자의 걸음속도로 운행하여야 한다.
② 차마의 운전자는 원칙적으로 보행자전용도로를 통행할 수 있다.
③ 경찰서장이 특히 필요하다고 인정하는 경우는 차마의 통행을 허용할 수 없다.
④ 통행이 허용된 차마의 운전자는 보행자를 위험하게 할 때는 일시정지하여야 한다.

3점 [난이도 : 上]

344 노인보호구역에서 자동차에 싣고 가던 화물이 떨어져 노인을 다치게 하여 2주 진단의 상해를 발생시킨 경우 교통사고처리 특례법상 처벌로 맞는 2가지는?

① 피해자의 처벌의사에 관계없이 형사처벌 된다.
② 피해자와 합의하면 처벌되지 않는다.
③ 손해를 전액 보상받을 수 있는 보험에 가입되어 있으면 처벌되지 않는다.
④ 손해를 전액 보상받을 수 있는 보험가입 여부와 관계없이 형사처벌 된다.

3점 [난이도 : 上]

345 긴급한 용도로 운행 중인 긴급자동차에게 양보하는 운전방법으로 맞는 2가지는?

① 모든 자동차는 좌측 가장자리로 피하는 것이 원칙이다.
② 비탈진 좁은 도로에서 서로 마주보고 진행하는 경우에는 올라가는 긴급자동차는 도로의 우측 가장자리로 피하여 차로를 양보하여야 한다.
③ 교차로 부근에서는 교차로를 피하여 일시정지하여야 한다.
④ 교차로나 그 부근 외의 곳에서 긴급자동차가 접근한 경우에는 긴급자동차가 우선 통행할 수 있도록 진로를 양보하여야 한다.

3점 [난이도 : 上]

346 어린이통학버스 신고에 대한 설명이다. 맞는 것 2가지는?

① 어린이통학버스를 운영하려면 미리 도로교통공단에 신고하고 신고증명서를 발급받아야 한다.
② 어린이통학버스는 원칙적으로 승차정원 9인승(어린이 1명을 승차정원 1명으로 본다) 이상의 자동차로 한다.
③ 어린이통학버스 신고필증이 헐어 못쓰게 되어 다시 신청하는 때에는 어린이통학버스신고필증 재교부신청서에 헐어 못쓰게 된 신고필증을 첨부하여 제출하여야 한다.
④ 어린이통학버스 신고필증은 그 자동차의 앞면 창유리 좌측상단의 보기 쉬운 곳에 부착하여야 한다.

3점 [난이도 : 下]

347 어린이 보호구역에 대한 설명과 주행방법이다. 맞는 것 2가지는?

① 어린이 보호를 위해 필요한 경우 통행속도를 시속 30킬로미터 이내로 제한 할 수 있고 통행할 때는 항상 제한속도 이내로 서행한다.
② 위 ①의 경우 속도제한의 대상은 자동차, 원동기장치자전거, 노면전차이며 어린이가 횡단하는 경우 일시정지한다.
③ 대안학교나 외국인학교의 주변도로는 어린이 보호구역 지정 대상이 아니므로 횡단보도가 아닌 곳에서 어린이가 횡단하는 경우 서행한다.
④ 어린이 보호구역에 속도 제한 및 횡단보도에 관한 안전표지를 우선적으로 설치할 수 있으며 어린이가 중앙선 부근에 서 있는 경우 서행한다.

3점 [난이도 : 下]

348 도로교통법상 연습운전면허의 유효 기간은?

① 받은 날부터 6개월 ② 받은 날부터 1년
③ 받은 날부터 2년 ④ 받은 날부터 3년

3점 [난이도 : 上]

349 다음 중 긴급자동차의 준수사항으로 옳은 것 2가지는?

① 속도에 관한 규정을 위반하는 자동차 등을 단속하는 긴급자동차는 자동차의 안전 운행에 필요한 기준에서 정한 긴급자동차의 구조를 갖추어야 한다.
② 국내외 요인에 대한 경호업무수행에 공무로 사용되는 긴급자동차는 사이렌을 울리거나 경광등을 켜지 않아도 된다.
③ 일반자동차는 전조등 또는 비상표시등을 켜서 긴급한 목적으로 운행되고 있음을 표시하여도 긴급자동차로 볼 수 없다.
④ 긴급자동차는 사이렌을 울리거나 경광등을 켜야만 우선통행 및 법에서 정한 특례를 적용받을 수 있다.

정답 336 ①,③ 337 ②,③ 338 ② 339 ①,② 340 ③ 341 ①,④ 342 ①,② 343 ①,④ 344 ①,④ 345 ③,④ 346 ②,③ 347 ①,② 348 ② 349 ②,④

3점 [난이도 : 上]

350 회전교차로 통행방법으로 맞는 것 2가지는?

① 교차로 진입 전 일시정지 후 교차로 내 왼쪽에서 다가오는 차량이 없으면 진입한다.
② 회전교차로에서의 회전은 시계방향으로 회전해야 한다.
③ 회전교차로 진출 때에는 좌측 방향지시등을 작동해야 한다.
④ 회전교차로 내에 진입한 후에는 가급적 멈추지 않고 진행해야 한다.

회전교차로에서의 회전은 반시계방향으로 회전해야 하고, 진출 때에는 우측 방향지시등을 작동한다.

3점 [난이도 : 下]

351 벼락이 칠 때 안전한 운전 방법 2가지는?

① 자동차는 큰 나무 아래에 잠시 세운다.
② 차의 창문을 닫고 자동차 안에 그대로 있는다.
③ 건물 옆은 젖은 벽면을 타고 전기가 흘러오기 때문에 피해야 한다.
④ 벼락이 자동차에 친다면 매우 위험한 상황이니 차 밖으로 피신한다.

2점 [난이도 : 上]

352 개인형 이동장치의 기준에 대한 설명이다. 바르게 설명된 것은?

① 원동기를 단 차 중 시속 30킬로미터 이상으로 운행할 경우 전동기가 작동하지 아니하여야 한다.
② 전동기의 동력만으로 움직일 수 없는(PAS : Pedal Assist System) 전기자전거를 포함한다.
③ 최고 정격출력 11킬로와트 이하의 원동기를 단 차로 차체 중량이 35킬로그램 미만인 것을 말한다.
④ 차체 중량은 30킬로그램 미만이어야 한다.

2점 [난이도 : 中]

353 다음 중 도로교통법령상 영문 운전면허증을 발급 받을 수 없는 사람은?

① 운전면허시험에 합격하여 운전면허증을 신청하는 경우
② 운전면허 적성검사에 합격하여 운전면허증을 신청하는 경우
③ 외국면허증을 국내면허증으로 교환 발급 신청하는 경우
④ 연습운전면허증으로 신청하는 경우

연습운전면허 소지자는 영문운전면허증 발급 대상이 아니다.

2점 [난이도 : 上]

354 2회 이상 경찰공무원의 음주측정을 거부한 승용차운전자의 처벌 기준은? (벌금 이상의 형 확정된 날부터 10년 내)

① 1년 이상 6년 이하의 징역이나 500만 원 이상 3천만 원 이하의 벌금
② 2년 이상 6년 이하의 징역이나 500만 원 이상 2천만 원 이하의 벌금
③ 3년 이상 5년 이하의 징역이나 1천만 원 이상 3천만 원 이하의 벌금
④ 1년 이상 5년 이하의 징역이나 500만 원 이상 2천만 원 이하의 벌금

2점 [난이도 : 上]

355 혈중알코올농도 0.08퍼센트 이상 0.2퍼센트 미만의 술에 취한 상태로 운전한 사람에 대한 처벌기준으로 맞는 것은?

① 2년 이하의 징역이나 500만원 이하의 벌금
② 3년 이하의 징역이나 500만원 이상 1천만원 이하의 벌금
③ 1년 이상 2년 이하의 징역이나 500만원 이상 1천만원 이하의 벌금
④ 2년 이상 5년 이하의 징역이나 1천만원 이상 2천만원 이하의 벌금

3점 [난이도 : 上]

356 다음은 도로교통법에서 정의하고 있는 용어이다. 알맞은 내용 2가지는?

① "차로"란 연석선, 안전표지 또는 그와 비슷한 인공구조물을 이용하여 경계(境界)를 표시하여 모든 차가 통행할 수 있도록 설치된 도로의 부분을 말한다.
② "차선"이란 차로와 차로를 구분하기 위하여 그 경계지점을 안전표지로 표시한 선을 말한다.
③ "차도"란 차마가 한 줄로 도로의 정하여진 부분을 통행하도록 차선으로 구분한 도로의 부분을 말한다.
④ "보도"란 연석선 등으로 경계를 표시하여 보행자가 통행할 수 있도록 한 도로의 부분을 말한다.

2점 [난이도 : 上]

357 도로 우측 부분의 폭이 6미터가 되지 아니하는 도로에서 다른 차를 앞지르기할 수 있는 경우로 맞는 것은?

① 도로의 좌측 부분을 확인할 수 없는 경우
② 반대 방향의 교통을 방해할 우려가 있는 경우
③ 앞차가 저속으로 진행하고, 다른 차와 안전거리가 확보된 경우
④ 안전표지 등으로 앞지르기를 금지하거나 제한하고 있는 경우

2점 [난이도 : 中]

358 승차정원이 11명인 승합자동차로 총중량 780킬로그램의 피견인자동차를 견인하고자 한다. 운전자가 취득해야하는 운전면허의 종류는?

① 제1종 보통면허 및 소형견인차면허
② 제2종 보통면허 및 제1종 소형견인차면허
③ 제1종 보통면허 및 구난차면허
④ 제2종 보통면허 및 제1종 구난차면허

2점 [난이도 : 下]

359 다음 안전표지에 대한 설명으로 맞는 것은?

① 노약자 보호를 우선하라는 지시를 하고 있다.
② 보행자 전용도로임을 지시하고 있다.
③ 어린이보호를 지시하고 있다.
④ 보행자가 횡단보도로 통행할 것을 지시하고 있다.

[난이도 : 下]

360 다음의 안전표지에 대한 설명으로 맞는 것은?

2점

① 노인보호구역에서 노인의 보호를 지시하는 것
② 노인보호구역에서 노인이 나란히 걸어갈 것을 지시하는 것
③ 노인보호구역에서 노인이 나란히 걸어가면 정지할 것을 지시하는 것
④ 노인보호구역에서 남성노인과 여성노인을 차별하지 않을 것을 지시하는 것

[난이도 : 中]

361 다음 중 도로교통법의 지시표지로 맞는 것은?

2점

① 

② 

③ 

④ 

[난이도 : 下]

362 다음 안전표지가 의미하는 것은?

① 우회전 표지
② 우로 굽은 도로 표지
③ 우회전 우선 표지
④ 우측방 우선 표지

[난이도 : 中]

363 다음 안전표지에 대한 설명으로 맞는 것은?

① 좌회전 녹색 화살표시가 등화된 경우에만 좌회전할 수 있다.
② 좌회전 신호 시 좌회전하거나 진행신호 시 반대 방면에서 오는 차량에 방해가 되지 아니하도록 좌회전할 수 있다.
③ 신호등과 관계없이 반대 방면에서 오는 차량에 방해가 되지 아니하도록 좌회전할 수 있다.
④ 황색등화 시 반대 방면에서 오는 차량에 방해가 되지 아니하도록 좌회전할 수 있다.

정답 350 ①,④ 351 ②,③ 352 ④ 353 ④ 354 ① 355 ③ 356 ②,④ 357 ③ 358 ① 359 ④ 360 ① 361 ③ 362 ① 363 ②

364 다음 안전표지의 의미로 맞는 것은? [난이도 : 下]

① 자전거 우선도로 표시
② 자전거 전용도로 표시
③ 자전거 횡단도 표시
④ 자전거 보호구역 표시

365 다음 차도 부문의 가장자리에 설치된 노면표시의 설명으로 맞는 것은? [난이도 : 下]

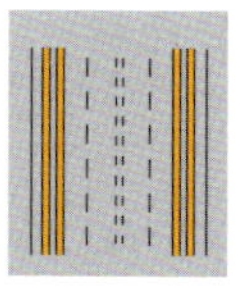

① 정차를 금지하고 주차를 허용한 곳을 표시하는 것
② 정차 및 주차금지를 표시하는 것
③ 정차를 허용하고 주차금지를 표시하는 것
④ 구역·시간·장소 및 차의 종류를 정하여 주차를 허용할 수 있음을 표시하는 것

366 다음 안전표지의 의미로 맞는 것은? [난이도 : 上]

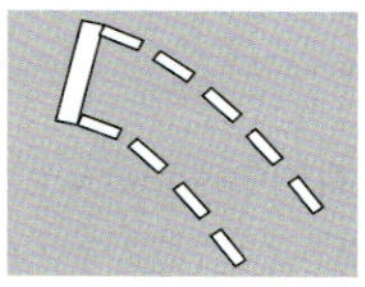

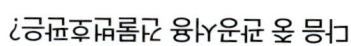

① 교차로에서 좌회전하려는 차량이 다른 교통에 방해가 되지 않도록 적색등화 동안 교차로 안에서 대기하는 지점을 표시하는 것
② 교차로에서 좌회전하려는 차량이 다른 교통에 방해가 되지 않도록 황색등화 동안 교차로 안에서 대기하는 지점을 표시하는 것
③ 교차로에서 좌회전하려는 차량이 다른 교통에 방해가 되지 않도록 녹색등화 동안 교차로 안에서 대기하는 지점을 표시하는 것
④ 교차로에서 좌회전하려는 차량이 다른 교통에 방해가 되지 않도록 적색 점멸등화 동안 교차로 안에서 대기하는 지점을 표시하는 것

367 다음 안전표지의 의미로 맞는 것은? [난이도 : 上]

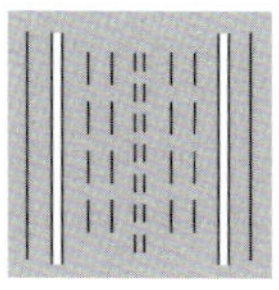

① 갓길 표시
② 차로변경 제한선 표시
③ 유턴 구역선 표시
④ 길 가장자리 구역선 표시

368 다음 노면표시의 의미로 맞는 것은? [난이도 : 上]

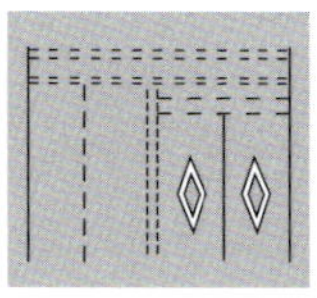

① 전방에 교차로가 있음을 알리는 것
② 전방에 횡단보도가 있음을 알리는 것
③ 전방에 노상장애물이 있음을 알리는 것
④ 전방에 주차금지를 알리는 것

2점

369 다음과 같은 기점 표지판의 의미는? [난이도 : 下]

① 국도와 고속도로 IC까지의 거리를 알려주는 표지
② 고속도로가 시작되는 기점에서 현재 위치까지 거리를 알려주는 표지
③ 고속도로 휴게소까지 거리를 알려주는 표지
④ 톨게이트까지의 거리안내 표지

2점

370 다음 안전표지에 대한 설명으로 맞는 것은? [난이도 : 下]

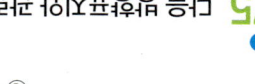

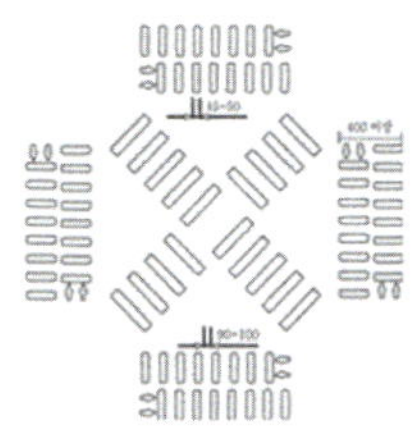

① 대각선횡단보도표시를 나타낸다.
② 모든 방향으로 통행이 가능한 횡단보도이다.
③ 보도 통행량이 많거나 어린이 보호구역 등 보행자 안전과 편리를 확보할 수 있는 지점에 설치한다.
④ 횡단보도 표시 사이 빈 공간은 횡단보도에 포함되지 않는다.

2점

371 다음 중 관공서용 건물번호판은? [난이도 : 中]

① 

② 

③ 

④ 

372 다음 건물번호판에 대한 설명으로 맞는 것은? [난이도 : 中]

2점

① 평촌길은 도로명, 30은 건물번호이다.
② 평촌길은 주 출입구, 30은 기초번호이다.
③ 평촌길은 도로시작점, 30은 건물주소이다.
④ 평촌길은 도로별 구분기준, 30은 상세주소이다

2점

373 다음 3방향 도로명 예고표지에 대한 설명으로 맞는 것은? [난이도 : 中]

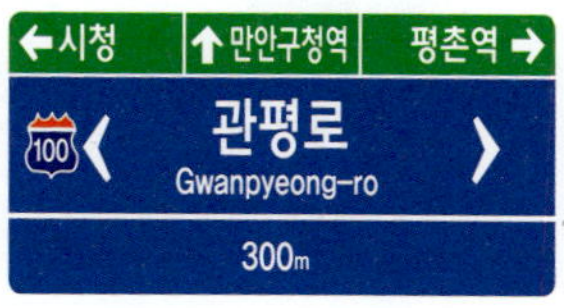

① 좌회전하면 300미터 전방에 시청이 나온다.
② '관평로'는 서에서 동으로 도로구간이 설정되어 있다.
③ 우회전하면 300미터 전방에 평촌역이 나온다.
④ 직진하면 300미터 전방에 '관평로'가 나온다.

2점

374 다음 안전표지에 대한 설명으로 맞는 것은? [난이도 : 中]

① 차가 양보하여야 할 장소임을 표시하는 것이다.
② 노상에 장애물이 있음을 표시하는 것이다.
③ 차가 들어가 정차하는 것을 금지하는 것을 표시이다.
④ 주차할 수 있는 장소임을 표시하는 것이다.

2점

375 다음 방향표지와 관련된 설명으로 맞는 것은? [난이도 : 中]

① 150m 앞에서 6번 일반국도와 합류한다.
② 나들목(IC)의 명칭은 군포다.
③ 고속도로 기점에서 47번째 나들목(IC)이라는 의미이다.
④ 고속도로와 고속도로를 연결해 주는 분기점(JCT)

2점

376 다음 사진 속의 유턴표지에 대한 설명으로 틀린 것은? [난이도 : 中]

① 차마가 유턴할 지점의 도로의 우측에 설치할 수 있다.
② 차마가 유턴할 지점의 도로의 중앙에 설치할 수 있다.
③ 지시표지이므로 녹색등화 시에만 유턴할 수 있다.
④ 유턴표지는 교통안전표지 중 지시표지에 해당한다.

2점

377 고속도로에 설치된 표지판 속의 대전 143km가 의미하는 것은? [난이도 : 中]

① 대전광역시청까지의 잔여거리
② 대전광역시 행정구역 경계선까지의 잔여거리
③ 위도상 대전광역시 중간지점까지의 잔여거리
④ 가장 먼저 닿게 되는 대전 지역 나들목까지의 잔여거리

2점

378 다음 안전표지의 뜻으로 가장 옳은 것은? [난이도 : 下]

① 자동차와 이륜자동차는 08:00~20:00 통행을 금지
② 자동차와 이륜자동차 및 원동기장치자전거는 08:00~20:00 통행을 금지
③ 자동차와 원동기장치자전거는 08:00~20:00 통행을 금지
④ 자동차와 자전거는 08:00~20:00 통행을 금지

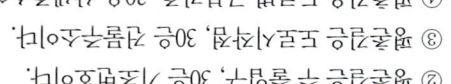

정답 364 ① 365 ② 366 ③ 367 ④ 368 ② 369 ② 370 ④ 371 ④ 372 ① 373 ④ 374 ③ 375 ② 376 ③ 377 ④ 378 ②

2점 [난이도 : 下]

379 도로교통법령상 다음의 안전표지에 따라 견인되는 경우로 틀린 것은?

① 운전자가 차에서 떠나 5분 동안 화장실에 다녀오는 경우 견인된다.
② 운전자가 차에서 떠나 10분 동안 짐을 배달하고 오는 경우 견인된다.
③ 운전자가 차를 정지시키고 운전석에 5분 동안 앉아 있는 경우 견인된다.
④ 운전자가 차를 정지시키고 운전석에 10분 동안 앉아 있는 경우 견인된다.

2점 [난이도 : 下]

380 다음 그림에 대한 설명 중 적절하지 않은 것은?

① 건물이 없는 도로변이나 공터에 설치하는 주소정보시설(기초번호판)이다.
② 녹색로의 시작 지점으로부터 4.73km 지점의 오른쪽 도로변에 설치된 기초 번호판이다.
③ 녹색로의 시작 지점으로부터 40.73km 지점의 왼쪽 도로변에 설치된 기초 번호판이다.
④ 기초번호판에 표기된 도로명과 기초번호로 해당 지점의 정확한 위치를 알 수 있다.

2점 [난이도 : 下]

381 다음 안전표지에 대한 설명으로 맞는 것은?

① 일요일, 공휴일만 버스전용차로 통행 차만 통행할 수 있음을 알린다.
② 일요일, 공휴일을 제외하고 버스전용차로 통행 차만 통행할 수 있음을 알린다.
③ 모든 요일에 버스전용차로 통행 차만 통행할 수 있음을 알린다.
④ 일요일, 공휴일을 제외하고 모든 차가 통행할 수 있음을 알린다.

2점 [난이도 : 下]

382 도로교통법령상 다음 안전표지에 대한 설명으로 바르지 않은 것은?

① 어린이 보호구역에서 어린이통학버스가 어린이 승하차를 위해 표지판에 표시된 시간동안 정차를 할 수 있다.
② 어린이 보호구역에서 어린이통학버스가 어린이 승하차를 위해 표지판에 표시된 시간동안 정차와 주차 모두 할 수 있다.
③ 어린이 보호구역에서 자동차등이 어린이의 승하차를 위해 정차를 할 수 있다.
④ 어린이 보호구역에서 자동차등이 어린이의 승하차를 위해 정차는 할 수 있으나 주차는 할 수 없다.

2점 [난이도 : 中]

383 도로표지규칙상 다음 도로표지의 명칭으로 맞는 것은?

① 위험구간 예고표지
② 속도제한 해제표지
③ 합류지점 유도표지
④ 출구감속 유도표지

2점 [난이도 : 中]

384 다음 도로명판에 대한 설명으로 맞는 것은?

① 왼쪽과 오른쪽 양 방향용 도로명판이다.
② "1→" 이 위치는 도로 끝나는 지점이다.
③ 강남대로는 699미터이다.
④ "강남대로"는 도로이름을 나타낸다.

강남대로의 넓은 길 시작점을 의미하며 "1→" 이 위치는 도로의 시작점을 의미하고 강남대로는 6.99 킬로미터를 의미한다.

2점 [난이도 : 下]

385 다음 안전표지 중 도로교통법령에 따른 규제표지는 몇 개인가?

① 1개
② 2개
③ 3개
④ 4개

2점 [난이도 : 下]

386 도로교통법령상 지시표지가 설치된 도로의 통행방법으로 맞는 것은?

① 특수자동차는 이 도로를 통행할 수 없다.
② 화물자동차는 이 도로를 통행할 수 없다.
③ 이륜자동차는 긴급자동차인 경우만 이 도로를 통행할 수 있다.
④ 원동기장치자전거는 긴급자동차인 경우만 이 도로를 통행할 수 있다.

2점 [난이도 : 下]

387 도로교통법령상 다음 안전표지가 설치된 도로를 통행할 수 없는 차로 맞는 것은?

① 전기자전거
② 전동이륜평행차
③ 개인형 이동장치
④ 원동기장치자전거(개인형 이동장치 제외)

2점 [난이도 : 下]

388 다음 안전표지에 대한 설명으로 맞는 것은?

① 어린이 보호구역 안에서 어린이 또는 유아의 보호를 지시한다.
② 보행자가 횡단보도로 통행할 것을 지시한다.
③ 보행자 전용도로임을 지시한다.
④ 노인 보호구역 안에서 노인의 보호를 지시한다.

2점 [난이도 : 下]

389 다음 안전표지에 대한 설명으로 맞는 것은?

① 차가 직진 후 좌회전할 것을 지시한다.
② 차가 좌회전 후 직진할 것을 지시한다.
③ 차가 직진 또는 좌회전할 것을 지시한다.
④ 좌회전하는 차보다 직진하는 차가 우선임을 지시한다.

2점 [난이도 : 下]

390 중앙선표시 위에 설치된 도로안전시설에 대한 설명으로 틀린 것은?

① 중앙선 노면표시에 설치된 도로안전시설물은 중앙분리봉이다.
② 교통사고 발생의 위험이 높은 곳으로 위험구간을 예고하는 목적으로 설치한다.
③ 운전자의 주의가 요구되는 장소에 노면표시를 보조하여 시선을 유도하는 시설물이다.
④ 동일 및 반대방향 교통흐름을 공간적으로 분리하기 위해 설치한다.

2점 [난이도 : 中]

391 다음 노면표시가 의미하는 것은?

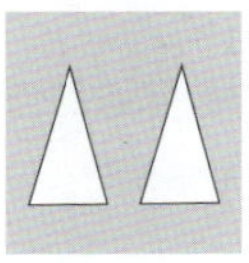

① 전방에 과속방지턱 또는 교차로에 오르막 경사면이 있다.
② 전방 도로가 좁아지고 있다.
③ 차량 두 대가 동시에 통행할 수 있다.
④ 산악지역 도로이다.

정답 379 ③ 380 ② 381 ② 382 ④ 383 ④ 384 ④ 385 ③ 386 ③ 387 ④ 388 ③ 389 ③ 390 ① 391 ①

2점 [난이도 : 下]

392 도로교통법령상 다음의 노면표시가 설치되는 장소로 맞는 것은?

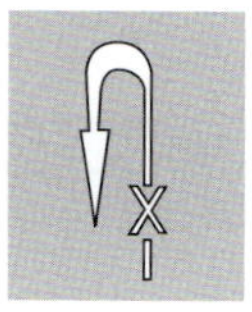

① 차마의 역주행을 금지하는 도로의 구간에 설치
② 차마의 유턴을 금지하는 도로의 구간에 설치
③ 회전교차로에서 내에서 역주행을 금지하는 도로의 구간에 설치
④ 회전교차로에서 내에서 유턴을 금지하는 도로의 구간에 설치

2점 [난이도 : 下]

393 다음 상황에서 적색 노면표시에 대한 설명으로 맞는 것은?

① 차도와 보도를 구획하는 길가장자리 구역을 표시하는 것
② 차의 차로변경을 제한하는 것
③ 보행자를 보호해야 하는 구역을 표시하는 것
④ 소방시설 등이 설치된 구역을 표시하는 것

소방시설 등이 설치된 곳으로부터 각각 5미터 이내인 곳에서 신속한 소방 활동을 위해 특히 필요하다고 인정하는 곳에 정차·주차금지를 표시하는 것

2점 [난이도 : 下]

394 도로교통법령상 다음과 같은 노면표시에 따른 운전행동으로 맞는 것은?

① 어린이보호구역으로 어떤 경우에도 정차하여 어린이를 태우지 않는다.
② 어린이보호구역 내 횡단보도 예고표시가 있으므로 미리 서행해야 한다.
③ 어린이보호구역으로 13세 이하의 어린이 및 영유아 안전에 유의해야 한다.
④ 어린이보호구역으로 승·하차구간표시에서만 안전하게 어린이를 승차시킨다.

2점 [난이도 : 中]

395 다음 안전표지에 대한 설명으로 틀린 것은?

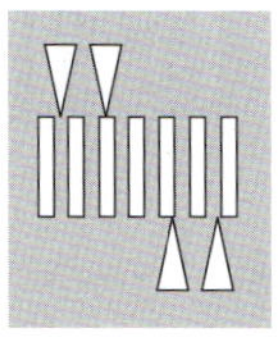

① 고원식횡단보도 표시이다.
② 볼록 사다리꼴과 과속방지턱 형태로 하며 높이는 10cm로 한다.
③ 운전자의 주의를 환기시킬 필요가 있는 지점에 설치한다.
④ 모든 도로에 설치할 수 있다.

2점 [난이도 : 下]

396 다음 안전표지에 대한 설명으로 맞는 것은?

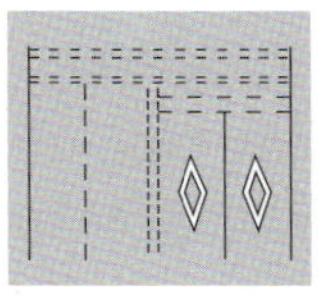

① 전방에 안전지대가 있음을 알리는 것이다.
② 차가 양보하여야 할 장소임을 표시하는 것이다.
③ 전방에 횡단보도가 있음을 알리는 것이다.
④ 주차할 수 있는 장소임을 표시하는 것이다.

2점 [난이도 : 下]

397 다음 안전표지에 대한 설명으로 맞는 것은?

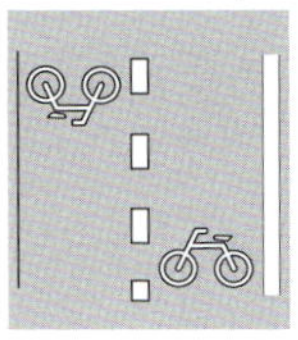

① 자전거 전용도로임을 표시하는 것이다.
② 자전거의 횡단도임을 표시하는 것이다.
③ 자전거주차장에 주차하도록 지시하는 것이다.
④ 자전거도로에서 2대 이상 자전거의 나란히 통행을 허용하는 것이다.

2점 [난이도 : 下]

398 다음 안전표지에 대한 설명으로 맞는 것은?

① 횡단보도임을 표시하는 것이다.
② 차가 들어가 정차하는 것을 금지하는 표시이다.
③ 차가 양보하여야 할 장소임을 표시하는 것이다.
④ 교차로에 오르막 경사면이 있음을 표시하는 것이다.

3점 [난이도 : 中]

399 다음과 같은 상황에서 가장 안전한 운전방법 2가지는?

도로상황
- 어린이 보호구역
- 중앙선이 없는 이면도로

① 어린이 보호구역 해제지점 전부터 미리 속도를 높여 진행한다.
② 중앙선이 없는 이면도로에서는 보행자의 안전에 특히 주의하며 운전한다.
③ 어린이 보호구역이 해제된 구역의 횡단보도라도 보행자가 있는지 확인하며 서행한다.
④ 일몰 상황이므로 전방의 안전을 살피기 위해 상향등을 켜고, 경음기를 계속 울리며 운전한다.
⑤ 도로 우측의 황색점선은 주차는 허용하나 정차는 불가하다는 뜻이므로 주차는 가능하다.

3점 [난이도 : 中]

400 다음과 같은 상황에서 가장 안전한 운전방법 2가지는?

도로상황
- 어린이 보호구역
- 좌우측 주거지역
- 진입로가 많은 오르막 도로
- 편도 1차로 도로

① 어린이 보호구역이므로 보행자가 없더라도 경음기를 계속 울리며 진행한다.
② 중앙선을 넘어 진행하는 차량이 있으므로 속도를 낮춰 사고의 위험을 줄인다.
③ 좌측 건물 주차장으로 들어가는 진입로가 있으므로 중앙선을 넘어 진입하는 것이 가능하다.
④ 맞은편에서 진행 중인 버스로 인해 시야 확보가 어려워 교행 전 속도를 더욱 줄여 보행자가 있는지 살핀다.
⑤ 어린이 보호구역 내 과속방지턱에서는 주차는 금지되지만 정차는 가능하다.

3점 [난이도 : 中]

401 다음 중 소방기본법령상 소방자동차 전용구역에 대한 설명으로 옳지 않은 2가지는?

도로상황
- 출입구 차단막이 있는 공동주택

① 소방활동의 원활한 수행을 위하여 공동주택에 설치한다.
② 누구든지 전용구역에 차를 주차하거나 전용구역에의 진입을 가로막는 등 방해행위를 하여서는 아니 된다.
③ 공동주택의 건축주는 예외 없이 각 동별로 1개소 이상 설치해야 한다.
④ 사진과 같이 주차하였을 경우 과태료 부과대상이다.
⑤ 전용구역 표지를 지우거나 훼손하는 행위는 전용구역 방해행위에 해당되지 않는다.

정답 392 ② 393 ④ 394 ① 395 ④ 396 ③ 397 ② 398 ③ 399 ②,③ 400 ②,④ 401 ③,⑤

3점 [난이도 : 中]

402 소방자동차 긴급출동 중 통행 방해 차량의 강제처분에 관한 설명으로 틀린 2가지는?

도로상황
- 주택가 이면도로
- 화재 진압을 위해 출동 중인 소방차
- 불법 주차된 차량들

① 소방활동에 방해가 되는 불법 주차된 차량을 이동할 수 있다.
② 소방활동에 방해가 되는 주차 구획선 내에 주차한 차량을 제거할 수 있다.
③ 소방자동차의 통행에 방해가 되는 물건을 제거하거나 이동시킬 수 있다.
④ 강제처분된 불법 주차한 차량 운전자는 손실보상을 청구할 수 있다.
⑤ 강제처분된 주차 구획선 내에 주차한 차량 운전자는 손해배상을 청구할 수 있다.

3점 [난이도 : 中]

403 다음 상황에서 가장 잘못된 운전방법 2가지는?

도로상황
- 사거리 교차로
- 편도 3차로 도로
- 보도에서 개인형 이동장치를 타는 사람

① 우회전하려면 정지선의 직전에 일시정지한 후 우회전한다.
② 우회전할 때에는 미리 도로의 우측 가장자리를 서행하면서 우회전하여야 한다.
③ 우회전하는 차의 운전자는 신호에 따라 정지하거나 진행하는 보행자 또는 자전거등에 주의하여야 한다.
④ 동승자가 하차할 때에는 잠시 정차하는 것이므로 소화전 앞에 정차할 수 있다.
⑤ 시내도로에서는 야간이라도 주변이 밝기 때문에 전조등을 켤 필요는 없다.

3점 [난이도 : 中]

404 다음 상황에서 가장 잘못된 운전방법 2가지는?

도로상황
- 자전거 운전자
- 주차 중인 어린이통학버스

① 자전거 운전자는 자전거를 타고 횡단보도를 통행할 수 있다.
② 자전거 운전자가 어린이라면 보도를 통행할 수 있다.
③ 자전거 운전자는 안전모를 착용해야 한다.
④ 자전거 운전자는 밤에 도로를 통행하는 때에는 전조등과 미등을 켜거나 야광띠 등 발광장치를 착용하여야 한다.
⑤ 어린이통학버스는 어린이의 승하차 편의를 위해 도로의 좌측에 주차하거나 정차할 수 있다.

3점 [난이도 : 中]

405 다음 상황에서 가장 안전한 운전방법 2가지는?

도로상황
- 농어촌도로

① 농기계가 주행 중이 아니라면 운전자는 특별히 주의할 것은 없다.
② 농어촌도로는 제한속도 규정이 없으므로 가속하여 운전한다.
③ 노면에 모래와 먼지가 많으므로 이를 주의하면서 운전한다.
④ 농기계에 이르기 전부터 일시정지하거나 감속하는 등 농기계와 안전거리를 확보한다.
⑤ 농기계 운전자에게 방해가 되지 않도록 경음기는 절대 작동하지 않는다.

3점 [난이도 : 下]

406 다음 상황에서 교통안전시설과 이에 따른 행동으로 가장 올바른 2가지는?

도로상황
- 사거리 교차로 인근
- 자전거 신호등은 설치되지 않음
- 횡단보도에서 자전거를 타고 진행하고 있는 상황

① 횡단보도 – 자전거를 타고 이용할 수 있다.
② 자전거횡단도 – 자전거횡단도가 있는 도로를 횡단할 때에는 자전거를 타고 자전거횡단도를 이용한다.
③ 보행신호등 – 녹색등화의 점멸 상태라면 보행자는 횡단을 빠르게 시작하여야 한다.
④ 보행신호등 – 자전거 신호등이 설치되지 않은 경우 자전거는 보행신호등의 지시에 따른다.
⑤ 차량신호등 – 자전거 신호등이 설치되지 않은 경우 자전거는 차량신호등의 지시에 따른다.

① 2만원 범칙금, ② 10만원 범칙금, ③ 10만원 범칙금, ④ 10만원 과태료, ⑤ 범칙금 4만원

3점 [난이도 : 中]

407 다음 상황에서 가장 안전한 운전방법 2가지는?

도로상황
- 농어촌도로
- 흰색 자동차 주행 중

① 농어촌도로는 제한속도 규정이 없으므로 가속하여 진행한다.
② 승용차와 농기계 사이에 진행공간이 있다 하더라도 경운기에 탑승하는 사람의 안전을 위해 일시정지 한다.
③ 농기계에 이르기 전부터 일시정지하거나 감속하는 등 농기계와 안전거리를 확보한다.
④ 농기계 운전자에게 방해가 되지 않도록 경음기는 절대 작동하지 않는다.
⑤ 도로 좌우측 길가장자리구역은 정차는 금지되나 주차는 허용되므로 주차할 수 있다.

3점 [난이도 : 中]

408 다음 상황에서 가장 안전한 운전방법 2가지는?

도로상황
- 편도 2차로 도로
- 2차로 주차 중인 차량
- 맞은편 진행하는 차량 없음

① 경운기를 앞지르기하기 위해 중앙선을 넘어 주행해도 된다.
② 경운기가 주차된 차량을 통과하면 우측 공간을 이용하여 빠른 속도로 앞지르기 한다.
③ 경운기 운전자가 먼저 가라는 손짓을 하더라도 안전거리를 유지하며 안전하게 뒤따른다.
④ 경운기가 2차로로 차로변경하며 양보하는 경우 중앙선을 넘지 않는 범위에서 경운기 좌측으로 진행한다.
⑤ 주차된 차량 앞으로 보행자가 나타날 것까지 예상하며 진행할 필요는 없다.

정답 402 ④,⑤ 403 ④,⑤ 404 ①,⑤ 405 ③,④ 406 ②,④ 407 ②,③ 408 ③,④

③점

[난이도 : 中]

409 다음 상황에서 가장 안전한 운전방법 2가지는?

도로상황
- 편도 3차로 도로
- 신호기가 작동하지 않는 교차로
- 전방에서 진행하는 경운기

① 신호기가 작동하지 않기 때문에 교차로 진입 시 교차로 상황을 잘 살피고 진입한다.
② 우회전하려는 경우 경운기 좌측으로 경음기를 울리며 경운기를 앞지르기한다.
③ 경운기는 운행속도가 느리기 때문에 속도를 올려 먼저 우회전한다.
④ 3차로에서 직진하려는 경우 경운기의 진행상태를 정확히 확인하고 진행한다.
⑤ 경운기가 직진할 수 있으므로 미리 예상하고 2차로로 급히 차로변경하여 직진한다.

③점

[난이도 : 中]

410 다음 상황에서 가장 안전한 운전방법 2가지는?

도로상황
- 편도 4차로 도로
- 차량신호등 적색등화
- 1차로 좌회전 및 유턴, 2·3차로 직진, 4차로 우회전 차로

① 직진하려는 경우 전방 차량신호등이 적색등화이므로 서행하며 안전하게 선행차량 뒤편에 정차한다.
② 차량신호등이 녹색등화로 바뀌면 일단 현재 차로에서 진행하다가 충분한 거리가 확보된 후 안전하게 차로변경한다.
③ 좌회전차로로 차로를 변경하여 차량신호등이 녹색등화로 바뀌면 재빨리 맞은편 차로를 이용하여 진행한다.
④ 트랙터를 따라 후행하는 경우 트랙터의 우측으로 앞지르기할 수 있다.
⑤ 유턴하려는 경우 차량 신호등이 적색등화에 유턴이 가능하다.

③점

[난이도 : 中]

411 다음 상황에서 가장 안전한 운전방법 2가지는?

도로상황
- 편도 1차로 우로 굽은 도로
- 우천으로 노면 젖은 상태
- 우측 화물차량 정차 중
- 트랙터가 정차하여 우측 화물차 운전자와 대화 중

① 트랙터가 정차하고 있으므로 경음기를 계속 울려 진행할 것을 재촉한다.
② 맞은편 차량이 통과하면 바로 중앙선을 넘어 좌측으로 앞지르기한다.
③ 우측 화물차량이 정차 중 갑자기 출발할 수 있으므로 대비하여 운전한다.
④ 트랙터 우측에 공간이 있으면 그 공간을 이용하여 앞지르기한다.
⑤ 자동차에 비해 트랙터의 속도가 느리므로 무리하게 앞지르기하기보다는 안전한 거리를 유지하며 진행한다.

③점

[난이도 : 中]

412 다음 상황에서 가장 안전한 운전방법 2가지는?

도로상황
- 편도 1차로 도로
- 전방 우측 보행보조용 의자차 진행
- 전방 화물차 앞지르기 중

① 보행보조용 의자차는 보행자로 간주하므로 충분한 거리를 두고 진행한다.
② 전방 화물차의 앞지르기가 완료되면 바로 뒤따라 앞지르기한다.
③ 전방 상황에 대한 확인이 불가하므로 화물차를 바짝 뒤따르며 진행한다.
④ 보행보조용 의자차는 보도로 통행하여야 하므로 경음기를 울리고 좌측 보도로 통행할 것을 요구한다.
⑤ 비상점멸등을 켜고 서행하여 후행차량에 전방의 위험상황을 알려준다.

③점

[난이도 : 中]

413 다음 상황에서 가장 안전한 운전방법 2가지는?

도로상황
- 중앙선 없는 우로 굽은 오르막 도로
- 좌측 골목길

① 도로 우측에 보행자가 있으므로 빠른 속도로 통과한다.
② 주변을 살피기 어려운 곳은 도로반사경을 통해 교통상황을 확인한다.
③ 좌측 골목길에 차량이 있으므로 교차로 진입 전 잘 살피고 서행하며 교차로에 진입한다.
④ 우로 굽은 오르막 도로는 전방 상황 확인이 곤란하므로 경음기를 계속 울리며 진행한다.
⑤ 맞은편에서 내려오는 차량이 있어도 올라가는 차량이 우선권을 가지므로 속도를 줄이지 않고 진행한다.

③점

[난이도 : 中]

414 다음 상황에서 가장 안전한 운전방법 2가지는?

도로상황
- 전방 "ㅏ"형 삼거리 교차로

① 삼색신호등이 있는 교차로에서는 유턴표지가 없어도 다른 차마에 방해가 되지 않는다면 유턴할 수 있다.
② 지그재그 형태의 백색실선은 진로변경제한선이므로 진로변경하면 안 된다.
③ 지그재그 형태의 백색실선은 서행의 의미를 나타내므로 속도를 줄여 서행한다.
④ 1차로 진행 중 우회전하고자 하는 경우 후행 차량이 없다면 방향지시등을 점등하고 3차로로 한 번에 진로변경한다.
⑤ 전방 삼색신호등이 적색등화로 바뀔 수 있으므로 녹색등화라 하더라도 정지선 앞에 미리 급정지하여 대기한다.

③점

[난이도 : 中]

415 다음 상황에서 가장 안전한 운전방법 2가지는?

도로상황
- 전방 차량신호등 황색점멸
- 우측 지하차도

① 우회전하려는 경우 도로가 한산하므로 직진차로에서 바로 우회전할 수 있다.
② 전방에 농기계가 진행하고 있으므로 경음기를 계속 울리며 속도를 올려 교차로를 통과한다.
③ 우측 지하차도에서 진입하는 차량에 대한 확인이 어려우므로 속도를 줄이고 교차로에 진입한다.
④ 교통량이 적은 도로이므로 도로 우측에 주차할 수 있다.
⑤ 횡단하려는 보행자가 있는 경우 일시정지를 하여 보행자의 안전을 확인한 후 진행한다.

정답 409 ①,④ 410 ①,② 411 ③,⑤ 412 ①,⑤ 413 ②,③ 414 ②,③ 415 ③,⑤

3점

[난이도 : 中]

416 다음 상황에서 가장 안전한 운전방법 2가지는?

도로상황
- 다리 위 편도 2차로 도로

① 앞지르기를 하려면 좌측 차로에서 진행하는 승용차가 지나간 후 안전하게 좌측 차로로 앞지르기한다.
② 다리 위 도로에서는 주차할 수 없다.
③ 2차로에서 1차로로 차로를 변경하여 진행할 수 있다.
④ 다리 위 도로에서는 앞지르기할 수 없다.
⑤ 전방 차량이 저속으로 진행하는 경우 앞 차량의 뒤쪽에 바싹 붙어 진행한다.

3점

[난이도 : 中]

417 다음 상황에서 가장 안전한 운전방법 2가지는?

도로상황
- 공사 중인 도로
- 맞은편에서 진행해오는 차량
- 길 우측에 주차시켜 놓은 공사 차량

① 도로 공사 중이므로 전방 상황을 잘 주시하며 운전한다.
② 노면이 고르지 않으므로 속도를 줄이지 않고 빠르게 진행하는 것이 안전하다.
③ 맞은편에서 진행하는 차량에 주의하며 서행한다.
④ 경음기를 계속 사용하며 우측의 주차되어 있는 공사 차량에 경고하고 속도를 높여 신속하게 진행한다.
⑤ 맞은편에서 진행하는 차량이 가까워질 때까지 속도를 유지하다가 급정지한다.

3점

[난이도 : 中]

418 다음 상황에서 가장 안전한 운전방법 2가지는?

도로상황
- 회전교차로

① 회전교차로에서는 시계방향으로 통행하여야 안전하다.
② 회전교차로에 진입하려는 경우에는 진입하기에 앞서 서행하거나 일시정지하여야 한다.
③ 회전교차로 안에서 진행하고 있는 차는 회전교차로에 진입하려는 차에게 진로를 양보해야 한다.
④ 회전교차로에서 나가고자 하는 경우 방향지시등을 점등하지 않고 그대로 진출한다.
⑤ 회전교차로 진입을 위하여 방향지시등을 켠 차가 있으면 그 뒤차는 앞차의 진행을 방해하여서는 아니 된다.

3점

[난이도 : 中]

419 다음 상황에서 가장 안전한 운전방법 2가지는?

도로상황
- 자동차 전용도로
- 저속으로 진행하던 1차로의 화물차가 2차로로 차로 변경 중
- 2차로에서 진행 중

① 경음기나 상향등을 연속적으로 사용하여 화물차의 차로변경을 방해한다.
② 화물차가 안전하게 차로변경 할 수 있도록 양보한다.
③ 속도를 높여 화물차의 뒤쪽에 바싹 붙어 진행한다.
④ 3차로를 진행하는 후행차량에 관계없이 3차로로 급차로 변경하여 빠르게 화물차 주변을 벗어난다.
⑤ 실내외 후사경 등을 통해 후방의 상황을 확인하고 주의하며 속도를 줄여 주행한다.

3점

[난이도 : 中]

420 다음 상황에서 가장 안전한 운전방법 2가지는?

도로상황
- 자동차 전용도로
- 전방 화물차가 저속으로 진행
- 3차로에서 진행 중

① 전방 화물차를 앞지르기하려면 경음기나 상향등을 연속적으로 사용하여 화물차가 양보하게 한다.
② 4차로를 이용하여 신속하게 앞지르기한다.
③ 전방 화물차에 최대한 가깝게 진행한 후 앞지르기 한다.
④ 좌측 방향지시등을 미리 켜고 안전거리를 확보 후 2차로를 이용하여 앞지르기한다.
⑤ 차로변경시 좌측차로에서 진행하는 차량을 살피고 무리하게 앞지르기를 시도하지 않는다.

3점

[난이도 : 中]

421 다음 상황에서 가장 안전한 운전방법 2가지는?

도로상황
- 자동차 전용도로
- 2차로에서 3차로로 차로변경하려는 상황

① 3차로에서 주행하는 차량의 위치나 속도를 확인 후 안전이 확인되면 차로변경한다.
② 3차로에 진입할 때에는 무조건 속도를 최대한 줄인다.
③ 3차로에 충분한 거리가 확보되지 않더라도 신속하게 급차로 변경을 한다.
④ 차로를 변경하기 전 미리 방향지시등을 켜고 안전을 확인 후 주행한다.
⑤ 방향지시등을 미리 켜면 양보해주지 않으므로 차로변경을 시작함과 동시에 방향지시등을 작동시키면서 진입한다.

3점

[난이도 : 中]

422 다음 상황에서 가장 안전한 운전방법 2가지는?

도로상황
- 어린이 보호구역
- 전방 차량 삼색신호등 적색등화
- 우측 횡단보도 보행신호
- "T"자형 교차로(삼거리)

① 전방 차량신호등 적색등화에서 우회전하려는 경우 일시정지 없이 전방 횡단보도를 통과할 수 있다.
② 우측 보행신호가 녹색등화이고 보행자가 있으므로 우회전하려는 경우 횡단보도 전에 일시정지한다.
③ 보행신호가 적색등화로 바뀐 후에도 보행자가 횡단보도를 보행 중인 경우 경음기를 울려 보행을 재촉한다.
④ 우측 보행신호가 녹색등화이므로 차량신호등 등화와 관계없이 좌회전할 수 있다.
⑤ 뒤늦게 횡단하는 보행자가 있을 수 있으므로 안전에 더욱 주의하며 운전한다.

정답 416 ②,④ 417 ①,③ 418 ②,⑤ 419 ②,⑤ 420 ④,⑤ 421 ①,④ 422 ②,⑤

3점 [난이도 : 中]

423 다음 상황에서 가장 안전한 운전방법 2가지는?

도로상황
- 자동차 전용도로
- 전방 2차로에서 3차로로 차로 변경 하는 화물차
- 2차로 진행 중

① 차로변경하려는 화물차를 피하여 1차로로 차로변경한다.
② 화물차와의 추돌을 피하기 위해 후방 교통상황을 확인하고 감속하여 주행한다.
③ 터널이 짧아 전방의 터널 밖 상황을 확인할 수 있으므로 터널을 빠져나올 때 가속하며 주행한다.
④ 터널에 진입하면 전조등을 점등한다.
⑤ 화물차가 3차로로 차로변경하여 앞 승용차와의 거리가 멀어지면 최대한 앞 승용차의 뒤를 바싹 뒤따라간다.

3점 [난이도 : 中]

424 다음 상황에서 가장 안전한 운전방법 2가지는?

도로상황
- 비 오는 날 등굣길
- 중앙선이 없는 이면도로
- 교통안전 활동 중인 봉사자
- 신호기 없는 교차로
- 우측 학교 정문

① 우산을 쓴 보행자 안전에 더욱 주의하며 운전한다.
② 주위에 보행자가 많으므로 속도를 높여 빠르게 통과한다.
③ 어린이 보호구역이 아닌 곳이라 하더라도 학교 앞이므로 보행자의 안전에 주의하며 진행한다.
④ 신호기 없는 교차로가 전방에 있고 좌우측 시야 확보가 불가한 상황이므로 서행하며 진행한다.
⑤ 주차된 차량 사이로 보행자가 나타날 수 있으므로 경음기를 계속 울리고 경고하며 진행한다.

3점 [난이도 : 中]

425 자전거를 운전 중이다. 가장 안전한 운전방법 2가지는?

도로상황
- 자전거 운전 중

① 전방 보행자 앞에서 정지한다.
② 자전거가 우선권이 있어 경적을 눌러 앞지르기 한다.
③ 전방 보행자와 충돌 위험이 높아 보행자 구역으로 주행한다.
④ 우측 보행자와의 충돌가능성이 있어 자전거를 끌고 간다.
⑤ 자전거의 경우 속도제한이 없어 위험구간을 신속히 통과한다.

3점 [난이도 : 中]

426 다음 상황에서 가장 안전한 운전방법 2가지는?

도로상황
- 어린이 보호구역
- 좌측 도로 진입로 및 우측 골목길
- 전방 신호기 없는 횡단보도

① 보행자가 없더라도 경음기를 계속 울리며 진행한다.
② 우측 주차된 화물차량 뒤로 골목길이 있어 보행자나 차량의 상황을 잘 살피기 위해 일시정지 후 교차로에 진입한다.
③ 횡단보도에 신호기가 없으므로 보행자가 없는 경우 서행하며 그대로 진행한다.
④ 전방에 중앙선을 넘어 진행하는 차량이 있으므로 속도를 낮춰 사고의 위험을 줄인다.
⑤ 우회전하려는 경우 우측 "정지"표지가 있으나 차량신호기가 없으므로 일시정지하지 않고 그대로 우회전한다.

3점 [난이도 : 中]

427 다음 상황에서 가장 안전한 운전방법 2가지는?

도로상황
- 편도 2차로 도로
- 우천으로 노면이 젖어있음
- 2차로 소방차량 출동 중

① 긴급자동차가 접근하는 경우 일반 차량은 도로 좌우측으로 피양하여 진로를 양보해야 한다.
② 긴급자동차의 뒤를 따라 진행하면 더욱 빨리 운행할 수 있으므로 뒤따라 진행한다.
③ 우측의 긴급자동차가 진로변경 할 수 없도록 속도를 더욱 높여 진행한다.
④ 긴급자동차가 긴급한 용무를 마치고 돌아가는 경우 경광등이나 사이렌을 작동하지 않으므로 피양할 필요는 없다.
⑤ 긴급자동차가 후행하여 따라오는 것을 발견하면 앞지르기 할 수 없도록 속도를 높여 진행한다.

5점 [난이도 : 中]

428 다음 영상에서 예측되는 가장 위험한 상황은?

※ 동영상 시청 : 스마트폰으로 옆 QR 코드로 검색하면 동영상 문제를 볼 수 있습니다. (카페의 동영상 문제 13번)

① 1차로에서 주행하는 검은색 승용차가 차로변경을 할 수 있다.
② 승객을 하차시킨 버스가 후진 할 수 있다.
③ 1차로의 승합자동차가 앞지르기 할 수 있다.
④ 이면도로에서 우회전하는 승용차와 충돌 할 수 있다.

5점 [난이도 : 中]

429 다음 영상에서 운전자가 운전 중 예측되는 위험한 상황으로 발생 가능성이 적은 것은?

※ 동영상 시청 : 스마트폰으로 옆 QR 코드로 검색하면 동영상 문제를 볼 수 있습니다. (카페의 동영상 문제 14번)

① 골목길 주정차 차량사이에 어린이가 뛰어 나올 수 있다.
② 파란색 승용차의 운전자가 차문을 열고 나올 수 있다.
③ 마주 오는 개인형 이동장치 운전자가 일시정지 할 수 있다.
④ 전방의 이륜차 운전자가 마주하는 승용차 운전자에게 양보하던 중에 넘어질 수 있다.

5점 [난이도 : 中]

430 다음 영상에서 예측되는 가장 위험한 상황은?

※ 동영상 시청 : 스마트폰으로 옆 QR 코드로 검색하면 동영상 문제를 볼 수 있습니다. (카페의 동영상 문제 15번)

① 전방의 화물차량이 속도를 높일 수 있다.
② 1차로와 3차로에서 주행하던 차량이 화물차량 앞으로 동시에 급차로 변경하여 화물차량이 급제동 할 수 있다.
③ 4차로 차량이 진출램프에 진출하고자 5차로로 차로 변경할 수 있다.
④ 3차로로 주행하던 승용차가 4차로로 차로 변경할 수 있다.

정답 423 ②,④ 424 ①,③ 425 ①,④ 426 ②,④ 427 ①,④ 428 ④ 429 ③ 430 ②

5점
431 운전자의 행위 중 도로교통법 위반은?
[난이도 : 中]

※ 동영상 시청 : 스마트폰으로 옆 QR 코드로 검색하면 동영상 문제를 볼 수 있습니다. (카페의 동영상 문제 16번)

① 횡단보도 예고 노면표시를 확인하고 서행했다.
② 횡단보도를 횡단하려는 보행자를 보호하기 위해 정지했다.
③ 우회전차로에서 방향지시등 점등을 했다.
④ 우회전과 동시에 왼쪽 직진차로로 신속하게 진입했다.

5점
432 운전자의 행위 중 도로교통법 위반은?
[난이도 : 中]

※ 동영상 시청 : 스마트폰으로 옆 QR 코드로 검색하면 동영상 문제를 볼 수 있습니다. (카페의 동영상 문제 17번)

① 방향지시등을 켜서 진행방향을 알렸다.
② 미리 도로의 우측 가장자리를 통행하여 우회전을 진입하였다.
③ 앞쪽 자동차와 추돌을 피하기 위하여 주의를 하였다.
④ 전방 신호기 등화에 따라 우회전 하였다.

5점
433 운전자의 행위 중 도로교통법 위반은?
[난이도 : 中]

※ 동영상 시청 : 스마트폰으로 옆 QR 코드로 검색하면 동영상 문제를 볼 수 있습니다. (카페의 동영상 문제 18번)

① 도로구간의 제한최고속도를 준수하였다.
② 진로변경이 가능한 장소에서 안전하게 진로변경하였다.
③ 횡단보도를 통행하는 보행자를 보호하기 위해 정지하였다.
④ 횡단보도 신호등이 적색등화로 변경되어 교차로 직전 정지선으로 이동하여 정지하였다.

5점
434 다음 중 도로교통법을 준수한 차로 짝지어진 것은?
[난이도 : 中]

※ 동영상 시청 : 스마트폰으로 옆 QR 코드로 검색하면 동영상 문제를 볼 수 있습니다. (카페의 동영상 문제 19번)

① 검은색 이륜차, 흰색 승용차
② 주인공 차, 흰색 승용차
③ 검은색 이륜차, 검은색 승용차
④ 주인공 차, 검은색 이륜차

5점
435 영상에서 확인되는 주인공 운전자의 도로교통법 위반으로 바르게 짝지어진 것은?
[난이도 : 中]

※ 동영상 시청 : 스마트폰으로 옆 QR 코드로 검색하면 동영상 문제를 볼 수 있습니다. (카페의 동영상 문제 20번)

① 보행자보호의무위반, 신호 위반, 지정차로 위반, 주정차금지위반
② 주정차금지위반, 신호 위반, 지정차로 위반, 보행자보호의무위반
③ 진로변경금지장소 위반, 앞지르기 방법위반, 보행자보호의무위반, 신호 위반
④ 진로변경금지장소 위반, 주정차금지위반, 보행자보호의무위반, 신호 위반

5점
436 주거지역을 통행중이다. 운전 중 주의해야 할 대상 및 장소와 가장 거리가 먼 것은?
[난이도 : 中]

※ 동영상 시청 : 스마트폰으로 옆 QR 코드로 검색하면 동영상 문제를 볼 수 있습니다. (카페의 동영상 문제 21번)

① 불법으로 주차된 자동차
② 반대편 도로에서 통행하는 자동차
③ 신호등 없는 횡단보도
④ 왼쪽 보도에서 대화하는 보행자

5점
437 다음 영상에서 가장 올바른 운전행동으로 맞는 것은?
[난이도 : 中]

※ 동영상 시청 : 스마트폰으로 옆 QR 코드로 검색하면 동영상 문제를 볼 수 있습니다. (카페의 동영상 문제 22번)

① 1차로로 주행 중인 승용차 운전자는 직진할 수 있다.
② 2차로로 주행 중인 화물차 운전자는 좌회전 할 수 있다.
③ 3차로 승용차 운전자는 우회전 시 일시정지하고 우측 후사경을 보면서 위험에 대비하여야 한다.
④ 3차로 승용차 운전자는 보행자가 횡단보도를 건너고 있을 때에도 우회전 할 수 있다.

5점
438 영상에서 확인되는 교통사고를 예방하는 방법과 거리가 먼 것은?
[난이도 : 中]

※ 동영상 시청 : 스마트폰으로 옆 QR 코드로 검색하면 동영상 문제를 볼 수 있습니다. (카페의 동영상 문제 23번)

① 미리 속도를 줄이고 정지선 직전에 정지해야 한다.
② 오른쪽에서 진입하려는 자동차에게 양보해야 하므로 미리 서행하면서 교차로에 접근해야 한다.
③ 노면이 얼었으므로 브레이크 페달을 강하게 밟는다.
④ 눈이 내리는 경우 타이어에 스노우 체인을 결속하여 운전하는 것이 바람직하다.

5점
439 교차로에 접근하여 통과중이다. 도로교통법상 위반으로 맞는 것은?
[난이도 : 中]

※ 동영상 시청 : 스마트폰으로 옆 QR 코드로 검색하면 동영상 문제를 볼 수 있습니다. (카페의 동영상 문제 24번)

① 진출 시 올바른 방향지시기 켰다.
② 진입 시 올바른 방향지시기 켰다.
③ 진출 시 교차로 내에서 진로변경없이 안쪽 차로에서 그대로 진출했다.
④ 진입 시 교차로 내에서 진로변경없이 안쪽 차로로 즉시 진입했다.

5점
440 교차로에 좌회전으로 진입하여 통행하려 한다. 확인되는 상황으로 맞는 설명은?
[난이도 : 中]

※ 동영상 시청 : 스마트폰으로 옆 QR 코드로 검색하면 동영상 문제를 볼 수 있습니다. (카페의 동영상 문제 25번)

① 주인공 운전자는 교차로의 신호에 따라 좌회전하였다.
② 주인공 운전자가 서행하여 다른 운전자의 앞지르기를 유발하였다.
③ 앞지르기를 한 운전자가 교차로 진입 시 우선순위를 이행하였다.
④ 앞지르기를 한 운전자는 신호기의 적색점멸등화에 따라 교차로에 진입하였다.

정답 431 ④ 432 ④ 433 ④ 434 ③ 435 ④ 436 ④ 437 ③ 438 ③ 439 ② 440 ①

5점 [난이도 : 中]

441 영상과 같은 하이패스차로 통행에 대한 설명이다. 잘못된 것은?

※ 동영상 시청 : 스마트폰으로 옆 QR 코드로 검색하면 동영상 문제를 볼 수 있습니다. (카페의 동영상 문제 26번)

① 단차로 하이패스이므로 시속 30킬로미터 이하로 서행하면서 통과하여야 한다.
② 통행료를 납부하지 아니하고 유료도로를 통행한 경우에는 통행료의 5배에 해당하는 부가통행료를 부과할 수 있다.
③ 하이패스카드 잔액이 부족한 경우에는 한국도로공사의 홈페이지에서 납부할 수 있다.
④ 하이패스차로를 이용하는 군작전용차량은 통행료의 100%를 감면받는다.

5점 [난이도 : 中]

442 다음 중 이면도로에서 위험을 예측할 때 가장 주의하여야 하는 것은?

※ 동영상 시청 : 스마트폰으로 옆 QR 코드로 검색하면 동영상 문제를 볼 수 있습니다. (카페의 동영상 문제 27번)

① 정체 중인 차 사이에서 뛰어나올 수 있는 어린이
② 실내 후사경 속 청색 화물차의 좌회전
③ 오른쪽 자전거 운전자의 우회전
④ 전방 승용차의 급제동

5점 [난이도 : 中]

443 편도1차로를 통행중이다. 위험한 상황으로 맞는 것은?

※ 동영상 시청 : 스마트폰으로 옆 QR 코드로 검색하면 동영상 문제를 볼 수 있습니다. (카페의 동영상 문제 28번)

① 앞쪽 농기계와 안전거리를 유지했기 때문에 뒤따르는 자동차의 앞지르기를 유발했다.
② 급감속하여 서행했기 때문에 뒤따르고 있던 자동차의 앞지르기를 유발했다.
③ 지방도로에서는 통행하거나 횡단하는 농기계의 발견이 지연될 수 있다.
④ 뒤따르는 자동차의 안전한 앞지르기를 방해하였다.

5점 [난이도 : 中]

444 다음 영상에서 우회전하고자 경운기를 앞지르기 하는 상황에서 예측되는 가장 위험한 상황은?

※ 동영상 시청 : 스마트폰으로 옆 QR 코드로 검색하면 동영상 문제를 볼 수 있습니다. (카페의 동영상 문제 29번)

① 우측도로의 화물차가 교차로를 통과하기 위하여 속도를 낮출 수 있다.
② 좌측도로의 빨간색 승용차가 우회전을 하기 위하여 속도를 낮출 수 있다.
③ 경운기가 우회전 하는 도중 우측도로의 하얀색 승용차가 화물차를 교차로에서 앞지르기 할 수 있다.
④ 경운기가 우회전하기 위하여 정지선에 일시정지 할 수 있다.

5점 [난이도 : 上]

445 고속도로에서 진출하려고 한다. 올바른 방법으로 가장 적절한 것은?

※ 동영상 시청 : 스마트폰으로 옆 QR 코드로 검색하면 동영상 문제를 볼 수 있습니다. (카페의 동영상 문제 30번)

① 신속한 진출을 위해서 지체없이 연속으로 차로를 횡단한다.
② 급감속으로 신속히 차로를 변경한다.
③ 감속차로에서부터 속도계를 보면서 속도를 줄인다.
④ 감속차로 전방에 차가 없으면 속도를 높여 신속히 진출로를 통과한다.

5점 [난이도 : 上]

446 영상에서 확인된 위험한 요소 및 상황으로 볼 수 없는 것은?

※ 동영상 시청 : 스마트폰으로 옆 QR 코드로 검색하면 동영상 문제를 볼 수 있습니다. (카페의 동영상 문제 31번)

① 터널 진입 시 잘 보이지 않는 상황
② 터널 진출 시 잘 보이지 않는 상황
③ 터널 입출구 또는 교량의 얇은 살얼음(일명 블랙아이스)
④ 터널 통행 시 앞지르기 위반 차들

5점 [난이도 : 中]

447 동영상에서 확인되는 운전자의 준법운전을 설명한 것으로 맞는 것은?

※ 동영상 시청 : 스마트폰으로 옆 QR 코드로 검색하면 동영상 문제를 볼 수 있습니다. (카페의 동영상 문제 32번)

① 전조등을 작동하였다.
② 안전한 앞지르기를 하였다.
③ 이상기후 시 감속기준을 준수하였다.
④ 옆쪽 보행자에 물이 튀지 않도록 서행하였다.

5점 [난이도 : 上]

448 야간에 커브 길을 주행할 때 운전자의 눈이 부실 수 있다. 어떻게 해야 하나?

※ 동영상 시청 : 스마트폰으로 옆 QR 코드로 검색하면 동영상 문제를 볼 수 있습니다. (카페의 동영상 문제 33번)

① 도로의 우측가장자리를 본다.
② 불빛을 벗어나기 위해 가속한다.
③ 급제동하여 속도를 줄인다.
④ 도로의 좌측가장자리를 본다.

5점 [난이도 : 中]

449 다음 중 신호없는 횡단보도를 횡단하는 보행자를 보호하기 위해 도로교통법규를 준수하는 차는?

※ 동영상 시청 : 스마트폰으로 옆 QR 코드로 검색하면 동영상 문제를 볼 수 있습니다. (카페의 동영상 문제 34번)

① 흰색 승용차
② 흰색 화물차
③ 갈색 승용차
④ 적색 승용차

5점 [난이도 : 中]

450 동영상에서 확인되는 도로교통법 위반으로 맞는 것은?

※ 동영상 시청 : 스마트폰으로 옆 QR 코드로 검색하면 동영상 문제를 볼 수 있습니다. (카페의 동영상 문제 35번)

① 보행자보호의무 위반, 신호 및 지시 위반, 중앙선 침범
② 보행자보호의무 위반, 신호 및 지시 위반, 속도위반
③ 신호 및 지시 위반, 어린이통학버스 특별보호의무 위반, 속도 위반
④ 신호 및 지시 위반, 어린이통학버스 특별보호의무 위반, 보행자보호의무위반

정답 441 ② 442 ① 443 ③ 444 ③ 445 ③ 446 ④ 447 ① 448 ① 449 ① 450 ②